AF649005

# Gruppentheorie

von

**Dr. Ludwig Baumgartner**

5. unveränderte Auflage

Sammlung Göschen Band 837/837a

Walter de Gruyter · Berlin · New York · 1972

vormals G. J. Göschen'sche Verlagshandlung · J. Guttentag, Verlagsbuchhandlung · Georg Reimer · Karl J. Trübner · Veit & Comp.

©

Copyright 1972 by Walter de Gruyter & Co., vormals G. J. Göschen'sche Verlagshandlung — J. Guttentag, Verlagsbuchhandlung — Georg Reimer — Karl J. Trübner — Veit & Comp., Berlin 30. — Alle Rechte, einschl. der Herstellung von Photokopien und Mikrofilmen, vom Verlag vorbehalten. —
Satz und Druck: Walter de Gruyter & Co., Berlin 30. — Printed in Germany.

ISBN 3 11 001997 3

# Inhaltsübersicht

# Literatur


## Hauptwerke (deutsch):

### *Endliche und unendliche Gruppen:*

Kurosch, A. G.: Gruppentheorie. 1. Aufl., Berlin 1953. (2. Aufl., Moskau 1953, russisch, New York 1955, englisch.)

Specht, W.: Gruppentheorie. Berlin 1956.

Zassenhaus, H.: Lehrbuch der Gruppentheorie. 1. Bd., Leipzig und Berlin 1937, Nachdruck 1948 (englisch: The theory of groups. Göttingen 1958).

### *Endliche Gruppen:*

Speiser, A.: Die Theorie der Gruppen von endlicher Ordnung. 4. Aufl., Basel 1956.

## Zur ersten Einführung:

Alexandroff, P. S.: Einführung in die Gruppentheorie. Berlin 1960.

Sielaff, K.: Einführung in die Theorie der Gruppen. Frankfurt a. M. u. Hamburg 1956.

## Aus der sonstigen Literatur:

Boerner, H.: Darstellungen von Gruppen. Berlin–Göttingen–Heidelberg 1955,.

Boruvka, O.: Grundlagen der Gruppoid- und Gruppentheorie. Berlin 1960.

Burnside, W.: Theory of groups of finite order, Cambridge 1911. Nachdruck New York 1955.

Cartan, E.: La théorie des groupes finis et continus. Paris 1937.

Coxeter, H. S. M., Moser, W. O. J.: Generators and relations for discrete groups. Berlin–Göttingen–Heidelberg 1957.

Hall, M. jr.,: The theory of groups, New York 1959.

Ljubarskij, G. J.: Anwendungen der Gruppentheorie in der Physik. Übersetzung aus dem Russischen, Berlin 1962.

Meijer, P. H. E., Bauer, E.: Group theory, the application to quantum mechanics. Amsterdam 1962.

Pickert, G.: Einführung in die höhere Algebra. Göttingen 1951.

Schmidt, O. J.: Abstrakte Gruppentheorie. Moskau 1933, Nachdruck 1959 (russisch).

Scorza, G.: Gruppi astratti. Rom 1942.

Smirnow, W. I.: Lehrgang der höheren Mathematik. Teil III, 1, Berlin 1960.

van der Waerden, B. L.: Algebra. 1. Teil 1950, 2. Teil 1955, Berlin-Göttingen-Heidelberg.

Zappa, G.: Gruppi, corpi, equazioni. Neapel 1954.

# I. Einführung in den Gruppenbegriff

## § 1. Mengen mit algebraischer Operation, algebraische Strukturen

Wir denken uns eine Menge irgendwelcher Dinge oder „Elemente" und eine Vorschrift oder „Operation", nach der sich zwei beliebige Elemente der Menge, die auch identisch sein können, in eindeutiger Weise verknüpfen lassen, wobei im allgemeinen die Reihenfolge wesentlich sein soll. Z. B. die natürlichen Zahlen von 1 bis 10 und die Addition oder alle natürlichen Zahlen und die Subtraktion als Operation oder die Menge aller reellen Zahlen und die Multiplikation als Operation oder die Menge der Drehungen einer Kugel um ihren Mittelpunkt und die Zusammensetzung der Drehungen, das Nacheinander-Ausführen als Operation. In den ersten 2 Beispielen entstehen durch die Operation zum Teil neue, der ursprünglichen Menge nicht angehörende Elemente, sonst stets wieder Elemente derselben Menge. Trifft dieser zweite Fall zu, liegt also eine Menge vor und eine Operation für alle Elementepaare der Menge und liefert diese stets wieder ein und nur ein Element derselben Menge, so heißt die Operation eine „algebraische Operation" und die Menge eine „Menge mit algebraischer Operation" oder eine „algebraische Struktur"[1]), auch „multiplikativer Bereich". Je nachdem noch weitere Eigenschaften zu den angegebenen hinzutreten, erhält man verschiedene Arten algebraischer Strukturen. Wir wollen solche Eigenschaften an Beispielen kennen lernen und daraus die wichtigsten Arten algebraischer Strukturen finden.

---

[1]) Der Begriff der algebraischen Struktur wird noch dadurch erweitert, daß in einer Menge nicht nur **eine**, sondern mehrere, insbes. 2 Operationen gegeben sein können, die stets wieder eindeutig Elemente der Menge liefern, z. B. in der Menge der rationalen Zahlen die Addition und Multiplikation. Für die Gruppentheorie kommen nur algebr. Strukturen mit **einer** Operation in Betracht.

### § 2. Bezeichnungen

Mengen[1]) bezeichnen wir mit großen deutschen, ihre Elemente mit großen lateinischen Buchstaben. Das Enthaltensein einer Menge $\mathfrak{N}$ in einer Menge $\mathfrak{M}$ wird durch $\mathfrak{N} < \mathfrak{M}$ oder $\mathfrak{M} > \mathfrak{N}$, und wenn auch der Fall der unechten Teilmenge zugelassen ist, durch $\mathfrak{N} \subseteq \mathfrak{M}$ ausgedrückt; das Enthaltensein eines Elementes $A$ in einer Menge $\mathfrak{M}$ durch $A \in \mathfrak{M}$; die Vereinigung von Mengen $\mathfrak{M}$, $\mathfrak{N}$ durch $\mathfrak{M} \cup \mathfrak{N}$, ihr Durchschnitt, d. h. die Menge der gemeinsamen Elemente, durch $\mathfrak{M} \cap \mathfrak{N}$. Auch bei mehr als 2, sogar unendlich vielen Mengen $\mathfrak{M}_\alpha, \mathfrak{M}_\beta, \mathfrak{M}_\gamma, \ldots$ schreibt man die Vereinigungsmenge $\mathfrak{M}_\alpha \cup \mathfrak{M}_\beta \cup \mathfrak{M}_\gamma \cup \cdots$ und den Durchschnitt $\mathfrak{M}_\alpha \cap \mathfrak{M}_\beta \cap \mathfrak{M}_\gamma \cap \cdots$. Die Verknüpfung wird als Multiplikation bezeichnet und geschrieben, also $A \cdot B$ oder $AB$, wenn $A \in \mathfrak{M}$, $B \in \mathfrak{M}$; $AB$ heißt „Produkt“, $A$ und $B$ seine „Faktoren“. Wir schreiben $\mathfrak{M} = [A, B, C, \ldots]$, wenn $\mathfrak{M}$ aus den Elementen $A, B, C, \ldots$ besteht, dagegen $\mathfrak{M} = \mathfrak{A} + \mathfrak{B} + \mathfrak{C} + \cdots$, wenn $\mathfrak{M}$ sich aus den Teilmengen $\mathfrak{A}, \mathfrak{B}, \mathfrak{C}, \ldots$ zusammensetzt. Gemeinsame Elemente von $\mathfrak{A}, \mathfrak{B}, \mathfrak{C}, \ldots$ werden dabei nur einfach gezählt[2]). Die Reihenfolge spielt keine Rolle.

Eine „Abbildung“ einer Menge $\mathfrak{M}$ **auf** eine Menge $\mathfrak{N}$ ist eine Zuordnung (ein Zugeordnetsein), nach der jedem Element $M \in \mathfrak{M}$ genau **ein** Element $N \in \mathfrak{N}$ und jedem Element $N$ mindestens **ein** Element $M$ entspricht. Wir schreiben $\mathfrak{M} \to \mathfrak{N}$, auch $\mathfrak{M}_1, \mathfrak{M}_2, \ldots \to \mathfrak{N}$.

### § 3. Spezielle Eigenschaften algebraischer Operationen

Zwei wichtige Eigenschaften, welche die Verknüpfung von Elementen einer Menge haben kann, sind

1. die „Vertauschbarkeit“ oder „Kommutativität“: $AB = BA$,

---

[1]) Die Grundbegriffe der Mengenlehre, die hier vorausgesetzt werden, findet der Leser in E. Kamke, Mengenlehre, Samml. Göschen Nr. 999/999a.

[2]) Die Summe stimmt dann mit der Vereinigungsmenge überein, die Summenschreibweise wird aber besonders bei paarweise elementfremden Teilmengen gerne vorgezogen.

2. die „Assoziativität": $(AB)C = A(BC)$, wodurch die Schreibweise $ABC$ eindeutig wird.

Die Kommutativität wird bei algebraischen Strukturen in der Regel nicht verlangt, sie würde eine zu starke Einschränkung bedeuten. Dagegen sind die wichtigsten algebraischen Strukturen assoziativ.

Eine algebraische Struktur mit einer Operation, die für alle Elemente assoziativ ist, heißt „Halbgruppe".

Beispiel einer kommutativen Halbgruppe ist die Menge der ganzen Zahlen mit der Multiplikation als Operation, einer nichtkommutativen Halbgruppe die Menge der Matrizen $\begin{pmatrix} a & 0 \\ 0 & b \end{pmatrix}$, $\begin{pmatrix} 0 & a \\ b & 0 \end{pmatrix}$, wobei $a$, $b$ ganze positive Zahlen sind, mit der Matrizenmultiplikation[1]) als Operation.

Wir führen noch weitere Eigenschaften an, die algebraischen Operationen zukommen können oder nicht:

3. Die eindeutige „Umkehrbarkeit", d. h. die Existenz einer „inversen Operation", und zwar

einer „rechtsinversen", wenn zu irgend 2 (auch gleichen) Elementen $A$, $B$ der Struktur stets ein und nur ein Element $X$ der Struktur existiert, so daß $AX = B$ ist, und

einer „linksinversen", wenn ein und nur ein Element $Y$ der Struktur existiert, so daß $YA = B$ ist.

Beispiel: Die Menge der ganzen Zahlen mit der Subtraktion als Operation bildet eine eindeutig umkehrbare algebraische Struktur, die aber weder kommutativ noch assoziativ ist. Etwa für $A = 2$, $B = -5$ ist $X = 7$, $Y = -3$.

Aufgabe 1. Man suche ein Beispiel einer algebraischen Struktur, bei der nur linksinverse Operationen durchweg existieren.

4. Die Existenz eines „Einselementes" (einer „Einheit", eines „neutralen Elementes") in der Struktur $\mathfrak{M}$, und zwar einer „Rechtseinheit", d. h. eines Elementes $E$, so daß $AE = A$ für alle $A \in \mathfrak{M}$ und einer „Linkseinheit", d. h. eines Elementes $E'$, so daß $E'A = A$ für alle $A \in \mathfrak{M}$.

---

[1]) Siehe etwa S. Valentiner, Vektoren und Matrizen, 3. Aufl., 1963, Samml. Göschen Nr. 354/354a.

Beispiel: Die Menge der von Null verschiedenen ganzen Zahlen mit der Operation $AB = -A \cdot B$ bildet eine kommutative Halbgruppe mit Einselement —1, die aber nicht umkehrbar ist. Es ist $-(-1)A = A$ und $-A \cdot (-1) = A$.

Aufgabe 2. Man suche ein Beispiel einer algebraischen Struktur mit Rechtseinheit, aber ohne Linkseinheit.

5. Unter der Voraussetzung der Existenz eines Einselementes $E$ kann es zu jedem Element $A$ ein „inverses Element" oder ein „Inverses" $A^{-1}$ geben, so daß $A^{-1}A = E$ ($A^{-1}$ „Linksinverses") und $AA^{-1} = E$ ($A^{-1}$ „Rechtsinverses") ist. Diese Eigenschaft 5 folgt aus den Eigenschaften 3 und 4.

## § 4. Beispiele algebraischer Strukturen mit einer Operation

1. a) Die natürlichen Zahlen mit der Addition als Operation;
   b) die natürlichen Zahlen mit Multiplikation;
   c) die ganzen Zahlen mit Addition;
   d) die ganzen Zahlen mit Multiplikation;
   e) die rationalen Zahlen mit Addition;
   f) die rationalen Zahlen mit Multiplikation;
   g) die rationalen Zahlen ohne Null mit Multiplikation;
   h) die reellen Zahlen mit Addition;
   i) die komplexen Zahlen mit Addition;
   k) die positiven rationalen Zahlen mit Multiplikation;
   l) die positiven reellen Zahlen mit Multiplikation.

2. Die 4 Funktionen $f_1(x) = x$, $f_2(x) = 1/x$, $f_3(x) = -x$, $f_4(x) = -1/x$ mit der Operation $f_i f_k = f_k(f_i)$; die umgekehrte Reihenfolge $f_i f_k = f_i(f_k)$ ergäbe hier dasselbe, vgl. dagegen Beispiel 4.

3. Die 3 Zahlen 1, 2, 3 mit der Verknüpfungsvorschrift: 2 verschiedene Zahlen ergeben die dritte Zahl, gleiche Zahlen diese Zahl.

4. Die Menge aller ganzen Funktionen $g(x)$ einer komplexen Veränderlichen mit der Operation $g_1 g_2 = g_2(g_1)$[1]).

5. a) Die $n$ Wurzeln der Gleichung $x^n = 1$, die $n^{\text{ten}}$ Einheitswurzeln, mit der Multiplikation als Operation;

b) die $\varphi(n)$ primitiven $n^{\text{ten}}$ Einheitswurzeln, wo $\varphi(n)$ die Eulersche Funktion[2]) ist; sie lassen sich, wenn eine von ihnen $\varepsilon$ ist, durch $\varepsilon^r$ darstellen, wobei $r$ die relativen Primzahlen zu $n$ durchläuft. Die Operation sei $\varepsilon^{r_1}\varepsilon^{r_2} = \varepsilon^{r_1 r_2}$ und eventuell Reduktion von $r_1 r_2 \bmod n$.

6. Dieses Beispiel ist eines der wichtigsten, eine ausführlichere Behandlung erscheint gerechtfertigt. Unter einer „Permutation" von $n$ Dingen (Veränderlichen, Symbolen) $a, b, c, \ldots$ versteht man eine Anordnung dieser Dinge in einer bestimmten Reihenfolge oder auch den Übergang von einer festen Anordnung zu einer der möglichen Anordnungen, deren Anzahl $n!$ ist. Wir legen hier die zweite Auffassung zu Grunde und schreiben z. B. bei 5 Dingen $\begin{pmatrix} a\,b\,c\,d\,e \\ b\,d\,e\,a\,c \end{pmatrix}$ oder $\begin{pmatrix} a\,b\,c\,d\,e \\ a\,b\,c\,e\,d \end{pmatrix}$; auch $\begin{pmatrix} a\,b\,c\,d\,e \\ a\,b\,c\,d\,e \end{pmatrix}$ zählt als Permutation, die „identische Permutation". Die Anordnung der ersten Zeile ist willkürlich, solange unter jedem der Dinge dasselbe steht, bleibt die Permutation dieselbe: $\begin{pmatrix} a\,b\,c\,d\,e \\ c\,b\,e\,d\,a \end{pmatrix} = \begin{pmatrix} d\,a\,c\,e\,b \\ d\,c\,e\,a\,b \end{pmatrix}$. Im folgenden werden die Dinge fast immer mit Ziffern (natürlichen Zahlen) bezeichnet, wir sprechen von Permutationen von $n$ Ziffern $1, 2, 3, \ldots n$.

Zwischen 2 Permutationen läßt sich eine Operation erklären: man führt sie nacheinander aus. Diese Operation ist nicht kommutativ, z. B. ist $\begin{pmatrix} 1\,2\,3 \\ 3\,1\,2 \end{pmatrix}\begin{pmatrix} 1\,2\,3 \\ 1\,3\,2 \end{pmatrix} = \begin{pmatrix} 1\,2\,3 \\ 2\,1\,3 \end{pmatrix}$; dagegen ist $\begin{pmatrix} 1\,2\,3 \\ 1\,3\,2 \end{pmatrix}\begin{pmatrix} 1\,2\,3 \\ 3\,1\,2 \end{pmatrix} = \begin{pmatrix} 1\,2\,3 \\ 3\,2\,1 \end{pmatrix}$.

---

[1]) Eine ganze Funktion von einer ganzen Funktion ist wieder eine ganze Funktion.

[2]) Anzahl der zu $n$ teilerfremden Zahlen unter $n$, siehe z. B. Scholz-Schoeneberg, Einführung in die Zahlentheorie, Samml. Göschen Nr. 1131.

Macht man von der Willkür der ersten Zeile Gebrauch und schreibt sie in der zweiten Permutation gleich der zweiten Zeile der ersten Permutation, so kann man das „Produkt" der Permutationen unmittelbar ablesen:

$$\begin{pmatrix}1&2&3\\3&1&2\end{pmatrix}\begin{pmatrix}3&1&2\\2&1&3\end{pmatrix}=\begin{pmatrix}1&2&3\\2&1&3\end{pmatrix}.$$

Eine zweite kürzere und übersichtlichere Schreibweise der Permutationen ergibt sich so: Eine Permutation, die bei geeigneter Anordnung der ersten Zeile jede Ziffer in die folgende, die letzte in die erste verwandelt, heißt „zyklisch" oder ein „Zyklus", z. B. $\begin{pmatrix}1&2&3&4\\2&3&4&1\end{pmatrix}$ oder $\begin{pmatrix}2&1&3\\1&3&2\end{pmatrix}$. Man schreibt $(1234) = (2341) = \cdots$ bzw. $(213) = (132) = (321)$. Man kann nun jede Permutation in Zyklen mit lauter verschiedenen Ziffern, „elementfremde" Zyklen auflösen z. B. $\begin{pmatrix}1&2&3&4&5&6&7\\4&6&1&7&5&2&3\end{pmatrix} = (1473)\ (26)\ (5) = (3147)\ (5)\ (26) = \cdots$. Zyklen mit $n$ Ziffern nennt man „$n$-gliedrig" oder „von der Länge $n$". Eingliedrige Zyklen läßt man meistens ganz weg. Die Reihenfolge der Zyklen ist willkürlich, in einem Zyklus kann man mit jeder Ziffer beginnen. Im übrigen ist die Zerlegung eindeutig bestimmt.

Aufgabe 3. Man schreibe folgende Permutationen in Zyklen:

$$\begin{pmatrix}1&2&3&4&5\\5&4&3&2&1\end{pmatrix},\quad\begin{pmatrix}2&5&4&3&1&6\\3&1&4&6&5&2\end{pmatrix},\quad\begin{pmatrix}1&2&3&4&5&6&7&8&9\\4&5&6&7&8&9&1&2&3\end{pmatrix}.$$

Die Multiplikation von Permutationen, die durch Zyklen dargestellt sind, läßt keine weitere Ausrechnung zu, wenn die Permutationen keine gemeinsamen Ziffern haben. Trifft dies aber zu, so verfährt man folgendermaßen: Es sei $P_1 = (1324)$, ausführlich $(1324)\ (5)$, $P_2 = (415)$, ausführlich $(415)\ (2)\ (3)$. $P_1$ verwandelt 1 in 3, $P_2$ 3 in 3, also $P_1 P_2$ 1 in 3; man schreibt auf $(13\ldots$; $P_1$ verwandelt 3 in 2, $P_2$ 2 in 2; also schreibt man weiter $(132\ldots$; $P_1$ verwandelt 2 in 4, $P_2$ 4 in 1; also schließt sich der erste Zyklus $(132)$; $P_1$ verwandelt 4 in 1, $P_2$ 1 in 5; also schreibt man $(45\ldots$; $P_1$ verwandelt 5 in 5, $P_2$ 5 in 4; also erhält man $(45)$ und damit im ganzen $(132)\ (45)$.

Aufgabe 4. Man berechne folgende Produkte: (123) (12), (12) (123), (123) (234), (1234) (1245).

Aufgabe 5. Gibt es zu jeder Permutation $P$ eine inverse $P^{-1}$, so daß $PP^{-1} = P^{-1}P$ die identische Permutation ist? Welche besondere Gestalt haben inverse Zyklen?

Aufgabe 6. Ist die Multiplikation von Permutationen assoziativ?

Eine Menge mit Operation bestehe nun

a) aus den Permutationen (1) (2) (3), (123), (132);

b) aus den Permutationen (123) (132), (12), (23), (13) und der identischen Permutation;

c) aus allen $n!$ Permutationen von fester Ziffernzahl $n$, allen „Permutationen $n^{\text{ten}}$ Grades".

7. Die unter einer ganzen positiven Zahl $n$ liegenden zu $n$ teilerfremden Zahlen (relativen Primzahlen), deren Anzahl $\varphi(n)$ ist; Operation sei die Multiplikation und Reduktion mod $n$. Z. B. für $n = 15$ die Zahlen 1, 2, 4, 7, 8, 11, 13, 14.

8. Ein geometrisches Beispiel liefert die Menge aller Bewegungen einer Figur (in der Ebene, im dreidimensionalen Raum, im Raum $R_n$), die diese Figur wieder mit sich zur Deckung bringen[1]), die sog. „Kongruenzen". Wir betrachten zuerst die Drehungen eines regulären $n$-ecks in seiner Ebene um seinen Mittelpunkt. Die Ecken des Polygons, die wir numeriert denken, müssen wieder auf die Ecken zu liegen kommen, erscheinen aber dabei permutiert. Nur wenn die Permutationen verschieden sind, gelten die Kongruenzen als verschieden. Sämtliche verschiedenen Kongruenzen sind also etwa die $n$ Rechtsdrehungen um $2\pi k/n$ für $k = 0, 1, 2, \ldots n-1$. Wir verknüpfen 2 Drehungen (um $2\pi k/n$ und $2\pi l/n$), indem wir sie nacheinander ausführen (Drehung um $2\pi(k + l)/n$, wobei $k + l \geqq n$ mod $n$ zu reduzieren ist). Dieses Nacheinander-Ausführen ist die Operation bei allen Kongruenzen.

[1]) Dabei handelt es sich nur um Veränderungen der Lage, auf den Weg kommt es nicht an.

9. Wir denken uns auf ein reguläres $n$-eck nach oben und unten kongruente gerade Pyramiden aufgebaut[2]) und drehen die erhaltene Doppelpyramide so, daß sie wieder mit sich zur Deckung kommt. Zu den Drehungen des vorigen Beispiels treten noch $n$ Umklappungen um die $n$ Symmetrieachsen des $n$-ecks. Numerierte Ecken erscheinen nach der Umklappung in umgekehrtem Umlauf numeriert. So erhalten wir $2n$ Kongruenzen. Statt der Doppelpyramiden kann man auch nur doppelt gedachte Polygone (Zweiflache oder „Dieder") einführen, die man nicht nur in ihrer Ebene dreht, sondern auch umklappt oder, was dasselbe ist, im Raum $R_3$ dreht.

10. Wir suchen alle Kongruenzen eines regulären Tetraeders $ABCD$. Außer dem In-Ruhe-Lassen gibt es je 2 Drehungen (um $2\pi/3$ und $4\pi/3$) um jede der 4 Höhen, also 8 Drehungen; ferner je eine Umklappung (Drehung um $\pi$) um die Verbindungsgeraden der Mittelpunkte von $AB$ und $CD$, von $AC$ und $BD$, von $AD$ und $BC$, also noch 3 und damit im ganzen 12 Kongruenzen.

Wie hier das Tetraeder könnten wir jedes der übrigen 4 regulären Polyeder des $R_3$ oder auch jedes der 6 regulären Polytope des $R_4$ behandeln.

11. Betrachten wir noch eine Menge von der Mächtigkeit des Kontinuums: die sämtlichen Drehungen eines Kreises in seiner Ebene um seinen Mittelpunkt. Drehungen um $\alpha + 2\pi n$ sollen bei festem $\alpha$ für alle ganzzahligen $n$ als nicht verschieden gelten.

12. a) Ein wichtiges Beispiel ist die Menge der homogenen linearen Substitutionen $S$ mit beliebigen reellen $a_{ik}$, die nur der Bedingung genügen, daß ihre Determinante nicht verschwindet und damit die Auflösung der Gleichungen nach den $x_i$ möglich ist:

$$\begin{array}{l} x'_1 = a_{11}x_1 + a_{12}x_2 + \cdots + a_{1n}x_n \\ x'_2 = a_{21}x_1 + a_{22}x_2 + \cdots + a_{2n}x_n \\ \cdots\cdots\cdots\cdots\cdots\cdots\cdots\cdots \\ x'_n = a_{n1}x_1 + a_{n2}x_2 + \cdots + a_{nn}x_n \end{array} \qquad |a_{ik}| = \begin{vmatrix} a_{11} a_{12} \cdots a_{1n} \\ a_{21} a_{22} \cdots a_{2n} \\ \cdots\cdots\cdots \\ a_{n1} a_{n2} \cdots a_{nn} \end{vmatrix} \neq 0.$$

[2]) Im Falle $n = 4$ soll dabei kein reguläres Oktaeder entstehen.

Sind $S_1, S_2$ solche Substitutionen und setzt man $S_2$ in $S_1$ ein, so erhält man wieder eine Substitution dieser Art; ihre Determinante ist das Produkt der Determinanten von $S_1$ und $S_2$, also wieder von Null verschieden. Dieses Einsetzen wählen wir als Operation.

b) Mit Beispiel 12a gleichbedeutend ist die Menge der Matrizen

$$(a_{ik}) = \begin{pmatrix} a_{11}\,a_{12} \cdots a_{1n} \\ a_{21}\,a_{22} \cdots a_{2n} \\ \cdots\cdots\cdots\cdots \\ a_{n1}\,a_{n2} \cdots a_{nn} \end{pmatrix} \quad \text{mit} \quad |\,a_{ik}| \neq 0,$$

wenn als Operation die Matrizenmultiplikation erklärt wird. Durch jede homogene lineare Substitution ist eine Matrix bestimmt und umgekehrt; und die durch Einsetzen einer Substitution $S_2$ in eine Substitution $S_1$ entstehende Substitution hat eine Matrix, die das Produkt der Matrizen von $S_1$ und $S_2$ in dieser Reihenfolge ist.

Diese Beispiele werden im folgenden kurz als Beispiel 1 bis 12 bezeichnet.

## § 5. Definition der (endlichen und unendlichen) Gruppe; einige unmittelbare Folgerungen

Eine algebraische Struktur nennen wir eine Gruppe und bezeichnen sie dann in erster Linie mit $\mathfrak{G}$, wenn die algebraische Operation folgende Forderungen erfüllt:

I. Sie ist assoziativ, d. h. für irgendwelche (auch gleiche) Elemente $A, B, C$ von $\mathfrak{G}$ gilt $(AB)C = A(BC)$;

II. es ist ein Einselement (eine Einheit) vorhanden, d. h. ein Element $E$, so daß $AE = EA = A$ für alle $A \in \mathfrak{G}$;

III. es ist zu jedem Element ein inverses Element (ein Inverses) vorhanden, d. h. zu jedem $A \in \mathfrak{G}$ ein Element $A^{-1}$, so daß $AA^{-1} = A^{-1}A = E$ ist[1]).

Es wird sich später (§ 51) zeigen, daß diese 3 Eigenschaften nicht unabhängig voneinander sind, daß auch

[1]) Die Gleichungen sagen, daß das Inverse zu $A^{-1}$ wieder $A$ ist.

etwas schwächere Forderungen, aus denen sich die obigen folgern lassen, zur Definition des Gruppenbegriffs genügen. Zunächst ziehen wir aus den 3 Eigenschaften einige Folgerungen.

Zu I: Ein Produkt aus 3 Elementen $A, B, C$ kann stets in eindeutiger Weise $ABC$ geschrieben werden. Ebenso ein Produkt aus jeder endlichen Anzahl von Elementen, z. B. $ABCD$; denn es ist nach I $(ABC)D = ((AB)C)D = (AB)(CD) = A(B(CD)) = A(BCD)$.

Zu II: **Satz 1.** In einer Gruppe gibt es nur **ein** Einselement.

Ist nämlich $E'$ ein zweites Einselement, so ist $AE' = A$, und wenn wir $A = E$ wählen.

$$EE' = E. \tag{1}$$

Andrerseits ist, wenn wir in $EA = A$ das Element $A = E'$ wählen,

$$EE' = E'. \tag{2}$$

Aus (1) und (2) folgt $E' = E$.

Zu III: **Satz 2.** In einer Gruppe gibt es zu jedem Element nur **ein** inverses.

Ist nämlich $X$ ein zweites Inverses zu $A$, so ist

$$E = AX = AA^{-1}$$

oder[1]) $A^{-1}AX = A^{-1}AA^{-1}$, $EX = EA^{-1}$, $X = A^{-1}$.

Die Existenz einer Einheit kann man auch so auffassen: Zu jedem Element $A$ von $\mathfrak{G}$ gibt es ein Element $X$ von $\mathfrak{G}$, so daß $AX = A$ und $XA = A$ ist. Ähnlich kann man die Existenz eines Inversen auffassen: Zu jedem Element $A$ von $\mathfrak{G}$ gibt es ein Element $X$ von $\mathfrak{G}$, so daß $AX = E$ und $XA = E$ ist. Man kann nun allgemein fragen: Gibt es zu jedem Elementepaar $A, B$ von $\mathfrak{G}$ (auch wenn es nicht

[1]) Ein vielverwandtes Mittel zur Umformung gruppentheoretischer Gleichungen besteht in der Multiplikation beider Seiten der Gleichung mit einem passenden Element der Gruppe. Sie ist wegen der Eindeutigkeit der Gruppenoperation in der Weise erlaubt, daß beiderseits vorn oder beiderseits hinten ein Faktor angesetzt wird.

gerade $A$, $A$ bzw. $A, E$ ist) ein Element $X$ von $\mathfrak{G}$, so daß $AX = B$ und ein Element $Y$[1]), so daß $YA = B$ ist? Die Antwort gibt

**Satz 3.** In jeder Gruppe gibt es zu irgend zwei (auch gleichen) Elementen $A$, $B$ ein und nur ein Element $X$, so daß $AX = B$, und ein und nur ein Element $Y$, so daß $YA = B$ ist. Man sagt, die Gruppenoperation sei umkehrbar (vgl. § 3).

Ist nämlich $Z$ invers zu $A$, so daß $AZ = ZA = E$ ist, so wird die Gleichung $AX = B$ durch $X = ZB$ befriedigt, da $AZB = EB = B$ ist. Damit ist ein Element $X$ gefunden. Daß es auch nur **ein** solches gibt, folgt so: Soll $AX = B$ sein, so ist $ZAX = ZB$; andrerseits ist $ZAX = EX = X$, also $X = ZB$. Analoges gilt für $Y$.

**Satz 4.** Multipliziert man sämtliche Elemente $A, B, C, \ldots$ einer Gruppe rechts mit einem festen Element $G$ der Gruppe, so entstehen wieder genau sämtliche Elemente der Gruppe. Dasselbe gilt für Linksmultiplikation.

Nach Satz 3 entsteht nämlich ein Element, etwa $C$, genau einmal, weil die Gleichung $XG = C$ genau **eine** Lösung hat.

**Satz 5** („Kürzungsregeln"). Sind $A, B, C$ beliebige Elemente einer Gruppe, so kann man die folgenden gleichen Produkte links bzw. rechts kürzen: Aus $AB = AC$ und aus $BA = CA$ folgt $B = C$.

Der Beweis erfolgt durch Multiplikation beider Gleichungsseiten mit $A^{-1}$ links bzw. rechts.

Aufgabe 7. Welche der Beispiele § 4, 1 bis 12 erfüllen Forderung I, welche II, welche III? Man gebe, soweit vorhanden, die Einselemente und zu einigen Elementen die inversen an. Welche der Beispiele sind Gruppen?

Aufgabe 8. Man schreibe in Zyklen die sämtlichen Permutationen $3^{\text{ten}}$ Grades auf; sie bilden bei der in § 4, 6 erklärten Operation die „symmetrische Gruppe" $3^{\text{ten}}$ Grades, die wir mit $\mathfrak{S}_3$ bezeichnen (s. Tafel I).

---

[1]) $X$ und $Y$ können hier im allgemeinen nicht dasselbe Element sein, da ja im allgemeinen nicht $AX = XA$ ist.

Aufgabe 9. Man bilde ebenso die symmetrische Gruppe $n^{ten}$ Grades für $n = 2, 4$, also die Gruppen $\mathfrak{S}_2, \mathfrak{S}_4$.

Aufgabe 10. Man bestätige Satz 4 an der Gruppe in Aufgb.8.

# II. Gruppentheoretische Grundbegriffe und -methoden

## § 6. Ordnung einer Gruppe; Isomorphie; abstrakte Gruppe

Eine Gruppe heißt „endlich" oder „unendlich", je nachdem die Menge ihrer Elemente endlich oder unendlich ist. Im ersten Falle heißt die Anzahl der Elemente „Ordnung der Gruppe". Wir bezeichnen sie mit kleinem lateinischen Buchstaben: Gruppe $\mathfrak{G}$ hat die Ordnung $g$. Eine Gruppe „von unendlicher Ordnung" kann abzählbar unendlich sein oder von beliebiger höherer Mächtigkeit (Beispiele 1c, e, g, k bzw. 1h, i, l, 11, 12). Den weiteren Untersuchungen liegt in der Regel eine beliebige (endliche oder unendliche) Gruppe zugrunde. Wenn eine Betrachtung nur für endliche Gruppen gilt, wird dies besonders angegeben.

Vergleichen wir unser Beispiel 5a mit 8 für gleiches $n$, etwa $n = 4$, so zeigt sich eine Verwandtschaft, die nicht nur darin liegt, daß die Ordnung übereinstimmt, sondern auch darin, daß sich die Elemente in gleicher Weise verknüpfen. Bringen wir nämlich die Elemente in folgende Anordnung:

| 5a: | | 1 | $i$ | $-1$ | $-i$ |
|---|---|---|---|---|---|
| 8: | Drehung um | 0 | $\pi/2$ | $\pi$ | $3\pi/2$, |

so liefert z. B. die Verknüpfung des zweiten und dritten Elementes in 5a das vierte und ebenso in 8 und Entsprechendes gilt durchweg.

Allgemein: Es gibt Mengen $\mathfrak{M}$, $\mathfrak{M}'$ mit algebraischer Operation, die man so eineindeutig aufeinander abbilden kann, daß, wenn in der einen Menge das Produkt zweier beliebiger Elemente $A$, $B$ gleich $C$ ist, in der zweiten Menge das Produkt der entsprechenden Elemente $A'$, $B'$ auch gleich dem entsprechenden Element $C'$ ist, kürzer, daß das Produkt der Bilder zweier Elemente das Bild des Produktes dieser

Elemente ist. Dann zeigen diese Mengen nur noch eine Verschiedenheit in der Natur ihrer Elemente, aber nicht in ihren Operationen, in ihrer Form; sie heißen „isomorph", in Zeichen $\mathfrak{M} \simeq \mathfrak{M}'$ oder $\mathfrak{M} \cong \mathfrak{M}'$.

Zwei Gruppen gleicher Ordnung brauchen durchaus nicht isomorph zu sein, wie etwa der Vergleich der vorigen Beispiele mit Beispiel 2 zeigt. Wie wir auch die Anordnung in diesem Beispiel versuchen, das Gesetz der Isomorphie läßt sich zwar teilweise, aber niemals durchweg erfüllen.

Für die Isomorphie gelten die 3 Äquivalenzrelationen der Reflexivität ($\mathfrak{M} \cong \mathfrak{M}$), der Symmetrie (aus $\mathfrak{M} \cong \mathfrak{M}'$ folgt $\mathfrak{M}' \cong \mathfrak{M}$) und der Transitivität (aus $\mathfrak{M} \cong \mathfrak{M}'$, $\mathfrak{M}' \cong \mathfrak{M}''$ folgt $\mathfrak{M} \cong \mathfrak{M}''$).

Da es bei allgemeinen mathematischen Untersuchungen gerade auf die Form ankommt, betrachtet man isomorphe Gruppen dabei als nicht verschieden, sondern durch einen Typ vertreten, bei dem man von der Natur der Elemente abstrahiert. Solche Gruppen heißen „abstrakt". Es wird sich im folgenden um abstrakte Gruppen handeln, in den Beispielen freilich greifen wir auch wieder auf konkrete Fälle zurück.

Aufgabe 11. Gibt es zu jeder natürlichen Zahl $g$ eine Gruppe der Ordnung $g$?

Aufgabe 12. Man suche Beispiele isomorpher Gruppen.

Aufgabe 13. Kann eine Gruppe mit sich selbst isomorph („automorph") sein, d. h. kann man ihre Elemente in zweierlei Reihenfolgen einander zuordnen, so daß das Gesetz der Isomorphie besteht? Man versuche dies an den Beispielen 6a und 6b.

## § 7. Potenz; Ordnung eines Elementes

Um einen Einblick in den Bau einer Gruppe zu bekommen, liegt es nahe, zuerst besondere Fälle der Verknüpfung zu betrachten. Ist $A$ ein beliebiges Element einer Gruppe, so bilden wir — zur Veranschaulichung wird Beispiel 7 für $n = 9$ und $A = 2$ in Klammern beigesetzt —

$A,\quad AA,\quad AAA,\quad AAAA, \ldots$ und schreiben
$(2,\quad 4,\quad 8,\quad 7,\quad \ldots)$
$A,\quad A^2,\quad A^3,\quad A^4,\quad \ldots .$

Da wir auch schon dem Zeichen $A^{-1}$ (5) eine Bedeutung beigelegt haben (§ 3, 5), werden wir dazu geführt, diese Folge nach links fortzusetzen. Wir verstehen unter $A^0$ das Einselement $AA^{-1} = E$ (1), unter $A^{-s}$ das Element $A^{-1}A^{-1}A^{-1} \ldots$ ($s$ mal) $= (A^{-1})^s$. So erhalten wir die Folge von Elementen der Gruppe

$$(1) \quad \ldots A^{-4},\ A^{-3},\ A^{-2},\ A^{-1},\ E,\ A,\ A^2,\ A^3,\ A^4, \ldots$$
$$(\ldots 4,\ 8,\ 7,\ 5,\ 1,\ 2,\ 4,\ 8,\ 7,\ \ldots).$$

Für diese Potenzen lassen sich wie in der Arithmetik die beiden Regeln ableiten[1])

$$A^r \cdot A^s = A^{r+s} \text{ und } (A^r)^s = A^{rs} \text{ für alle } r \gtreqless 0.$$

Ist die Gruppe endlich, so müssen in der Folge (1) gleiche Elemente vorkommen, ist sie unendlich, so können gleiche vorkommen, es können aber auch alle Elemente verschieden sein (Beispiele in Aufg. 15, 16). Es sei etwa $A^r = A^s$ und $r > s$ ($2^{15} \equiv 2^3 \equiv 8 \bmod 9$); daraus folgt $A^rA^{-s} = A^sA^{-s}$ oder $A^{r-s} = A^{s-s} = A^0 = E$ ($2^{12} \equiv 1 \bmod 9$). Ist $r - s$ noch nicht die kleinste Zahl, für welche $A^{r-s} = E$ wird, so gibt es doch eine kleinste ($r - s = 6$). Die kleinste Zahl $a$, für welche ein Element $A$ einer Gruppe der Gleichung $A^a = E$ genügt, heißt „Ordnung des Elementes" $A$.

Das Einselement und nur dieses hat die Ordnung 1. In einer endlichen Gruppe hat jedes Element eine endliche Ordnung, in einer unendlichen Gruppe kann es außer dem Einselement noch Elemente von endlicher Ordnung geben, es können sogar die sämtlichen Elemente von endlicher Ordnung sein, es kann aber auch zu keinem Element außer $E$ eine endliche Zahl $a$ mit der eben erklärten Eigenschaft geben, die Elemente können durchweg von „unendlicher Ordnung" sein.

Aufgabe 14. Man bestimme die Ordnung der Elemente der Gruppen Beispiel 2 und 5a für $n = 6$.

Aufgabe 15. Haben die Gruppen Beispiel 1c, 1e, 1g außer der Einheit Elemente endlicher Ordnung?

[1]) Die Ableitung wird dem Leser überlassen. Die für Zahlen gültige weitere Regel $(ab)^n = a^nb^n$ gilt hier nicht allgemein, weil sie die Kommutativität der Multiplikation voraussetzt.

Aufgabe 16. Man beweise: Die Menge der mit reellen Zahlen gebildeten Matrizen zweiten Grades mit Determinante 1 bilden eine Gruppe bezüglich der Matrizenmultiplikation als Operation. Sodann betrachte man die Elemente $\begin{pmatrix} 1 & 1 \\ -1 & 0 \end{pmatrix}$ und $\begin{pmatrix} 1 & 0 \\ 1 & 1 \end{pmatrix}$ und untersuche ihre Ordnung.

## § 8. Zyklische Gruppe; erzeugendes Element

Es sei $a$ die Ordnung eines Elementes $A$ einer endlichen oder unendlichen Gruppe. Also ist $A^a = E$ und damit $A^{na} = (A^a)^n = E^n = E$ für jede ganze Zahl $n$. Folglich ist $A^r = A^s$ oder $A^{r-s} = E$, wenn $r - s$ durch $a$ teilbar ist, d. h. wenn $r \equiv s \pmod a$. Wäre umgekehrt $A^r = A^s$, aber nicht $r \equiv s \pmod a$, sondern $r - s = na + q$ mit $0 < q < a$, so wäre $E = A^{r-s} = A^{na+q} = A^{na} \cdot A^q = E \cdot A^q = A^q$, es gäbe eine Zahl $q < a$, so daß $A^q = E$ wäre, $a$ wäre nicht die Ordnung von $A$. Damit ist bewiesen

**Satz 6.** Ist $a$ die Ordnung des Elementes $A$ einer Gruppe, so ist $A^r = A^s$ dann und nur dann, wenn $r \equiv s \pmod a$.

Nach diesem Satz stellen die sämtlichen Potenzen des Elementes $A$ nur $a$ verschiedene Elemente vor. Wir betrachten die Menge derselben und untersuchen sie auf Gruppeneigenschaft[1]). Das Produkt zweier Potenzen ist wieder eine Potenz, $E = A^0$ spielt die Rolle des Einselementes und zu jeder Potenz $A^r$ ist $A^{-r}$ invers. Ist $A$ ein Element von unendlicher Ordnung, so sind seine Potenzen alle verschieden, der Beweis aber, daß sie eine Gruppe bilden, bleibt unverändert.

**Satz 7.** Die sämtlichen (endlich oder unendlich vielen) verschiedenen Potenzen eines Elementes $A$ einer Gruppe bilden eine Gruppe $\mathfrak{A}$. Sie heißt „zyklische Gruppe", das Element $A$ ihr „erzeugendes Element"; man schreibt $\mathfrak{A} = \{A\}$.

---

[1]) In Fällen wie dem gegenwärtigen, wo die auf Gruppeneigenschaft zu untersuchende Menge bereits einer umfassenderen Gruppe mit gleicher Operation angehört, braucht die Assoziativität nicht mehr geprüft zu werden

Beispiele: Die von der Permutation $P = (123456)$ erzeugte zyklische Gruppe $\{P\}$ besteht aus den Elementen $P$, $P^2 = (135)(246)$, $P^3 = (14)(25)(36)$, $P^4 = (153)(264)$, $P^5 = (165432)$, $P^6 = E$.

Eine unendliche zyklische Gruppe ist Beispiel 1c, die sog. „additive Gruppe der ganzen Zahlen“, ihr erzeugendes Element ist 1 oder —1.

Aufgabe 17. Man untersuche die von dem Element $P^2 = (135)(246)$ oder $P^3 = (14)(25)(36)$ oder $P^5 = (165432)$ erzeugte zyklische Gruppe $\{P^2\}$ bzw. $\{P^3\}$, $\{P^5\}$.

**Satz 8.** Endliche zyklische Gruppen gleicher Ordnung sind isomorph. Wir bezeichnen sie mit $\mathfrak{Z}_a$, wenn $a$ die Ordnung ist.

Die Isomorphie ergibt sich, indem man Potenzen gleicher Hochzahl einander zuordnet.

**Satz 9.** Ist $\{A\}$ eine zyklische Gruppe von zusammengesetzter Ordnung $a = bc$ $(b, c \neq 1)$, so bilden die Elemente $A^c$, $(A^c)^2 = A^{2c}, \ldots (A^c)^b = A^{bc} = E$ ebenfalls eine zyklische Gruppe $\{A^c\}$, und zwar von der Ordnung $b$; ebenso ist $\{A^b\}$ eine zyklische Gruppe der Ordnung $c$.

Der Beweis erfolgt wie beim vorletzten Satz.

**Satz 10.** Alle unendlichen zyklischen Gruppen sind isomorph, es gibt im abstrakten Sinne nur **eine** unendliche zyklische Gruppe. Wir schreiben $\mathfrak{Z}_\infty$. Jede unendliche zyklische Gruppe $\{A\}$ ist nämlich zur additiven Gruppe der ganzen Zahlen (Beispiel 1c) isomorph, wie die Zuordnung von $A^n$ zu $n$ zeigt.

Aufgabe 18. Welche zyklische Gruppe erzeugt das Element 2 (oder —3) der additiven Gruppe der ganzen Zahlen?

### § 9. Untergruppe

Die Sätze 7 und 9 führen uns zu einem wichtigen neuen Begriff: eine Gruppe $\mathfrak{H}$, deren sämtliche Elemente unter den Elementen einer Gruppe $\mathfrak{G}$ vorkommen, heißt (bei gleicher Operation wie in $\mathfrak{G}$) eine „Untergruppe" von $\mathfrak{G}$. Das Zeichen (§ 2) $\mathfrak{H} < \mathfrak{G}$ oder $\mathfrak{H} \leq \mathfrak{G}$ sagt nur, daß $\mathfrak{H}$ Teilmenge („Teilkomplex") von $\mathfrak{G}$ ist, die Gruppeneigenschaft von $\mathfrak{H}$ muß gegebenenfalls besonders hervorgehoben werden, ein Zeichen dafür ist nicht gebräuchlich. Die Auffindung und Untersuchung der Untergruppen einer Gruppe ist eine Hauptaufgabe der Gruppentheorie.

Das Einselement $E$ jeder Gruppe erfüllt die Forderungen des Gruppenbegriffs, bildet also eine Untergruppe jeder Gruppe; wir bezeichnen sie als Einheitsgruppe $\mathfrak{E}$. Oft ist es zweckmäßig, auch $\mathfrak{G}$ selbst als Untergruppe von $\mathfrak{G}$ aufzufassen, was nach der obigen Erklärung einer Untergruppe zulässig ist. $\mathfrak{E}$ und $\mathfrak{G}$ heißen „unechte" oder „uneigentliche Untergruppen" von $\mathfrak{G}$, alle anderen „echte" oder „eigentliche".

**Satz 11.** Jede von der Einheitsgruppe verschiedene endliche nichtzyklische Gruppe besitzt eine echte Untergruppe.

Es bildet nämlich ein von $E$ verschiedenes Element einer Gruppe $\mathfrak{G}$ mit seinen Potenzen eine Untergruppe, und zwar eine zyklische. Wäre sie nicht echt, sondern $\mathfrak{G}$, so wäre $\mathfrak{G}$ zyklisch.

**Satz 12.** Jede endliche Gruppe von zusammengesetzter Ordnung besitzt eine echte Untergruppe.

Die Behauptung trifft nämlich zu nach Satz 11, wenn die Gruppe nicht zyklisch ist, nach Satz 9, wenn sie zyklisch ist.

**Satz 13.** Die unendliche zyklische Gruppe hat unendlich viele echte Untergruppen, die mit der Gruppe selbst isomorph sind (was natürlich nur bei unendlichen Gruppen möglich ist).

Ist nämlich die Gruppe $\{Z\}$, so ist $\{Z^k\}$ für jedes ganze $k \neq 0, 1, -1$ eine echte Untergruppe; die Abbildung $Z^{nk} \to Z^n$ zeigt die Isomorphie.

**Satz 14.** Jede Untergruppe einer zyklischen Gruppe ist zyklisch.

Ist nämlich $\{A\}$ eine endliche oder unendliche zyklische Gruppe, so enthält eine Untergruppe $\mathfrak{U}$ eine niedrigste

Potenz von $A$, etwa $A^m$ $(m > 0)$, damit alle Potenzen $(A^m)^k = A^{mk}$ ($k$ ganze Zahl). Wir zeigen, daß $\mathfrak{U}$ nur diese enthält, also zyklisch ist. Enthielte es noch eine andere Potenz $A^n$, wo $n$ kein Vielfaches von $m$, sondern $n = km + q$ mit $q < m$ wäre, so enthielte $\mathfrak{U}$ auch das Element $A^{km+q} \cdot A^{-km} = A^q$ gegen die Annahme über $A^m$.

**Satz 15.** Der Durchschnitt zweier Untergruppen einer Gruppe ist selbst Untergruppe dieser Gruppe; dasselbe gilt für jede endliche oder unendliche Menge von Untergruppen.

Es seien nämlich $\mathfrak{U}_1, \mathfrak{U}_2$ Untergruppen einer Gruppe, $U$ und $V$ Elemente, die sowohl in $\mathfrak{U}_1$ als in $\mathfrak{U}_2$ vorkommen. Dann enthält $\mathfrak{U}_1$ wegen seiner Gruppeneigenschaft auch das Produkt $UV$ und die Inversen $U^{-1}, V^{-1}$ und ebenso $\mathfrak{U}_2$; $UV$ gehört also ebenfalls dem Durchschnitt an und zu jedem Element das inverse. Da auch $E$ beiden Untergruppen gemeinsam ist, ist der Durchschnitt eine Gruppe.

Dagegen ist die Vereinigungsmenge zweier Untergruppen einer Gruppe im allgemeinen keine Gruppe, die beiden Untergruppen erzeugen aber eine Untergruppe (s. § 11).

Beispiel: $\mathfrak{S}_3$ (Tafel I) hat die Untergruppen $[E, (123), (132)]$ und $[E, (12)]$, ihre Vereinigungsmenge ist keine Gruppe, sie erzeugen aber eine Gruppe, nämlich $\mathfrak{S}_3$.

Aufgabe 19. Man suche Untergruppen der Gruppen in den Beispielen 1 bis 12.

Aufgabe 20. Man bestätige Satz 15 an 2 Untergruppen der „Diedergruppe" $\mathfrak{D}_4$ (Tafel II).

## § 10. Produkte von Elementen; inverse Elemente

Wir betrachten jetzt 2 Elemente einer Gruppe, $A$ mit Ordnung $a$, $B$ mit Ordnung $b$. Im allgemeinen ist $AB \neq BA$, daher läßt sich allgemein $(AB)^2 = ABAB$, $(AB)^3 = ABABAB, \ldots$ nicht anders darstellen. Nur im Sonderfalle $AB = BA$ ergibt sich $A^2B^2$ bzw. $A^3B^3, \ldots$.

Dagegen finden wir stets für $(AB)^{-1}$ einen anderen Ausdruck. Es ist das Element, das mit $AB$ multipliziert $E$

ergibt. Dies leistet das Element $B^{-1}A^{-1}$, da $B^{-1}A^{-1}AB = B^{-1}EB = B^{-1}B = E$ ist. Wir haben die wichtige Gleichung

(1) $(AB)^{-1} = B^{-1}A^{-1}$,

wobei die Reihenfolge zu beachten ist.

Aus den Ordnungen von $A$ und $B$ läßt sich im allgemeinen die Ordnung von $AB$ nicht bestimmen; dagegen gilt

**Satz 16.** $AB$ und $BA$ haben gleiche Ordnung.

Hat nämlich $AB$ etwa die endliche Ordnung $n$, ist also $(AB)^n = E$, so ist $A(BA)^{n-1}B = E$ oder durch Multiplikation mit $A^{-1}$ vorn, mit $A$ hinten $(BA)^{n-1}BA = A^{-1}EA = E$ oder $(BA)^n = E$. $BA$ ist also jedenfalls auch von endlicher Ordnung $n'$, und es ist $n' \leqq n$. Ebenso zeigt man von $BA$ ausgehend $n \leqq n'$; also ist $n = n'$. Gleichzeitig folgt daraus, daß $AB$ und $BA$ nur zugleich von unendlicher Ordnung sein können.

**Satz 17.** $A$ und $A^{-1}$ haben gleiche Ordnung.

Haben nämlich $A$, $A^{-1}$ die Ordnungen $a$ bzw. $a'$, so hat $A^a = E$ zur Folge

$$(A^{-1})^a = (A^a)^{-1} = E^{-1} = E, \text{ also } a' \leqq a.$$

Umgekehrt hat $(A^{-1})^{a'} = E$ zur Folge

$$A^{a'} = ((A^{-1})^{-1})^{a'} = ((A^{-1})^{a'})^{-1} = E^{-1} = E, \text{ also } a \leqq a'.$$

Damit ist $a = a'$ und wieder können beide Elemente von unendlicher Ordnung nur zugleich sein.

Das Einselement und alle Elemente der Ordnung 2 und nur diese sind zu sich selbst invers; denn aus $A^a = E$ folgt $A^{-1} = A^{a-1}$; für $a = 1$ oder 2 ist also $A^{-1} = A$, für $a > 2$ ist $A^{-1} \neq A$. Es gilt

**Satz 18.** In jeder Gruppe kommen die Elemente jeder endlichen Ordnung $a > 2$ paarweise vor, also, wenn in endlicher Anzahl, dann in gerader Anzahl.

**Satz 19.** Die Inversen zu sämtlichen Elementen einer beliebigen Gruppe sind wieder sämtliche Elemente.

Da nämlich das Inverse eines Inversen wieder das ursprüngliche Element ist (§ 5 III, Fußnote), sind alle Elemente durch die Inversion auf sich abgebildet.

Aufgabe 21. Man drücke $(ABC)^{-1}$ durch die Inversen zu $A$, $B$, $C$ aus; ebenso $(A^iB^k)^{-1}$ und $(A^iB^kC^l\ldots)^{-1}$.

Aufgabe 22. Zwei Elemente $A$, $B$ einer Gruppe haben die Ordnungen $a$ bzw. $b$, ihr Produkt $AB$ die Ordnung $c$. Man beweise, daß $c$ ein Teiler von $ab$ sein muß, wenn $AB = BA$ ist.

Aufgabe 23. Man beweise: Mit $ABC$ haben $BCA$ und $CAB$ gleiche Ordnung, dagegen nicht notwendig $ACB$, $BAC$, $CBA$.

## § 11. Erzeugung von Gruppen aus Elementen

$\mathfrak{G}$ sei eine beliebige Gruppe, $A, B, \ldots$ Elemente von $\mathfrak{G}$, $\mathfrak{K}$ ein Teilkomplex von $\mathfrak{G}$. Nach Satz 7 bilden die sämtlichen verschiedenen Potenzen von $A$ eine Gruppe, die vom Element $A$ erzeugte zyklische Gruppe $\{A\}$.

Wählt man 2 Elemente $A$, $B$ aus $\mathfrak{G}$ und bildet nicht nur die sämtlichen verschiedenen (auch negativen) Potenzen von $A$ und $B$, sondern auch alle Produkte aus **endlich** vielen solcher Potenzen in beliebiger Anordnung[1]), so erhält man eine Teilmenge von $\mathfrak{G}$, die sich als Untergruppe erweist; denn (vgl. Fußnote 1 zu Satz 6) das Produkt zweier Potenzen oder Produkte von Potenzen ist wieder von derselben Art, also unter den sämtlichen Potenzen und Produkten enthalten; Einheit ist das unter den Potenzen eines Elements enthaltene $E$, und das Inverse zu jedem Element ist in der Menge vorhanden (Aufg. 21). Man nennt die entstehende Gruppe die von den Elementen $A$, $B$ erzeugte Gruppe und schreibt $\{A, B\}$.

Allgemein kann man statt zweier Elemente $A$, $B$ irgendeinen (gegebenenfalls auch unendlichen) Teilkomplex $\mathfrak{K}$ von $\mathfrak{G}$ auswählen und zu den Elementen von $\mathfrak{K}$ alle Potenzen und alle Produkte aus endlich vielen solcher Potenzen in

---

[1]) Da im allgemeinen $AB \neq BA$ ist, können ohne Angabe besonderer Beziehungen zwischen den Elementen Produkte der Form $A^iB^kA^lB^mA^n\ldots$ nicht gekürzt werden. Kennt man aber weitere Eigenschaften der Elemente von $\mathfrak{G}$, so können sich diese Produkte reduzieren, und es können gleiche Elemente durch einen Vertreter ersetzt werden.

jeder Anordnung bilden. Man „erzeugt“ eine Untergruppe $\{\mathfrak{K}\}$, wie sich aus analogen Gründen ergibt.

Wenn man den Komplex $\mathfrak{K}$ umfassend genug wählt, kann man offenbar auf diese Weise auch die Gruppe $\mathfrak{G}$ selbst erzeugen, zu jeder Gruppe also einen Komplex von Erzeugenden finden.

1. Beispiel: Gruppe Beispiel 5a für $n = 30$; eine primitive 30te Einheitswurzel $\varepsilon$ erzeugt die ganze Gruppe, $\{\varepsilon\} = [1, \varepsilon, \varepsilon^2, \ldots \varepsilon^{29}]$. Die nicht primitiven Einheitswurzeln $\varepsilon^{15} = -1$, $\varepsilon^{10} = -\frac{1}{2} + \frac{i}{2}\sqrt{3}$ erzeugen nur die Untergruppe 6ter Ordnung $[1, -1, -\frac{1}{2} \pm \frac{i}{2}\sqrt{3}, \frac{1}{2} \mp \frac{i}{2}\sqrt{3}] \cong \mathfrak{Z}_6$.

2. Beispiel: Gruppe Beispiel 1g, die multiplikative Gruppe der von Null verschiedenen rationalen Zahlen; der (unendliche) Komplex der Primzahlen von der Form $4n + 1$ erzeugt eine Untergruppe, die aus allen Brüchen besteht, die im Zähler und Nenner nur Potenzen oder Produkte von Potenzen von Primzahlen der Form $4n + 1$ enthalten.

Aufgabe 24. Welche Gruppe erzeugen die Permutationen a) (12) und (34), b) (123) und (14)?[1]).

Aufgabe 25. Welche Gruppe erzeugen Elemente $-2$ und $3i$ der additiven Gruppe der komplexen Zahlen $x + yi$ mit ganzzahligen $x, y$? (Zeichnung!)

## § 12. Rechnung mit Komplexen

Ein Komplex $\mathfrak{K}$ einer Gruppe $\mathfrak{G}$ bestehe aus den Teilkomplexen $\mathfrak{A}_1, \mathfrak{A}_2, \mathfrak{A}_3, \ldots$[2]), also in unserer Schreibweise (§ 2)

$$(1)\qquad \mathfrak{K} = \mathfrak{A}_1 + \mathfrak{A}_2 + \mathfrak{A}_3 + \ldots \text{ oder}$$
$$\mathfrak{K} = \mathfrak{A}_1 \cup \mathfrak{A}_2 \cup \mathfrak{A}_3 \cup \ldots .$$

[1]) Man beachte, daß die Permutationen Elemente der symmetrischen Gruppe $\mathfrak{S}_4$ sind (Aufg. 9).

[2]) Die Schreibweise der Elemente einer Menge mit Indizes 1, 2, 3, ... $i$, ... $n$, ... ist vielfach zweckmäßiger als etwa mit $\alpha, \beta, \gamma, \ldots$, sie hat allerdings den Nachteil, daß sie die Mengen als abzählbar erscheinen läßt. Es wird hier ein für allemal bemerkt, daß solche Elemente mit Indizes 1, 2, 3, ... als beliebig aus der Menge herausgegriffen gelten sollen, die Schreibweise also keine Abzählbarkeit bedeutet.

Dabei spielt die Reihenfolge keine Rolle und, wenn die Teilkomplexe nicht paarweise elementfremd sind, werden gemeinsame Elemente nur einfach gezählt.

Das Rechnen mit Komplexen führt zu Beziehungen, die wir beim Rechnen mit Zahlen nicht gewohnt sind, z. B. folgt aus:

$$\mathfrak{K} \subseteq \mathfrak{G}:\ \mathfrak{G} + \mathfrak{K} = \mathfrak{G},\ \mathfrak{G} + \mathfrak{G} = \mathfrak{G} \text{ oder}$$
$$\mathfrak{G} \cup \mathfrak{K} = \mathfrak{G},\ \mathfrak{G} \cup \mathfrak{G} = \mathfrak{G}.$$

Die Menge der gemeinsamen Elemente oder der Durchschnitt ist

$$\mathfrak{D} = \mathfrak{A}_1 \cap \mathfrak{A}_2 \cap \mathfrak{A}_3 \cap \dots .$$

Für elementfremde Komplexe $\mathfrak{A}$ ist $\mathfrak{D} = 0$ („leere Menge„). Hier folgt aus

$$\mathfrak{K} \subseteq \mathfrak{G}:\ \mathfrak{G} \cap \mathfrak{K} = \mathfrak{K}.$$

Der Komplex $\mathfrak{K} < \mathfrak{G}$ bestehe aus den Elementen $A_1$, $A_2$, $A_3, \dots$, also

$$(2) \qquad \mathfrak{K} = [A_1, A_2, A_3, \dots].$$

Ist $B$ ein weiteres Element der Gruppe $\mathfrak{G}$, so versteht man unter $\mathfrak{K}B$ die Menge der Elemente, die durch Multiplikation je eines Elementes von $\mathfrak{K}$ mit $B$ entstehen, also nach (2)

$$\mathfrak{K}B = [A_1B, A_2B, A_3B, \dots],$$
$$\text{ebenso } B\mathfrak{K} = [BA_1, BA_2, BA_3, \dots].$$

Ist $\mathfrak{L}$ ein weiterer Komplex von $\mathfrak{G}$, so versteht man unter dem Produkt $\mathfrak{K}\mathfrak{L}$ alle verschiedenen Elemente, die durch Multiplikation eines Elementes von $\mathfrak{K}$ mit einem Element von $\mathfrak{L}$ in dieser Reihenfolge entstehen; ebenso wird $\mathfrak{L}\mathfrak{K}$ erklärt.

Ist $\mathfrak{K}$ Untergruppe von $\mathfrak{G}$ und $B \in \mathfrak{K}$, so ist

$$\mathfrak{K}B = B\mathfrak{K} = \mathfrak{K} \text{ und } \mathfrak{K}\mathfrak{G} = \mathfrak{G}\mathfrak{K} = \mathfrak{G}, \text{ speziell } \mathfrak{G}\mathfrak{G} = \mathfrak{G}.$$

Diese Beziehungen lassen sich beim gruppentheoretischen Rechnen in doppelter Weise verwenden. Einmal dazu, um aus einer Gruppe nach Bedarf einen Teilkomplex als Summanden oder als Faktor herauszuheben (z. B. $\mathfrak{G}G$ statt $\mathfrak{G}$ zu schreiben), zweitens dazu, um gewisse Summanden oder

Faktoren, die sozusagen von der Gruppe aufgesogen werden, wegzulassen (z. B. $\mathfrak{G}$ statt $G\mathfrak{G}$ zu schreiben), Satz 4 erhält die einfache Form $G\mathfrak{G} = \mathfrak{G}G = \mathfrak{G}$.

Für die Bildung der Summe oder Vereinigungsmenge, des Durchschnitts und des Produktes von Komplexen gilt, wie leicht einzusehen ist, das assoziative Gesetz:

$$(\mathfrak{K} \cup \mathfrak{L}) \cup \mathfrak{M} = \mathfrak{K} \cup (\mathfrak{L} \cup \mathfrak{M}) = \mathfrak{K} \cup \mathfrak{L} \cup \mathfrak{M}$$
$$(\mathfrak{K} \cap \mathfrak{L}) \cap \mathfrak{M} = \mathfrak{K} \cap (\mathfrak{L} \cap \mathfrak{M}) = \mathfrak{K} \cap \mathfrak{L} \cap \mathfrak{M}$$
$$(\mathfrak{K}\mathfrak{L})\mathfrak{M} = \mathfrak{K}(\mathfrak{L}\mathfrak{M}) = \mathfrak{K}\mathfrak{L}\mathfrak{M}.$$

Das kommutative Gesetz gilt nur für die ersten beiden Operationen:

$\mathfrak{K} \cup \mathfrak{L} = \mathfrak{L} \cup \mathfrak{K}$; $\mathfrak{K} \cap \mathfrak{L} = \mathfrak{L} \cap \mathfrak{K}$; dagegen im allgemeinen $\mathfrak{K}\mathfrak{L} \neq \mathfrak{L}\mathfrak{K}$.

Zwischen der Bildung der Vereinigungsmenge und des Produktes gilt das folgende distributive Gesetz

$$(\mathfrak{K} \cup \mathfrak{L})\mathfrak{M} = \mathfrak{K}\mathfrak{M} \cup \mathfrak{L}\mathfrak{M}; \quad \mathfrak{M}(\mathfrak{K} \cup \mathfrak{L}) = \mathfrak{M}\mathfrak{K} \cup \mathfrak{M}\mathfrak{L}.$$

Beispiel: $\mathfrak{K} = [E, (12)\ (34)]$, $\mathfrak{L} = [E, (13)\ (24)]$, $\mathfrak{M} = [(123), (134)]$, $\mathfrak{M}\mathfrak{K} = [(123), (134), (243), (142)]$, $\mathfrak{M}\mathfrak{L} = [(123), (134), (142), (243)]$, $\mathfrak{K} \cup \mathfrak{L} = [E, (12)\ (34), (13)\ (24)]$, $\mathfrak{M}(\mathfrak{K} \cup \mathfrak{L}) = [(123), (134), (142), (243)]$.

Aufgabe 26. Wie weit gilt ein distributives Gesetz zwischen der Bildung a) des Durchschnittes und Produktes, b) der Vereinigungsmenge und des Durchschnittes?

Der „inverse Komplex“ zu $\mathfrak{K}$, d. h. der Komplex der Inversen zu den Elementen von $\mathfrak{K}$, wird mit $\mathfrak{K}^{-1}$ bezeichnet. Z. B. erhält damit Satz 19 die kurze Form: $\mathfrak{G}^{-1} = \mathfrak{G}$.

$$(\mathfrak{K}B)^{-1} = [(A_1B)^{-1}, (A_2B)^{-1}, \ldots] = [B^{-1}A_1^{-1}, B^{-1}A_2^{-1}, \ldots] = B^{-1}\mathfrak{K}^{-1}; \text{ ebenso } (B\mathfrak{K})^{-1} = \mathfrak{K}^{-1}B^{-1}.$$

Aufgabe 27. Man beweise: $(\mathfrak{K}\mathfrak{L})^{-1} = \mathfrak{L}^{-1}\mathfrak{K}^{-1}$; Bestätigung an dem Beispiel $\mathfrak{K} = [E, (123)]$, $\mathfrak{L} = [(132), (12)]$.

## § 13. Zerlegung einer Gruppe nach einer Untergruppe

$\mathfrak{G}$ sei die Tetraedergruppe (Tafel III). Eine Untergruppe ist $\mathfrak{A} = [E, (123), (132)]$. Multiplizieren wir $\mathfrak{A}$ etwa rechts mit einem nicht zu $\mathfrak{A}$ gehörigen Element von $\mathfrak{G}$, z. B. (124), so erhalten wir

$$\mathfrak{A}\,(124) = [(124),\ (14)\,(23),\ (134)];$$

multiplizieren wir $\mathfrak{A}$ wieder mit einem neuen Element aus $\mathfrak{G}$, etwa (142), so erhalten wir

$$\mathfrak{A}\,(142) = [(142),\ (234),\ (13)\,(24)];$$

endlich, wenn wir noch ein neues Element benützen,

$$\mathfrak{A}\,(143) = [(143),\ (12)\,(34),\ (243)].$$

Damit ist die Gruppe erschöpft, wir haben die „Zerlegung nach der Untergruppe $\mathfrak{A}$"

$$\mathfrak{G} = \mathfrak{A} + \mathfrak{A}\,(124) + \mathfrak{A}\,(142) + \mathfrak{A}\,(143).$$

Allgemein besitze eine Gruppe $\mathfrak{G}$ eine Untergruppe $\mathfrak{A} = A_1 + A_2 + A_3 + \ldots$. Versuchen wir diese Untergruppe $\mathfrak{A}$ wieder mit den Elementen von $\mathfrak{G}$ zu verknüpfen! Multiplikation (etwa rechts) mit Elementen von $\mathfrak{A}$ liefert keine neuen Elemente, es ist $\mathfrak{A}A_i = \mathfrak{A}$. Welche Elemente aber enthält $\mathfrak{A}B$, wenn $B \in \mathfrak{G}$, aber nicht $B \in \mathfrak{A}$? Der Komplex $\mathfrak{A}B$ enthält $EB = B$, er enthält aber sogar lauter neue, von den Elementen von $\mathfrak{A}$ verschiedene Elemente; denn wäre etwa

$A_iB = A_k$, so wäre $B = A_i^{-1}A_k$, also $B \in \mathfrak{A}$, da $\mathfrak{A}$ eine Gruppe ist. Die neuen Elemente sind zudem alle verschieden; denn aus

$$A_iB = A_kB \text{ würde folgen } A_i = A_k \text{ (Satz 5).}$$

Hätten wir statt $B$ irgendein anderes Element aus $\mathfrak{A}B$, etwa $A_lB$ gewählt, so wäre derselbe Komplex entstanden, es ist ja

$$\mathfrak{A}(A_lB) = (\mathfrak{A}A_l)\,B = \mathfrak{A}B.$$

Nun sei $C \in \mathfrak{G}$, aber weder $C \in \mathfrak{A}$ noch $C \in \mathfrak{A}B$. Wir bilden den Komplex $\mathfrak{A}C$ und finden auf dieselbe Weise, daß er wieder lauter verschiedene neue Elemente enthält. Wieder hätte uns jedes Element von $\mathfrak{A}C$ denselben Dienst getan. So fahren wir fort, bis die Gruppe $\mathfrak{G}$ erschöpft ist. Es können keine Elemente übrigbleiben, wir könnten ja mit ihnen durch Multiplikation mit $\mathfrak{A}$ noch Komplexe bilden.

**Satz 20.** Ist $\mathfrak{A}$ eine Untergruppe der Gruppe $\mathfrak{G}$, so kann man in mehrfacher Weise eine Menge von Elementen $A, B, C, \ldots$ aus $\mathfrak{G}$ wählen, so daß

(1) $$\mathfrak{G} = \mathfrak{A}A + \mathfrak{A}B + \mathfrak{A}C + \ldots.$$

Jeder Komplex der rechten Seite enthält gleichviele Elemente oder, wenn $\mathfrak{A}$ eine unendliche Gruppe ist, äquivalente Mengen von Elementen, und zwar lauter verschiedene. Dieselbe Zerlegung entsteht, wenn statt $A$ irgendein Element von $\mathfrak{A}$, statt $B$ ein Element von $\mathfrak{A}B$ usw. gewählt wird. Zu entsprechenden Zerlegungen kommt man, wenn $\mathfrak{A}$ links multipliziert wird:

(2) $$\mathfrak{G} = A'\mathfrak{A} + B'\mathfrak{A} + C'\mathfrak{A} \ldots.$$

Diese Zerlegungen heißen „Rechts- bzw. Linkszerlegung von $\mathfrak{G}$ nach der Untergruppe $\mathfrak{A}$“ (auch nach dem „Modul“ $\mathfrak{A}$), die Komplexe $\mathfrak{A}A$, $\mathfrak{A}B$, $\mathfrak{A}C, \ldots$ „rechte Restklassen“ (auch „Nebenkomplexe“, „Nebenklassen“, „Nebengruppen“), $A'\mathfrak{A}$, $B'\mathfrak{A}$, $C'\mathfrak{A}, \ldots$ „linke Restklassen“ der Gruppe $\mathfrak{G}$ nach $\mathfrak{A}$. Die Mengen $A, B, C, \ldots$ oder $A', B', C', \ldots$ nennt man „Rechts- bzw. Linksvertretersystem“, die Anzahl der Restklassen oder Vertreter (bzw. die Mächtigkeit ihrer Menge) „Index“[1]) der Untergruppe $\mathfrak{A}$ von $\mathfrak{G}$.

Aufgabe 28. Man zerlege die symmetrische Gruppe $\mathfrak{S}_3$ links und rechts nach einer Untergruppe a) der Ordnung 2, b) der Ordnung 3.

Aufgabe 29. Man stelle zu dem obigen Beispiel der Tetraedergruppe auch eine Linkszerlegung auf und vergleiche sie mit der Rechtszerlegung hinsichtlich der Menge der Restklassen.

**Satz 21.** Die Rechts- und die Linkszerlegung einer Gruppe nach derselben Untergruppe ergeben gleichviele (eine gleichmächtige Menge) Restklassen, also gleichen Index. Die Inversen zu den Elementen eines Rechtsvertretersystems bilden ein Linksvertretersystem, die Inversen zu den Restklassen rechts sind Restklassen links und umgekehrt.

---

[1]) Nach Satz 21 braucht man keinen Rechts- und Linksindex zu unterscheiden.

Sind nämlich $B, C$ Elemente eines Rechtsvertretersystems, so daß $\mathfrak{A}B$ und $\mathfrak{A}C$ lauter verschiedene Elemente enthalten, so gilt dies auch für $B^{-1}\mathfrak{A}$ und $C^{-1}\mathfrak{A}$; denn wäre

$B^{-1}A_i = C^{-1}A_k$, so wäre $(B^{-1}A_i)^{-1} = (C^{-1}A_k)^{-1}$ oder (§ 10)

$$A_i^{-1}B = A_k^{-1}C,$$

d. h. $\mathfrak{A}B$ und $\mathfrak{A}C$ hätten ein gemeinsames Element. Ferner ist (§ 12) $B^{-1}\mathfrak{A} = B^{-1}\mathfrak{A}^{-1} = (\mathfrak{A}B)^{-1}$, also die inverse Restklasse zu $\mathfrak{A}B$.

Aufgabe 30. Man zerlege die additive Gruppe der ganzen Zahlen nach der Untergruppe a) der geraden Zahlen, b) der durch 5 teilbaren Zahlen und prüfe die Sätze 20 und 21.

## § 14. Folgerungen aus der Zerlegung einer endlichen Gruppe nach einer Untergruppe

Da bei der Zerlegung einer **endlichen** Gruppe $\mathfrak{G}$ nach einer Untergruppe $\mathfrak{A}$ nach Satz 20, 21 alle Restklassen eine gleiche Anzahl von Elementen haben, die gleich der Ordnung von $\mathfrak{A}$ ist, ergibt sich ein wichtiger Satz, der die Möglichkeit der Untergruppenbildung sehr beschränkt:

**Satz 22 (Lagrange).** Ordnung und Index jeder Untergruppe einer endlichen Gruppe sind Teiler der Ordnung dieser Gruppe, und zwar ist

Ordnung der Gruppe = Ordnung der Untergruppe mal Index der Untergruppe, $g = ar$.

Weil nach Satz 7 jedes Element der Ordnung $a$ mit seinen Potenzen eine zyklische Untergruppe der Ordnung $a$ liefert, folgt ein weiterer Satz, der die Natur der Elemente beschränkt:

**Satz 23.** Die Ordnung jedes Elementes einer endlichen Gruppe ist Teiler der Ordnung $g$ der Gruppe. Die $g^{\text{te}}$ Potenz jedes Elements ist daher gleich der Einheit (Fermatscher Satz der Gruppentheorie).

Daraus ergibt sich eine weitere Folgerung für eine Gruppe mit Primzahlordnung $p$. Nach Satz 23 muß jedes Element außer der Einheit von der Ordnung $p$ sein. Mit seinen Potenzen liefert es also bereits die ganze Gruppe, diese muß die zyklische Gruppe von der Ordnung $p$ sein.

**Satz 24.** Es gibt nur **eine** Gruppe von Primzahlordnung $p$, die zyklische Gruppe von der Ordnung $p$; sie hat keine echte Untergruppe.

Für unendliche Gruppen erhält man keine entsprechenden Ergebnisse. Der Index einer endlichen Untergruppe ist hier offensichtlich stets unendlich; bei unendlicher Untergruppe kann er endlich oder unendlich sein. Für den ersten Fall dient die Zerlegung der Aufg. 30 als Beispiel, für den zweiten Fall die Zerlegung der folgenden Aufg. 31.

Aufgabe 31. Die multiplikative Gruppe der positiven rationalen Zahlen soll nach der Untergruppe der Zahlen von der Form $2^n$ ($n$ ganze Zahl) zerlegt werden.

Aufgabe 32. Man zeige an Beispielen, daß es nicht zu jedem Teiler $a$ der Ordnung $g$ einer endlichen Gruppe ein Element oder eine Untergruppe der Ordnung $a$ geben muß.

# III. Über endliche Gruppen

## § 15. Die Gruppentafel

In diesem Abschnitt verstehen wir unter Gruppe, auch wenn es nicht besonders betont wird, eine **endliche** Gruppe.

Bei der Untersuchung spezieller Beispiele von Gruppen muß man die Produkte von Elementen errechnen oder durch mühsame Vorstellung finden. So erscheint es bei endlichen Gruppen zweckmäßig, sich von vornherein ein Schema anzulegen, das zu allen möglichen Produkten die Ergebnisse enthält, die zuerst von Cayley eingeführte „Gruppentafel“ oder „Cayleysche Tafel“.

Ist die Gruppenordnung $n$, so benützen wir ein in $n^2$ Felder eingeteiltes Quadrat. Um die Einordnung der Elemente in die Felder anzugeben, bezeichnen wir sie zunächst wie bei Determinanten oder Matrizen mit Doppelindex, schreiben in die erste Zeile $A_{11}, A_{12}, A_{13}, \ldots A_{1n}$, in die erste Spalte $A_{11}, A_{21}, \ldots A_{n1}$, in das Feld, in dem sich die mit $A_{i1}$ beginnende Zeile und die mit $A_{1k}$ beginnende Spalte kreuzen, $A_{ik}$. Nun soll die erste Zeile die sämtlichen

Elemente unserer Gruppe enthalten, und zwar mit $E$ beginnend, die erste Spalte ebenfalls und in gleicher Reihenfolge. Es ist also $A_{11} = E$, $A_{1i} = A_{i1}$ ($i = 1, 2, \ldots n$). An die Stelle $A_{ik}$ schreiben wir das Produkt $A_{i1}A_{1k}$, d. h. es ist $A_{ik} = A_{i1}A_{1k}$. Auch in der ersten Zeile und Spalte stehen dann Produkte, nämlich $E \cdot A_{1k}$ bzw. $A_{i1} \cdot E$. Als Beispiel diene § 4, 2, die sog. „Kleinsche Vierergruppe“ (siehe auch Tafel I und II):

| $A_{11}$ | $A_{12}$ | $A_{13}$ | $A_{14}$ |
|---|---|---|---|
| $A_{21}$ | $A_{22}$ | $A_{23}$ | $A_{24}$ |
| $A_{31}$ | $A_{32}$ | $A_{33}$ | $A_{34}$ |
| $A_{41}$ | $A_{42}$ | $A_{43}$ | $A_{44}$ |

| $x$ | $^1/x$ | $-x$ | $-^1/x$ |
|---|---|---|---|
| $^1/x$ | $x$ | $-^1/x$ | $-x$ |
| $-x$ | $-^1/x$ | $x$ | $^1/x$ |
| $-^1/x$ | $-x$ | $^1/x$ | $x$ |

In jeder Zeile und Spalte erscheinen genau sämtliche Elemente, da ja $G\mathfrak{G}$ und $\mathfrak{G}G$ nach Satz 4 wieder genau sämtliche Elemente enthalten. Diese Eigenschaft der Gruppentafel endlicher Gruppen ist gleichbedeutend mit der eindeutigen Umkehrbarkeit der Gruppenoperation. Denn bei gegebenen $G_i, G_l$ ist die Gleichung

(1) $G_iX = G_l$, wenn (2) $G_iE, G_iG_2, \ldots G_iG_k, \ldots G_iG_n$

sämtliche Elemente sind, durch ein und nur ein $X = G_k$ erfüllt und ebenso bei gegebenen $G_k, G_l$ die Gleichung

(3) $YG_k = G_l$, wenn (4) $EG_k, G_2G_k, \ldots G_nG_k$

sämtliche Elemente sind, durch ein und nur ein $Y = G_i$.

Umgekehrt, wenn Gleichung (1) und (3) stets durch genau **ein** $X$ bzw. $Y$ erfüllt werden, sind (2) und (4) $n$ verschiedene Elemente.

Bei Gruppen mit lauter vertauschbaren Elementen (§ 21) ist die Tafel symmetrisch zu der von links oben nach rechts unten laufenden Hauptdiagonale, weil dann durchweg $G_iG_k = G_kG_i$ ist.

## § 16. Die normale Tafel

Die beschriebene Gruppentafel kann man so abändern, daß in der Hauptdiagonale bei jeder Gruppe durchweg das Einselement steht. Man schreibt in der ersten Spalte statt jedes Elements das inverse, nach Satz 19 sind dies wieder alle Elemente. Das Produkt $A_{i1} \cdot A_{1k}$ schreibt man wieder in das Feld $A_{ik}$. Eine solche Tafel heißt „normal". Es ist wieder $A_{11} = E$ und

(1) $A_{i1} \cdot A_{1k} = A_{ik}$, dagegen (2) $A_{i1} = (A_{1i})^{-1}$.

Aufgabe 33. Man stelle für a) § 4 Beispiel 2, b) $\mathfrak{S}_3$ (Tafel I) die normale Tafel auf. Bei welchen Gruppen stimmen beide Tafelarten überein?

Bei einer normalen Tafel gilt nun allgemein (nicht nur für $l = 1$, sondern auch für $l = 2, 3, \ldots n$) die Gleichung

(3) $$A_{il} \cdot A_{lk} = A_{ik}.$$

Denn es ist nach (1)

$A_{il} \cdot A_{lk} = (A_{i1}A_{1l}) \cdot (A_{l1}A_{1k}) =$ (wegen der Assoziativität $A_{i1}(A_{1l}A_{l1})A_{1k} =$ (nach (2)) $A_{i1}(A_{1l}A_{1l}{}^{-1})\, A_{1k} = A_{i1}EA_{1k} = A_{i1}A_{1k} = A_{ik}$.

Diese Eigenschaft (3) der normalen Tafel ist gleichbedeutend mit der Assoziativität der Elemente; denn aus (3) folgt wegen (1)

$$(A_{i1}A_{1l}) \cdot A_{lk} = A_{ik} \text{ und}$$
$$A_{i1}(A_{1l}A_{lk}) = A_{i1}A_{1k} = A_{ik}.$$

Damit sind die linken Seiten gleich und dies bedeutet die Assoziativität aller Elemente, da jedes der Elemente $A_{i1}$, $A_{1l}$, $A_{lk}$ bei passender Wahl von $i, k, l$ ein beliebiges Element sein kann. Umgekehrt folgt aus der Assoziativität aller Elemente die Gleichung (3) für jedes $l = 2, 3, \ldots n$[1]; in der Tat ist in der obigen Ableitung dieser Gleichung außer Gleichung (1) und (2) nur die Assoziativität benützt.

Aufgabe 34. Man versuche $n$ Elemente $A_1, A_2, \ldots A_n$, die keine Gruppe bilden (etwa für $n = 3, 4, 5$), so in ein quadratisches Schema einzuordnen, daß in jeder Zeile und Spalte alle Elemente

[1]) Für $l = 1$ gilt die Gleichung in jeder Tafel gemäß der für sie erklärten Schreibweise.

stehen. Das kann gelingen, aber das Gesetz der Assoziativität trifft dann nicht zu. Man bestätige dies. (Vgl. § 4 Beispiel 3.)

## § 17. Permutationen

In § 4, Ziff. 6 wurden Produkte von Zyklen mit gemeinsamen Ziffern in eine einzige Permutation umgerechnet. Umgekehrt lassen sich Permutationen in Produkte von Zyklen mit gemeinsamen Ziffern umwandeln. Besonders wichtig ist die Darstellung einer Permutation durch lauter zweigliedrige Zyklen, sog. „Transpositionen". Solche Zerlegungen einer Permutation in Transpositionen mit wiederkehrenden Ziffern gibt es beliebig viele, man kann ja jeder Zerlegung z. B. ein Produkt aus 2 gleichen Transpositionen, etwa (12) (12) $= E$ anfügen. Wir werden aber doch einen Satz ableiten, der die Möglichkeiten der Zerlegung einschränkt. Zunächst finden wir leicht und bestätigen durch Ausrechnen der rechten Seiten:

$$
\begin{aligned}
(12) &= (12)\\
(123) &= (12)(13)\\
(1234) &= (12\,(13)(14)\\
&\cdots\cdots\cdots\cdots\\
(12\ldots n) &= (12)(13)\ldots(1\,n).
\end{aligned}
$$

**Satz 25.** Jeder $n$-gliedrige Zyklus ($n > 1$) läßt sich als Produkt von $n-1$ Transpositionen schreiben.

Daraus folgt der allgemeinere

**Satz 26.** Jede Permutation von $n$ Ziffern mit $r$ elementfremden, nicht eingliedrigen Zyklen läßt sich als Produkt von $n-r$ Transpositionen schreiben.

Enthalten nämlich die $r$ Zyklen bzw. $n_1, n_2, \ldots n_r$ Ziffern, so zerfallen sie nach Satz 25 bzw. in $n_1 - 1, n_2 - 1, \ldots n_r - 1$ Transpositionen. Es ist aber $n_1 - 1 + n_2 - 1 + \ldots + n_r - 1 = n - r$.

Läßt man die eingliedrigen Zyklen weg, so kann also jede Permutation in Transpositionen zerlegt werden. Für die weitere Untersuchung leiten wir einen Hilfssatz ab:

**Satz 27.** Multipliziert man eine Permutation, die in $r$ elementfremde Zyklen zerlegt werden kann, mit einer Transposition aus 2 der $n$ Ziffern, so erhält das Produkt $r+1$ oder $r-1$ elementfremde Zyklen.

Es sei nämlich $P = (a_1 a_2 \ldots a_\nu)\ (b_1 b_2 \ldots b_\mu) \ldots$. Die Transposition, mit der multipliziert werden soll, kann nun aus 2 Ziffern ein und desselben Zyklus oder zweier verschiedener Zyklen bestehen, entweder

$T = (a_1 a_i)$ oder $T' = (a_1 b_1)$[1]; dann ergibt sich

$$PT = (a_1 a_2 \ldots a_{i-1})(a_i a_{i+1} \ldots a_\nu)(b_1 b_2 \ldots b_\mu) \ldots$$

$$PT' = (a_1 a_2 \ldots a_\nu b_1 b_2 \ldots b_\mu) \ldots .$$

Die Zyklenzahl hat sich tatsächlich um 1 vermehrt bzw. vermindert.

**Satz 28.** Die Zerlegungen einer Permutation von $n$ Ziffern in Transpositionen aus je 2 der $n$ Ziffern bestehen entweder durchweg aus einer geraden Anzahl oder durchweg aus einer ungeraden Anzahl von Transpositionen.

Zum Beweis denken wir eine Permutation $P$ irgendwie in $s$ Transpositionen zerlegt

$$(1) \qquad P = T_1 T_2 \ldots T_s .$$

Andrerseits läßt sich $P$ in $r$ elementfremde Zyklen zerlegen. Wir multiplizieren nun Gleichung (1) beiderseits immer wieder mit einer Transposition und stellen nach Satz 27 die Zahl der elementfremden Zyklen des Produktes fest:

$$PT_s = T_1 T_2 \ldots T_{s-1}$$
hat $r \pm 1$ elementfremde Zyklen,

$$PT_s T_{s-1} = T_1 T_2 \ldots T_{s-2}$$
hat $r \pm 1 \pm 1$ elementfremde Zyklen,

$$PT_s T_{s-1} \ldots T_1 = E$$
hat $r \pm 1 \pm 1 \ldots \pm 1$ elementfremde Zyklen.

Unter den $s$ Gliedern $\pm 1$ mögen $\sigma$ den Wert $-1$, also $s-\sigma$ den Wert $+1$ haben; damit ist also $E$ in $r - \sigma + s - \sigma = r + s - 2\sigma$ elementfremde Zyklen zerlegt. Das kann nur

[1]) Daß $T$ mit $a_1$, $T'$ mit $a_1, b_1$ gebildet ist, bedeutet keine Einschränkung, da man jeden Zyklus mit jeder Ziffer beginnen kann.

die Zerlegung $E = (1)(2)\ldots(n)$ sein, es ist also $r + s - 2\sigma = n$ oder $s = n - r + 2\sigma$. Da $n$ und $r$ bei gegebenem $P$ bestimmte Zahlen sind, kann $s$ nur durchweg gerade oder durchweg ungerade sein.

Aufgabe 35. Man verfolge den Beweis des Satzes 28 an der Zerlegung $P = (1)(234) = (13)(23)(14)(12)$.

Permutationen mit gerader Transpositionenzahl nennt man „gerade", die übrigen „ungerade Permutationen".

**Satz 29.** Es gibt gleichviele gerade und ungerade Permutationen vom Grade $n$, nämlich $n!/2$.

Einen einfachen Beweis liefert Satz 4, da die sämtlichen Permutationen vom Grade $n$ eine Gruppe bilden (vgl. § 18). Wir multiplizieren jede der $n!$ Permutationen mit einer und derselben Transposition, z. B. (12) — die in der Form $(12)(3)(4)\ldots(n)$ unter den Permutationen vorkommt. — Dadurch erhalten wir wieder genau alle Permutationen, aus den geraden aber sind ungerade, aus den ungeraden gerade geworden. Also können sie nur gleichviele sein.

Aufgabe 36. Man zerlege die Permutationen $A = \begin{pmatrix} 1234567 \\ 4635127 \end{pmatrix}$, $B = \begin{pmatrix} 1\,2\,3\,4\,5\,6\,7\,8\,9\,10 \\ 8\,5\,10\,9\,7\,2\,6\,4\,3\,1 \end{pmatrix}$, a) in elementfremde Zyklen, b) in Transpositionen. Sind sie gerade oder ungerade?

Aufgabe 37. Man berechne die verschiedenen Potenzen der Permutationen in Aufg. 36; welches ist ihre Ordnung? Wie bildet man die $r^{\text{te}}$ Potenz eines Zyklus.

Aufgabe 38. Welches ist die inverse Permutation zum Zyklus $(123\ldots n)$? Speziell für $n = 2$? Ist die inverse zu einer geraden Permutation gerade?

Aufgabe 39. $Z_1$ und $Z_2$ seien Zyklen a) elementfremd, b) mit gemeinsamen Ziffern. Ist $Z_1 Z_2 = Z_2 Z_1$?

## § 18. Permutationsgruppen

In den Aufgaben 5 bis 9 wurde bereits die Menge der sämtlichen Permutationen eines festen Grades $n$ betrachtet und ihre Gruppeneigenschaft erkannt. Diese symmetrische

Gruppe $n^{\text{ten}}$ Grades wurde mit $\mathfrak{S}_n$ bezeichnet, ihre Ordnung ist $n!$ Wir fragen jetzt nach sonstigen Mengen von Permutationen, die Gruppen bilden. Dabei ist es keine Einschränkung, wenn wir immer nur Mengen von Permutationen von einer festen Ziffernzahl $n$ betrachten, weil alle Permutationen von weniger Ziffern durch Hinzufügen der fehlenden als eingliedrige Zyklen zu Permutationen $n^{\text{ten}}$ Grades gemacht werden können. Es handelt sich also darum, die Untergruppen der Gruppen $\mathfrak{S}_n$ zu untersuchen. Aber in dieser Allgemeinheit ist das Problem nicht zu lösen. Man hat gewisse Typen von Gruppen gekennzeichnet und näher untersucht. Wir müssen uns vorerst mit einigen Beispielen begnügen.

Weil 2 gerade Permutationen sich wieder zu einer geraden verknüpfen, ferner die Einheit unter den geraden Permutationen vorkommt und (Aufg. 38) die inverse zu einer geraden Permutation wieder gerade ist, bilden bereits die geraden Permutationen von festem Grade $n$ eine Gruppe:

**Satz 30.** Die geraden Permutationen von $n$ Ziffern bilden eine Gruppe, die „alternierende Gruppe $n^{\text{ten}}$ Grades". Wir bezeichnen sie mit $\mathfrak{A}_n$, ihre Ordnung ist $n!/2$ (Satz 29).

Aufgabe 40. Man stelle die alternierende Gruppe $\mathfrak{A}_4$ auf und vergleiche sie mit der Tetraedergruppe (Tafel III).

Aufgabe 41. Man bilde Untergruppen der symmetrischen Gruppe $\mathfrak{S}_5$, indem man die Elemente heraussucht, welche eine bestimmte Ziffer ungeändert lassen. Sodann sollen allgemeiner $r$ Ziffern ungeändert bleiben. Endlich suche man das Verfahren weiter zu verallgemeinern.

Wir beweisen noch einen sehr allgemeinen Satz über endliche Gruppen, der die Bedeutung der Permutationsgruppen, die in der Entwicklung der Gruppentheorie eine große Rolle gespielt haben, klar erkennen läßt. $\mathfrak{G}$ sei eine endliche Gruppe, abstrakt oder mit bestimmter Bedeutung der Elemente $E = G_1, G_2, \ldots G_n$. Wir multiplizieren diese Elemente etwa rechts der Reihe nach mit jedem einzelnen Element $G_i$, bilden also (vgl. die Gruppentafel)

$$\begin{array}{ll} E \quad G_2 \quad G_3 \quad \ldots G_n & \text{oder } \mathfrak{G} \\ EG_2 G_2 G_2 G_3 G_2 \ldots G_n G_2 & \text{oder } \mathfrak{G}G_2 \\ \ldots\ldots\ldots\ldots\ldots\ldots & \\ EG_n G_2 G_n G_3 G_n \ldots G_n G_n & \text{oder } \mathfrak{G}G_n. \end{array}$$

Nach Satz 4 stehen in jeder Zeile genau alle Elemente, der Übergang von der ersten Zeile ($\mathfrak{G}$) zu irgendeiner ($\mathfrak{G}G_i$) ist also eine Permutation der $n$ Elemente, die man auch nur durch Ziffern 1, 2, 3, ... $n$ bezeichnen kann. Die so erhaltenen $n$ Permutationen $n^{\text{ten}}$ Grades bilden nun eine Gruppe, und zwar eine zur Ausgangsgruppe isomorphe. Denn ordnet man dem Element $G_i$ die Permutation $\binom{\mathfrak{G}}{\mathfrak{G}G_i}$ zu, so wird, wenn $G_i G_k = G_l$ ist,

$$\binom{\mathfrak{G}}{\mathfrak{G}G_i}\binom{\mathfrak{G}}{\mathfrak{G}G_k} = \binom{\mathfrak{G}}{\mathfrak{G}G_i}\binom{\mathfrak{G}G_i}{\mathfrak{G}G_iG_k}^{1)} = \binom{\mathfrak{G}}{\mathfrak{G}G_iG_k} = \binom{\mathfrak{G}}{\mathfrak{G}G_l},$$

womit die Isomorphie erwiesen ist.

**Satz 31.** Jede **endliche** Gruppe der Ordnung $n$ ist isomorph zu einer Permutationsgruppe vom Grade $n$, der zugehörigen „regulären Permutationsgruppe“.

Aufgabe 42. Man stelle die reguläre Permutationsgruppe zur Gruppe § 4 Beispiel 2 auf. (Permutationen sind in Zyklen umzuschreiben.)

Aufgabe 43. Permutationsgruppen von der Ordnung $n$ können oft durch weniger als $n$ Ziffern dargestellt werden; auch für sie kann man die reguläre Permutationsgruppe aufstellen. Man führe dies für die Gruppen $\mathfrak{S}_3$ und $\mathfrak{A}_4$ durch. (Permutationen in Zyklen!)

## § 19. Transitive und intransitive Permutationsgruppen

Ein Vergleich der beiden Darstellungen der Vierergruppe $E$, (12) (34), (13) (24), (14) (23) und $E$, (12), (34), (12) (34) zeigt, daß die erste durch ihre Permutationen jede der 4 Ziffern in jede andere überführt, die zweite dagegen nicht, z. B. 1 nur in 1 oder 2.

[1]) Die Permutation $\binom{\mathfrak{G}}{\mathfrak{G}Gk}$ bleibt unverändert, wenn man $\mathfrak{G}$ in anderer Anordnung der Elemente, hier als $\mathfrak{G}Gi$ schreibt.

Eine Permutationsgruppe heißt „transitiv", wenn ihre Permutationen jede Ziffer (Veränderliche) in jede Ziffer überführen; wenn das nicht zutrifft, „intransitiv".

**Satz 32.** Eine Permutationsgruppe ist transitiv, wenn ihre Permutationen eine **feste** Ziffer in jede andere überführen.

Wird nämlich eine Ziffer, z. B. 1, in jede andere übergeführt, etwa in die beliebige Ziffer $i$ durch $P_i$, in $k$ durch $P_k$, so führt $P_i^{-1} P_k$ die Ziffer $i$ in $k$ über.

Aufgabe 44. Welche der in Tafel III angegebenen Gruppendarstellungen sind transitiv, welche intransitiv?

Aufgabe 45. Man beweise den Satz: Wenn eine transitive Permutationsgruppe eine feste Ziffer genau $r$-mal (d. h. durch $r$ Permutationen) in eine feste andere überführt, führt sie diese feste Ziffer auch genau $r$-mal in jede andere Ziffer über.

Die Darstellung der Gruppe $\mathfrak{S}_3$ in Tafel I, Gruppentafel, ist transitiv. Eine Abzählung zeigt, daß jede Ziffer zweimal in jede andere übergeführt wird, z. B. 3 zweimal in 1, zweimal in 2, zweimal in 3. Es gilt allgemein

**Satz 33.** In einer transitiven Permutationsgruppe wird jede Ziffer gleichoft in jede andere übergeführt.

Der Satz der letzten Aufgabe sagt, daß eine feste Ziffer, etwa 1, gleichoft, etwa $r$-mal in jede andere übergeführt wird:

1 in $i$ durch $r$ Permutationen $P_1, \quad P_2, \quad \ldots, P_r,$

1 in $k$ durch $r$ Permutationen $P_1', \quad P_2', \quad \ldots, P_r',$ also

$i$ in $k$ durch $r$ Permutationen $P_1^{-1} P_1', P_1^{-1} P_2', \ldots, P_1^{-1} P_r'$.

Mit einer von diesen muß jede weitere Permutation, die $i$ in $k$ überführt (z. B. $P_2^{-1} P_3'$), gleich sein; denn würden mehr als $r$, etwa $s > r$ Permutationen $P_1'', P_2'', \ldots, P_s''$ $i$ in $k$ überführen, so würden auch mindestens $s$ Permutationen, nämlich $P_1 P_1'', P_1 P_2'', \ldots, P_1 P_s''$ 1 in $k$ überführen.

Aufgabe 46. Man untersuche, wie oft in den auf den Tafeln I, II, III angegebenen transitiven Permutationsgruppen jede Ziffer in jede andere übergeführt wird.

Wenn in einer transitiven Permutationsgruppe jede Ziffer mehrmals in jede andere übergeführt wird, z. B. $r$-mal 1 in $i$, so gibt es Permutationen in der Gruppe, die noch eine zweite Ziffer, etwa 2, in andere, vielleicht jede andere (außer $i$) überführen. Es kann vorkommen, daß jedes Paar von Ziffern in jedes andere Paar oder sogar jedes geordnete System von $k$ Ziffern in jedes andere geordnete System von $k$ Ziffern übergeht.

Eine transitive Permutationsgruppe heißt „$k$-fach transitiv", wenn ihre Permutationen jedes geordnete System von $k$ Ziffern in jedes andere solche System überführen.

Aufgabe 47. Man suche auf den Tafeln I, II, III mehrfach transitive Permutationsgruppen.

Die symmetrische Gruppe $n^{\text{ten}}$ Grades ist offensichtlich $n$-fach transitiv; die alternierende Gruppe $n^{\text{ten}}$ Grades ist $(n$-$2)$-fach transitiv; die reguläre Permutationsgruppe ist immer einfach transitiv.

Wir untersuchen jetzt als Beispiel einer **intransitiven** Permutationsgruppe die Diedergruppe $\mathfrak{D}_6$ (Taf. III) in der ersten angeführten Form. Ziffer 1 wird nur in 1, 2, 3, nicht aber in 4 oder 5 übergeführt. Dieselbe Überlegung wie im Beweis der Sätze 32 und 33 ergibt, daß von den Ziffern 1, 2, 3 jede in jede und keine in eine neue Ziffer übergeht. Die Ziffern 1, 2, 3 bilden ein transitives Teilsystem. Dasselbe finden wir für die Ziffern 4 und 5. Bei jeder intransitiven Gruppe können wir ebenso verfahren.

**Satz 34.** Bei einer intransitiven Permutationsgruppe zerfallen die Ziffern in mindestens zwei transitive Teilsysteme, „Transitivitätssysteme", die je nur unter sich vertauscht werden.

**Satz 35.** Diejenigen Permutationen einer intransitiven Permutationsgruppe, die nur die Ziffern **eines** Transitivitätssystems vertauschen, die übrigen Ziffern ungeändert lassen, bilden eine Untergruppe, die transitiv wird, wenn man die ungeänderten Ziffern wegläßt. Jede intransitive Gruppe läßt sich als Produkt solcher transitiver Gruppen aufbauen.

Beispiel: $\mathfrak{D}_6$ (Taf. III) ist das Produkt aus der symmetrischen Gruppe $\mathfrak{S}_3$ und der Gruppe $\mathfrak{Z}_2 = [E, (45)]$.

## § 20. Primitive und imprimitive Permutationsgruppen

Nach dem letzten Satz brauchen nur die transitiven Permutationsgruppen weiter untersucht zu werden. Als Beispiel diene die einfach transitive reguläre Permutationsgruppe Tafel IIIa ($\cong$ Tetraedergruppe). Das Ziffernsystem 1, 10, 11, 12 geht durch $E$ und die letzten 3 Permutationen in sich über, durch die 2te, 5te, 6te, 9te Permutation in 2, 5, 6, 9 (in irgendeiner Reihenfolge), durch die 3te, 4te, 7te, 8te Permutation in 3, 4, 7, 8. Noch mehr: Jedes der 3 Systeme von je 4 Ziffern geht bei jeder Permutation der Gruppe in sich oder in eines der beiden anderen Systeme über.

Eine **transitive** Permutationsgruppe, deren Ziffern (Veränderliche) sich in mindestens zwei gleich große Teilsysteme von mindestens zwei Ziffern einteilen lassen, deren jedes bei irgendeiner Permutation wieder in ein solches übergeht, heißt „imprimitiv", die Systeme „Imprimitivitätssysteme". Ist keine solche Einteilung möglich, so heißt die Gruppe „primitiv".

Aufgabe 48. Man suche auf Tafel III die Imprimitivitätssysteme der Darstellung der Gruppe $\mathfrak{D}_6$ a) durch 6 Ziffern, b) durch 12 Ziffern.

**Satz 36.** Eine mehrfach transitive Permutationsgruppe ist stets primitiv.

Eine mehrfach transitive Gruppe muß nämlich eine Permutation $P$ enthalten, die ein beliebiges Ziffernpaar $i, k$ in ein beliebiges $l, m$ überführt. Wäre die Gruppe imprimitiv und $i, k$ aus einem und demselben, $l, m$ aus zwei verschiedenen Imprimitivitätssystemen, so widerspräche eine solche Permutation $P$ dem Begriff der Imprimitivität.

Wir untersuchen jetzt gewisse Untergruppen einer imprimitiven Gruppe $\mathfrak{P}$ und gewinnen daraus ein Verfahren, die Imprimitivitätssysteme systematisch zu finden.

Zunächst nehmen wir an, es sei ein Imprimitivitätssystem bekannt. Diejenigen Permutationen, die die Ziffern dieses

Systems nur unter sich vertauschen (nicht in ein anderes System überführen), bilden eine Untergruppe $\mathfrak{Q}$. Wieder eine Untergruppe $\mathfrak{P}_i$ von $\mathfrak{Q}$ besteht aus denjenigen Permutationen, die eine bestimmte Ziffer des Systems, etwa $i$, ungeändert lassen, damit notwendig die anderen Ziffern des Systems ebenfalls in Ziffern desselben Systems überführen. Jede imprimitive Gruppe besitzt wegen der Transitivität eine solche Untergruppe $\mathfrak{Q}$ und zwar eine echte Untergruppe, weil mindestens zwei Imprimitivitätssysteme vorhanden sind, die durch Permutationen außerhalb $\mathfrak{Q}$ auch untereinander vertauscht werden. $\mathfrak{P}_i$ ist wieder eine echte Untergruppe von $\mathfrak{Q}$ oder auch gleich $\mathfrak{E}$.

Ist kein Imprimitivitätssystem bekannt, so sucht man zuerst eine Gruppe $\mathfrak{P}_i$, die aus den Permutationen besteht, die eine beliebige Ziffer $i$ ungeändert lassen. Gibt es dann eine weitere **echte** Untergruppe $\mathfrak{Q}$ von $\mathfrak{P}$, die $\mathfrak{P}_i$ enthält, so ist $\mathfrak{P}$ imprimitiv und die Imprimitivitätssysteme ergeben sich in folgender Weise:

Man zerlegt $\mathfrak{P}$ in Restklassen nach $\mathfrak{Q}$, $\mathfrak{Q}$ nach $\mathfrak{P}_i$:

$$\mathfrak{P} = \mathfrak{Q} + \mathfrak{Q}P_2 + \cdots; \ \mathfrak{Q} = \mathfrak{P}_i + \mathfrak{P}_iQ_2 + \cdots, \text{ also}$$
$$\mathfrak{P} = [\mathfrak{P}_i + \mathfrak{P}_iQ_2 + \cdots] + [(\mathfrak{P}_i + \mathfrak{P}_iQ_2 + \cdots)P_2] + \cdots.$$

Multipliziert man rechts mit irgendeinem Element $P \in \mathfrak{P}$, so werden die Restklassen von $\mathfrak{P}$ nach $\mathfrak{Q}$ (eckige Klammern) vertauscht, die Restklassen von $\mathfrak{Q}$ nach $\mathfrak{P}_i$, die je in einer eckigen Klammer stehen, bleiben in einer solchen Klammer. Daher ist die Gruppe imprimitiv und die Imprimitivitätssysteme bestehen je aus denjenigen Ziffern, in die $i$ durch die Permutationen einer Restklasse von $\mathfrak{P}$ nach $\mathfrak{Q}$ übergeht.

Beispiel: $\mathfrak{P} = \mathfrak{T}_6$ (Taf. III, zweite Darstellung); $i = 1$; $\mathfrak{P}_i = [E, (26)(35)]$. Als $\mathfrak{Q}$ findet man etwa $\mathfrak{Q} = E + (26)(35) + (14)(25)(36) + (14)(23)(56)$.

$$\mathfrak{P} = \mathfrak{Q} + \mathfrak{Q}(15)(24) + \mathfrak{Q}(13)(46).$$

Durch die Permutationen von $\mathfrak{Q}$ geht 1 über in 1 oder 4, durch diejenigen von $\mathfrak{Q}(15)(24)$ in 2 oder 5, durch diejenigen von $\mathfrak{Q}(13)(46)$ in 3 oder 6. Imprimitivitätssysteme sind 1, 4; 2, 5; 3, 6.

Aufgabe 49. Man suche für dieselbe Gruppe $\mathfrak{D}_6$ noch andere Imprimitivitätssysteme, indem man etwa $i = 2$ und die ersten 6 Permutationen als $\mathfrak{Q}$ wählt.

## § 21. Kennzeichen für Gruppeneigenschaft

Die Existenz eines Einselementes und eines inversen zu jedem Element sind die beiden Eigenschaften, die eine Halbgruppe zur Gruppe machen. Sie lassen sich bei endlichen Halbgruppen durch 2 andere ersetzen, deren Vorhandensein meist leichter zu entscheiden ist. Es gilt

**Satz 37.** Eine endliche Halbgruppe, für deren sämtliche Elemente die Kürzungsregeln (Satz 5) gelten, ist eine Gruppe.

Sind nämlich die Elemente der Halbgruppe $A_1, A_2, \ldots A_i, \ldots A_n$, so leiten wir aus den Kürzungsregeln zunächst die Existenz eines Einselementes ab, dann diejenige eines inversen zu jedem Element. Die Kürzungsregeln lauten:

$$\begin{array}{ll} (1) & A_i A_k = A_i A_l \\ (2) & A_k A_i = A_l A_i \end{array} \Bigg\} \quad \text{hat zur Folge } A_k = A_l.$$

Wir bilden nun

$$(3) \qquad A_i A_1, A_i A_2, \ldots A_i A_n;$$

das sind wieder lauter Elemente der Halbgruppe, und zwar lauter verschiedene, da wegen (1) aus $A_i A_k = A_i A_l$ die Gleichung $A_k = A_l$ folgen würde. Unter den Elementen ist also $A_i$, etwa

(4) $A_i A_k = A_i$; durch Rechtsmultiplikation mit $A_t$ wird daraus $A_i A_k A_t = A_i A_t$ oder nach (1)

$$(5) \qquad A_k A_t = A_t.$$

Nach (4) und (5) hat $A_k$ die Eigenschaft einer Einheit,

wenigstens $A_i$ gegenüber. Wir zeigen, daß es sich auch jedem anderen Element gegenüber so verhält. Gleichung (5) wird durch Rechtsmultiplikation mit einem beliebigen Element $A_l$

$$A_k A_i A_l = A_i A_l;\ A_i A_l \text{ kann jedes beliebige Element } A_j$$

sein, also

$$A_k A_j = A_j; \text{ daraus folgt wie oben } A_j A_k = A_j.$$

$A_k$ ist somit das Einselement $E$. Es muß unter den Elementen (3) vorkommen, etwa $A_i A_m = E$; dann ist $A_m$ das inverse zu dem beliebigen Element $A_i$.

Der bewiesene Satz ist insofern besonders wertvoll, als ebenso wie die Assoziativität auch die Gültigkeit der Kürzungsregeln von selbst zutrifft, wenn ein Teilkomplex einer umfassenderen Gruppe auf Gruppeneigenschaft untersucht wird. Wir sprechen diese Tatsache aus als

**Satz 38.** Jeder Teilkomplex einer endlichen Gruppe, der nur die Eigenschaft einer algebraischen Struktur hat, daß nämlich jedes Produkt zweier Elemente wieder dem Komplex angehört, ist eine Untergruppe.

Nach § 12 läßt sich die Menge aller Produkte aus 2 Elementen eines Komplexes $\mathfrak{K}$ in der Form $\mathfrak{K}\mathfrak{K}$ schreiben; Satz 33 erhält dann die kurze Form: Ein Teilkomplex $\mathfrak{K}$ einer endlichen Gruppe ist eine Untergruppe, wenn $\mathfrak{K}\mathfrak{K} = \mathfrak{K}$ ist.

Aufgabe 50. Man beweise: Ein Komplex $\mathfrak{K}$ von Permutationen beliebiger Ziffern, für welchen $\mathfrak{K}\mathfrak{K} = \mathfrak{K}$ ist, ist eine Gruppe.

### § 22. Produkt und Durchschnitt endlicher Gruppen

Eine Gruppe $\mathfrak{G}$ besitze 2 Untergruppen $\mathfrak{A}, \mathfrak{B}$ mit den Ordnungen $a$ bzw. $b$. Wir bilden die Elemente des Produktes $\mathfrak{A}\mathfrak{B}$, die natürlich nicht alle verschieden zu sein brauchen, und ebenso die Elemente von $\mathfrak{B}\mathfrak{A}$.

Beispiel: Die Elemente $A = (1\,2\,3\,4\,5\,6)\ (7\,8\,9\,10\,11\,12)$ und $B = (1\,7\,4\,10)\ (2\,12\,5\,9)\ (3\,11\,6\,8)$ erzeugen eine Gruppe $\mathfrak{G}$ der Ordnung 12. Da sich nämlich $A^6 = E$,

$B^4 = E$ und ferner $A^3 = B^2$ und $BA = A^5B$ erweist, können alle möglichen Produkte auf die folgenden zurückgeführt werden[1]):

$$E, A, A^2, A^3, A^4, A^5, B, AB, A^2B, A^3B, A^4B, A^5B.$$

Untergruppen sind $\mathfrak{A} = [E, AB, A^3, A^4B]$[2]), $\mathfrak{B} = [E, B, A^3, A^3B]$; man errechnet

$$\mathfrak{A}\mathfrak{B} = [E, AB, A^3, A^4B, B, A^4, A^3B, A], \mathfrak{B}\mathfrak{A} = [E, B, A^3, A^3B, AB, A^2, A^4B, A^5].$$

**Satz 39.** Sind $\mathfrak{A}$, $\mathfrak{B}$ mit den Ordnungen $a$ bzw. $b$ Untergruppen einer endlichen Gruppe $\mathfrak{G}$ und hat der Durchschnitt $\mathfrak{D} = \mathfrak{A} \frown \mathfrak{B}$ die Ordnung $d$, so haben $\mathfrak{A}\mathfrak{B}$ und $\mathfrak{B}\mathfrak{A}$ gleichviele, und zwar $ab/d$ verschiedene Elemente.

Es ist nämlich $A_1B_1 = (A_1D)(D^{-1}B_1) = A_2B_2$ für jedes Element $D$, d. h. zu jedem Produkt $A_1B_1$ gibt es mindestens $d$ damit gleiche Produkte $A_2B_2$ ($A_1B_1$ mitgezählt). Sooft umgekehrt $A_1B_1 = A_2B_2$ ist oder $A_2^{-1}A_1 = B_2B_1^{-1}$, ist ein Element $A$ gleich einem Element $B$, es gibt ebenso oft ein Element $D$. Die Anzahl je gleicher Produkte $AB$ ist höchstens $d$, nach dem vorigen Ergebnis also genau $d$, die Anzahl verschiedener Produkte somit $ab/d$.

Aufgabe 51. Man bestätige Satz 34 an dem obigen Beispiel.

## IV. Vertauschbarkeit von Elementen und Untergruppen

### § 23. Normalisator; konjugierte Elemente

Wir untersuchen wieder beliebige, also endliche und unendliche Gruppen.

Bei der Multiplikation von 2 Elementen $A, B$ einer Gruppe $\mathfrak{G}$ gibt es zwei Fälle:

$$(1) \qquad AB = BA, \qquad (2) \qquad AB \neq BA.$$

[1]) Z. B. $A^4B^3 = A^4B^2B = A^7B = AB$; $BA^2 = BAA = A^5BA = A^5A^5B = A^4B$; $BA^3 = B^3 = B^2B = A^3B$.

[2] Z. B. $AB \cdot A^3 = AA^3B = A^4B$. (Näheres § 71.)

Im ersten Fall heißen die Elemente „vertauschbar" oder „kommutativ". Sind alle möglichen Elementepaare einer Gruppe vertauschbar, so heißt die Gruppe eine „vertauschbare" oder „kommutative" oder „abelsche Gruppe".

Aufgabe 52. Man beweise: Zugleich mit $A$, $B$ sind auch $A$, $B^{-1}$ und $A^{-1}$, $B^{-1}$ vertauschbar.

Aufgabe 53. Welche unter den Beispielen 1 bis 12 sind abelsche Gruppen?

Weiterhin denken wir uns in diesem Abschnitt nichtabelsche Gruppen zugrunde gelegt; für abelsche gelten die Ergebnisse ebenfalls, werden aber meist trivial.

Die Beziehungen (1) und (2) können wir auch in der Form schreiben

$$(1') \qquad B^{-1}AB = A, \qquad\qquad (2') \qquad B^{-1}AB \neq A.$$

Die Bildung von $B^{-1}AB$ heißt man „Transformation von $A$ mit $B$", den Ausdruck $B^{-1}AB$ das „transformierte Element von $A$ mit $B$".

Aufgabe 54. Man beweise, daß Transformation aller Elemente einer Gruppe mit einem festen dieser Elemente wieder genau alle Elemente ergibt.

Wir halten nun $A$ fest, $B$ dagegen lassen wir alle Elemente von $\mathfrak{G}$ durchlaufen und bezeichnen es mit $X$. Beziehung (1') bringt dabei nichts Neues, wohl aber (2'), es liefert alle transformierten Elemente von $A$ mit den Elementen von $\mathfrak{G}$. Bilden wir diese[1]) am Beispiel der Gruppe $\mathfrak{S}_3$ (Tafel I)! Etwa für $A = A_3$ finden wir

---

[1]) Für die Transformation einer Permutation $P$ in Zyklusform mit einer anderen $Q$ gilt die Regel: Die transformierte Permutation hat genau die alte Form, ebensoviele Zyklen von entsprechender Länge; man erhält diese Zyklen, indem man die Permutation $Q$ auf die Ziffern in den Zyklen der Permutation $P$ ausübt, z. B. $P = (123)(45)$, $Q = \begin{pmatrix}12345\\41532\end{pmatrix}$, $Q^{-1}PQ = \begin{pmatrix}41532\\12345\end{pmatrix}(123)(45)\begin{pmatrix}12345\\41532\end{pmatrix}$ $= (415)(32)$. Zum Beweis setzen wir allgemein $P = \begin{pmatrix}12 & \ldots\\ \alpha_1\alpha_2 & \ldots\end{pmatrix}$, $Q = \begin{pmatrix}12 & \ldots\\ \beta_1\beta_2 & \ldots\end{pmatrix}$; dann ist $Q^{-1}PQ = \begin{pmatrix}\beta_1\beta_2 & \ldots\\ 12 & \ldots\end{pmatrix}\begin{pmatrix}12 & \ldots\\ \alpha_1\alpha_2 & \ldots\end{pmatrix}\begin{pmatrix}12 & \ldots\\ \beta_1\beta_2 & \ldots\end{pmatrix}$ $= \begin{pmatrix}\beta_1\beta_2 & \ldots\\ 12 & \ldots\end{pmatrix}\begin{pmatrix}12 & \ldots\\ \alpha_1\alpha_2 & \ldots\end{pmatrix}\begin{pmatrix}\alpha_1\alpha_2 & \ldots\\ \beta_{\alpha_1}\beta_{\alpha_2} & \ldots\end{pmatrix} = \begin{pmatrix}\beta_1\beta_2 & \ldots\\ \beta_{\alpha_1}\beta_{\alpha_2} & \ldots\end{pmatrix}$. Es geht also $i$ (in der ersten Zeile von $P$) in $\beta_i$, $\alpha_i$ (in der zweiten Zeile von $P$) in $\beta_{\alpha_i}$ über, in dieses $\beta_i$ und $\beta_{\alpha_i}$ aber wird $i$ bzw. $\alpha_i$ gerade durch $Q$ übergeführt.

$$X^{-1}A_3X = A_3 \text{ für } X = A_1, A_2, A_3$$
$$X^{-1}A_3X = A_2 \text{ für } X = A_4, A_5, A_6$$

für $A = A_5$ finden wir

$$X^{-1}A_5X = A_5 \text{ für } X = A_1, A_5$$
$$X^{-1}A_5X = A_4 \text{ für } X = A_3, A_6$$
$$X^{-1}A_5X = A_6 \text{ für } X = A_2, A_4.$$

Man kann nun entweder 1. auf die transformierenden Elemente $X$ achten oder 2. auf die durch die Transformation entstehenden Elemente.

Im Falle 1. vermuten wir aus dem Beispiel

**Satz 40.** Diejenigen Elemente einer Gruppe $\mathfrak{G}$, die ein festes Element $A$ der Gruppe in sich transformieren, also die mit $A$ vertauschbaren Elemente, bilden eine Gruppe. Man nennt sie den „Normalisator von $A$ in $\mathfrak{G}$"; wir bezeichnen ihn mit $\mathfrak{N}_A$.

Ist nämlich $X_1^{-1}AX_1 = A$ und $X_2^{-1}AX_2 = A$, so ist auch

$$(X_1X_2)^{-1}A(X_1X_2) = X_2^{-1}X_1^{-1}AX_1X_2 = X_2^{-1}AX_2 = A.$$

Ferner ist in $\mathfrak{N}_A$ das Element $E$ enthalten ($E^{-1}AE = A$) und zu jedem $X$ auch $X^{-1}$, da $X^{-1}AX = A$ zur Folge hat

$$XX^{-1}AXX^{-1} = XAX^{-1} \text{ oder } A = (X^{-1})^{-1}A(X^{-1}).$$

Im Beispiel ist $\mathfrak{N}_{A3} = [A_1, A_2, A_3]$, $\mathfrak{N}_{A5} = [A_1, A_5]$.

Allgemein gehört dem Normalisator $\mathfrak{N}_A$ das Element $A$ selbst an und damit auch seine Potenzen. Weil ferner $X^{-1}EX = E$ für alle $X \in \mathfrak{G}$, ist $\mathfrak{N}_E = \mathfrak{G}$. Es gilt also stets $\{A\} \subseteq \mathfrak{N}_A \subseteq \mathfrak{G}$.

Aufgabe 55. Man suche in der Gruppe $\mathfrak{D}_4$ (Tafel II) die Normalisatoren der Elemente (1234), (13), (13) (24).

Im Falle 2. nennt man die aus $A$ durch Transformation mit den Elementen von $\mathfrak{G}$ entstehenden Elemente $A, B, C, \ldots$ die „zu $A$ konjugierten Elemente" oder „mit $A$ ähnlichen Elemente", ihre Gesamtheit eine „Klasse konjugierter Elemente".

Aufgabe 56. Man beweise, daß für diesen Begriff „konjugiert“ die 3 Äquivalenzrelationen (§ 6) gelten.

Das obige Beispiel führt zu

**Satz 41.** Wie die Transformation eines Elementes $A$ einer Gruppe $\mathfrak{G}$ mit einem Element von $\mathfrak{N}_A$ wieder $A$ liefert, liefert die Transformation mit einem Element einer Rechtsrestklasse[1]) von $\mathfrak{G}$ nach $\mathfrak{N}_A$ ein und dasselbe konjugierte Element $B$, die Transformation mit einem Element einer weiteren Restklasse dasselbe Element $C$ usw.

Ist nämlich $Y^{-1}AY = B$, so ist für jedes $X \in \mathfrak{N}_A$

$$(XY)^{-1}A(XY) = Y^{-1}X^{-1}AXY = Y^{-1}AY = B.$$

$XY$ ist dabei irgendein Element der Rechtsrestklasse $\mathfrak{N}_A Y$.

Daß auch nur für Elemente dieser Restklasse das Ergebnis der Transformation $B$ ist, zeigt man so:

Ist $\quad G^{-1}AG = B$, so ist $G^{-1}AG = Y^{-1}AY$ oder

$$YG^{-1}AGY^{-1} = A, \text{ also } GY^{-1} \in \mathfrak{N}_A \text{ oder } G \in \mathfrak{N}_A Y.$$

Aus dem Satz folgt

**Satz 42.** Die Anzahl (Mächtigkeit) der mit einem Element $A$ konjugierten Elemente ist gleich dem Index des Normalisators $\mathfrak{N}_A$; für endliche Gruppen ist damit die Anzahl der konjugierten Elemente einer Klasse ein Teiler der Ordnung der Gruppe.

Aufgabe 57. Man stelle die Klassen konjugierter Elemente der Diedergruppe $\mathfrak{D}_4$ auf (Tafel II).

Aufgabe 58. Man beweise den aus den Beispielen vermuteten Satz: Konjugierte Elemente haben gleiche Ordnung. Durch ein Gegenbeispiel zeige man ferner, daß umgekehrt Elemente gleicher Ordnung nicht konjugiert zu sein brauchen.

### § 24. Fortsetzung; konjugierte Untergruppen

Hier erhebt sich die Frage: Was hätten wir erhalten, wenn wir statt von $A$ von einem mit $A$ konjugierten Element

---

[1]) Daß für die Linksrestklassen nicht dasselbe gilt, liegt an der einseitigen Erklärung des Begriffes Transformation. Man könnte als solche auch die Bildung von $XAX^{-1}$ erklären und müßte dann Linksrestklassen benützen.

$Y^{-1}AY = B$ ausgegangen wären? Anders ausgedrückt: Was ist $X^{-1}BX$, wenn $X$ die Gruppe $\mathfrak{G}$ durchläuft, für welche $X$ ist es wieder $B$, welche anderen Elemente entstehen auf diese Weise? Wir gehen wieder von unserem Beispiel, der Gruppe $\mathfrak{S}_3$, aus. Eine Klasse konjugierter Elemente ist $A_4 = (12)$, $A_5 = (23)$, $A_6 = (13)$; $\mathfrak{N}_{A_5} = [E, A_5]$, $A_3^{-1}A_5A_3 = A_4$. Was ist $X^{-1}A_4X$ für $X \in \mathfrak{G}$? Wir finden durch Ausrechnen

$X^{-1}A_4X = A_4$ für $X = E, A_4$, d. h. Normalisator $\mathfrak{N}_{A_4} = [E, A_4]$.

$\mathfrak{N}_{A_4}$ ist wie $\mathfrak{N}_{A_5}$ eine Untergruppe, wir vermuten sogar $\mathfrak{N}_{A_4} \cong \mathfrak{N}_{A_5}$. Da $A_4 = A_3^{-1}A_5A_3$ ist, bilden wir entsprechend $A_3{}^{-1}\mathfrak{N}_{A_5}A_3$ und erhalten tatsächlich $\mathfrak{N}_{A_4}$.

Für die andere Klasse konjugierter Elemente, nämlich $A_2 = (123)$, $A_3 = (132)$ ist die entsprechende Untersuchung:

$$\mathfrak{N}_{A_3} = [E, A_2, A_3] \text{ und etwa } A_4^{-1}A_3A_4 = A_2.$$
$$X^{-1}A_2X = A_2 \text{ für } X = E, A_2, A_3,$$

also $\mathfrak{N}_{A_2} = [E, A_2, A_3] = \mathfrak{N}_{A_3}$. Die beiden Normalisatoren sind hier nicht nur isomorph, sondern stimmen vollständig überein. Wieder ist $A_4^{-1}\mathfrak{N}_{A_3}A_4 = \mathfrak{N}_{A_2}$. Vgl. die Zusammenstellung auf Tafel I!

Kehren wir zur allgemeinen Betrachtung zurück! Es wird $X^{-1}BX = B$ dann und nur dann, wenn (da $B = Y^{-1}AY$) $X^{-1}Y^{-1}AYX = B$ oder $(YX)^{-1}A(YX) = B$. Nach Satz 36 tritt dies dann und nur dann ein, wenn $YX \in \mathfrak{N}_AY$ oder $X \in Y^{-1}\mathfrak{N}_AY$.

Dieser Komplex $Y^{-1}\mathfrak{N}_AY$ ist nun wieder eine Gruppe; denn mit $X_1 = Y^{-1}N_1Y$ und $X_2 = Y^{-1}N_2Y$ ist auch $X_1X_2 = Y^{-1}N_1YY^{-1}N_2Y = Y^{-1}N_1N_2Y = Y^{-1}N_3Y$ ein Element des Komplexes, ferner ist $Y^{-1}EY = E$ Einselement und $Y^{-1}N^{-1}Y$ invers zu $Y^{-1}NY$.

Weiterhin ist $Y^{-1}\mathfrak{N}_AY \cong \mathfrak{N}_A$, wie die Abbildung $Y^{-1}NY \to N$ zeigt. Damit ist bewiesen

**Satz 43.** Ist $\mathfrak{N}_A$ Normalisator eines Elementes $A$ einer Gruppe $\mathfrak{G}$ und $B = Y^{-1}A\,Y$ ein zu $A$ konjugiertes Element, so ist der Normalisator $\mathfrak{N}_B$ von $B$ die Untergruppe $Y^{-1}\mathfrak{N}_A Y$. $\mathfrak{N}_B$ heißt „zu $\mathfrak{N}_A$ konjugierte Gruppe“ oder „mit $\mathfrak{N}_A$ ähnliche Gruppe“ und es ist $\mathfrak{N}_B \cong \mathfrak{N}_A$.

Nach Satz 36 liefern die Rechtsrestklassen der Zerlegung von $\mathfrak{G}$ nach $\mathfrak{N}_B$ die zu $B$ konjugierten Elemente. Das sind wegen der Symmetrie des Begriffes „konjugiert“ (Aufg. 50) dieselben Elemente wie die zu $A$ konjugierten, nur ergeben sie sich im allgemeinen in anderer Reihenfolge.

Bildet man zu sämtlichen Elementen $A, B, C, \ldots$ einer Klasse konjugierter Elemente die Normalisatoren $\mathfrak{N}_A, \mathfrak{N}_B, \mathfrak{N}_C, \ldots$, so nennt man deren Gesamtheit eine „Klasse konjugierter Untergruppen“. Sie sind untereinander isomorph, ja sie können teilweise oder auch alle übereinstimmen, wie unser Beispiel gezeigt hat.

Den Begriff der konjugierten Untergruppe kann man allgemeiner auffassen, indem man nicht gerade von einem Normalisator, sondern von einer ganz beliebigen Untergruppe $\mathfrak{A}$ von $\mathfrak{G}$ ausgeht. Man läßt die Untergruppe $\mathfrak{A}$ die Rolle des Elementes $A$ spielen, bildet also $X^{-1}\mathfrak{A}X$ für alle $X \in \mathfrak{G}$. Die Menge der Elemente $X$, für welche wieder $\mathfrak{A}$ entsteht, also die Menge der mit $\mathfrak{A}$ vertauschbaren[1]) Elemente $X$, heißt „Normalisator $\mathfrak{N}_{\mathfrak{A}}$ der Untergruppe $\mathfrak{A}$“ und ist wieder eine Gruppe. Wieder liefert Transformation von $\mathfrak{A}$ mit Elementen $X$, die einer Rechtsrestklasse von $\mathfrak{N}_{\mathfrak{A}}$ in $\mathfrak{G}$ angehören, und nur sie eine „zu $\mathfrak{A}$ konjugierte Untergruppe“.

**Satz 44.** Ist $\mathfrak{A}$ eine beliebige Untergruppe einer Gruppe $\mathfrak{G}$, so entsteht durch Transformation von $\mathfrak{A}$ mit einem Element von $\mathfrak{G}$ eine zu $\mathfrak{A}$ konjugierte Untergruppe. Die Menge aller so entstehenden Untergruppen heißt „Klasse konjugierter Untergruppen“. Sie sind alle isomorph, können aber auch übereinstimmen.

Beispiel: Gruppe $\mathfrak{D}_4$ (Tafel II); $\mathfrak{A} = [E, (13)]$, $X^{-1}\mathfrak{A}X = \mathfrak{A}$ für $X \in \mathfrak{N}_{\mathfrak{A}} = [E, (13), (24), (13)(24)]$. $X^{-1}\mathfrak{A}X = [E, (24)]$

[1]) Man beachte, daß nicht jedes einzelne Element $A$ von $\mathfrak{A}$ mit $X$ vertauschbar zu sein braucht, sondern nur die ganze Gruppe. $X\mathfrak{A} = \mathfrak{A}X$, jedoch im allgemeinen $XA = A'X$, wobei $A' \neq A$, aber $A' \in \mathfrak{A}$.

für $X = (1234), (1432), (12)(34), (14)(23)$. Klasse konjugierter Untergruppen: $[E, (13)]$, $[E, (24)]$.

Aufgabe 59. Man beweise Satz 44 in Analogie mit den obigen für ein einzelnes Element $A$ durchgeführten Untersuchungen.

Aufgabe 60. Die Permutationen $A = (12345)(678910)$, $B = (16)(210)(39)(48)(57)$ erzeugen eine nicht-abelsche Gruppe der Ordnung 10, isomorph zur Diedergruppe $\mathfrak{D}_5$ (§ 4, Beispiel 9). Man berechne die Elemente $E, A, A^2, A^3, A^4, B, AB, A^2B, A^3B, A^4B$. Da $BA = A^4B$ ist, lassen sich alle sonstigen Produkte auf die angeführten 10 zurückführen. Man suche die Klassen konjugierter Elemente und die zugehörigen konjugierten Untergruppen.

Aufgabe 61. Man beweise: Sind $\mathfrak{A}, \mathfrak{B}$ Untergruppen einer Gruppe $\mathfrak{G}$, so haben für ein beliebiges $G \in \mathfrak{G}$ die Durchschnitte $\mathfrak{D}_1 = \mathfrak{A} \cap G^{-1}\mathfrak{B}G$, $\mathfrak{D}_2 = \mathfrak{B} \cap G\mathfrak{A}G^{-1}$ gleiche Ordnung.

Allgemeiner: Für 2 vertauschbare Elemente $G, G' \in \mathfrak{G}$ haben $\mathfrak{D}_1 = G^{-1}\mathfrak{A}G \cap G'^{-1}\mathfrak{B}G'$ und $\mathfrak{D}_2 = G'\mathfrak{A}G'^{-1} \cap G\mathfrak{B}G^{-1}$ gleiche Ordnung.

Zu dem Satz 42 über die Anzahl oder Mächtigkeit der konjugierten Elemente gilt ein entsprechender über konjugierte Gruppen:

**Satz 45.** Die Anzahl (Mächtigkeit) der mit einer Untergruppe $\mathfrak{H}$ einer Gruppe $\mathfrak{G}$ konjugierten Untergruppen ist gleich dem Index des Normalisators $\mathfrak{N}_{\mathfrak{H}}$ von $\mathfrak{H}$. Für endliche Gruppen ist sie ein Teiler der Ordnung der Gruppe.

Zerlegt man nämlich

$$\mathfrak{G} = \mathfrak{N}_{\mathfrak{H}} + \mathfrak{N}_{\mathfrak{H}}G_2 + \mathfrak{N}_{\mathfrak{H}}G_3 + \dots,$$

so ist, wenn $N$ beliebiges Element von $\mathfrak{N}_{\mathfrak{H}}$ ist,

$$G^{-1}\mathfrak{H}G = \mathfrak{H} \text{ für } G \in \mathfrak{N}_{\mathfrak{H}},$$

$$G^{-1}\mathfrak{H}G = \mathfrak{H}' \text{ (konjugierte Untergruppe zu } \mathfrak{H}) \text{ für } G \in \mathfrak{N}_{\mathfrak{H}}G_2, \text{ da}$$

$$(NG_2)^{-1}\mathfrak{H}(NG_2) = G_2^{-1}N^{-1}\mathfrak{H}NG_2 = G_2^{-1}\mathfrak{H}G_2,$$

ebenso $G^{-1}\mathfrak{H}G = \mathfrak{H}'' = G_3^{-1}\mathfrak{H}G_3$ für $G \in \mathfrak{N}_{\mathfrak{H}}G_3$ usw.

Es entstehen genau soviele konjugierte Untergruppen zu $\mathfrak{H}$ als die Zerlegung von $\mathfrak{G}$ nach $\mathfrak{N}_{\mathfrak{H}}$ Rechtsrestklassen hat (vgl. Fußnote S. 50).

Aufgabe 62. Man bestätige den Satz an der Untergruppe $\mathfrak{N}_{(12)}$ der Gruppe $\mathfrak{D}_6$ (Tafel III).

## § 25. Invariante Elemente; Zentrum; Klasseneinteilung der Elemente und Untergruppen

Die Einheit $E$ jeder Gruppe $\mathfrak{G}$ ist mit allen Elementen von $\mathfrak{G}$ vertauschbar, ihr Normalisator ist die ganze Gruppe $\mathfrak{G}$. In einer abelschen Gruppe gilt das gleiche für jedes Element. Es fragt sich, ob es in einer nicht-abelschen Gruppe außer $E$ noch Elemente mit dieser Eigenschaft geben kann. Das Beispiel der Diedergruppe $\mathfrak{D}_4$ (Tafel II) zeigt, daß die Frage zu bejahen ist: das Element (13) (24) ist mit allen Elementen vertauschbar. Elemente, die mit allen Elementen ihrer Gruppe vertauschbar sind, deren Normalisator also die ganze Gruppe ist, heißen „invariante Elemente“. Für die Menge aller invarianten Elemente einer Gruppe gilt

**Satz 45.** Die invarianten Elemente einer Gruppe $\mathfrak{G}$ bilden eine Untergruppe, das „Zentrum“ der Gruppe $\mathfrak{G}$.

Sind nämlich $J_1$, $J_2$ invariante Elemente, also $J_1G = GJ_1$ und $J_2G = GJ_2$ für alle $G \in \mathfrak{G}$, so ist $J_1J_2G = J_1GJ_2 = GJ_1J_2$. Ferner ist die Einheit invariantes Element und zu jedem invarianten Element das inverse vorhanden, wie aus dem Satz der Aufg. 52 hervorgeht.

Unser obiges Beispiel, die Gruppe $\mathfrak{D}_4$, hat die Untergruppe $E$, (13) (24) als Zentrum. Die Gruppe $\mathfrak{S}_3$ hat nur die Einheit als Zentrum, sie ist eine Gruppe ohne eigentliches Zentrum oder, wie man auch kurz sagt, eine „Gruppe ohne Zentrum“.

Aufgabe 63. Man suche das Zentrum der Gruppe $\mathfrak{D}_6$ (Tafel III).

Da ein invariantes Element bei jeder Transformation in sich übergeht, bildet es für sich eine Klasse konjugierter Elemente. Es gibt eine gewisse Übersicht und ist für später wichtig, die sämtlichen Elemente einer Gruppe in Klassen konjugierter einzuteilen, die naturgemäß elementfremd sind. Man findet sie auf den Tafeln I, II, III für die dort behandelten Gruppen angegeben.

Ebenso wie die Elemente einer Gruppe kann man auch ihre sämtlichen Untergruppen zu Klassen konjugierter Untergruppen zusammenordnen. Jede Untergruppe enthält das Element $E$, zwei Untergruppen können auch sonst gleiche Elemente haben, aber die Klassen sind auch hier insofern elementfremd, als jede **Untergruppe** nur in einer Klasse vorkommt.

Als Beispiel diene die Gruppe $\mathfrak{D}_6$ (Tafel III), ihre Klassen konjugierter Untergruppen sind die auf Tafel III angegebenen (zu den konjugierten Elementen gehörigen) und noch folgende (nach Satz 39): $E - E$, $(45) - E$, $(123)$, $(132) - E$, $(12)$; $E$, $(23)$; $E$, $(13) - E$, $(123)$, $(132)$, $(12)$, $(23)$, $(13)$.

Aufgabe 64. Man suche sämtliche Klassen konjugierter Untergruppen der Tetraedergruppe (Tafel III).

## § 26. Zwei Beispiele

Die in §§ 23, 24, 25 aufgedeckten Zusammenhänge sollen nochmals an zwei Beispielen, einer endlichen und einer unendlichen Gruppe, aufgezeigt werden. Wir betrachten Matrizen der 2 Formen

I $\begin{pmatrix} a & 0 \\ 0 & b \end{pmatrix}$ und II $\begin{pmatrix} 0 & a \\ b & 0 \end{pmatrix}$; darin sollen $a$ und $b$ durchlaufen

1. die Elemente $E$, $A$, $A^2$ einer Gruppe $\mathfrak{Z}_3$,
2. alle (auch negativen) Potenzen einer festen Zahl, etwa 2.

1. Die Matrizen bilden eine Gruppe $\mathfrak{G}$ von der Ordnung 18[1]) mit folgenden Elementen[2]):

$$E = \begin{pmatrix} E & 0 \\ 0 & E \end{pmatrix}_1, \begin{pmatrix} E & 0 \\ 0 & A \end{pmatrix}_3, \begin{pmatrix} A & 0 \\ 0 & E \end{pmatrix}_3, \begin{pmatrix} A & 0 \\ 0 & A \end{pmatrix}_3, \begin{pmatrix} A & 0 \\ 0 & A^2 \end{pmatrix}_3,$$

$$\begin{pmatrix} E & 0 \\ 0 & A^2 \end{pmatrix}_3, \begin{pmatrix} A^2 & 0 \\ 0 & E \end{pmatrix}_3, \begin{pmatrix} A^2 & 0 \\ 0 & A^2 \end{pmatrix}_3, \begin{pmatrix} A^2 & 0 \\ 0 & A \end{pmatrix}_3,$$

$$\begin{pmatrix} 0 & E \\ E & 0 \end{pmatrix}_2, \begin{pmatrix} 0 & A \\ A^2 & 0 \end{pmatrix}_2, \begin{pmatrix} 0 & A^2 \\ A & 0 \end{pmatrix}_2, \begin{pmatrix} 0 & E \\ A & 0 \end{pmatrix}_6, \begin{pmatrix} 0 & A \\ E & 0 \end{pmatrix}_6, \begin{pmatrix} 0 & A \\ A & 0 \end{pmatrix}_6,$$

$$\begin{pmatrix} 0 & A^2 \\ E & 0 \end{pmatrix}_6, \begin{pmatrix} 0 & E \\ A^2 & 0 \end{pmatrix}_6, \begin{pmatrix} 0 & A^2 \\ A^2 & 0 \end{pmatrix}_6.$$

[1]) Operation ist die Matrizenmultiplikation; man überzeugt sich leicht, daß jedes Produkt zweier Elemente wieder ein solches Element ist.

[2]) Inverse Elemente stehen untereinander, die Ziffer neben der Matrix bedeutet ihre Ordnung.

Die ersten beiden Zeilen bilden eine abelsche Untergruppe $\mathfrak{N}$ von der Ordnung 9. Das 1., 4., 8. Element sind invariant in $\mathfrak{G}$, sie bilden eine Gruppe, das Zentrum. Die übrigen 6 Elemente sind nur mit den Elementen von $\mathfrak{N}$ vertauschbar, haben $\mathfrak{N}$ als Normalisator; je 2 bilden eine Klasse konjugierter (Index des Normalisators ist 2, Satz 42), nämlich das 2. und 3., das 5. und 9., das 6. und 7. Die zugehörigen konjugierten Gruppen fallen alle zusammen ($= \mathfrak{N}$).

$\begin{pmatrix} 0 & E \\ E & 0 \end{pmatrix}$ hat als Normalisator $\mathfrak{N}' = \left[\begin{pmatrix} E & 0 \\ 0 & E \end{pmatrix}, \begin{pmatrix} A & 0 \\ 0 & A \end{pmatrix}, \begin{pmatrix} A^2 & 0 \\ 0 & A^2 \end{pmatrix}, \begin{pmatrix} 0 & E \\ E & 0 \end{pmatrix}, \begin{pmatrix} 0 & A \\ A & 0 \end{pmatrix}, \begin{pmatrix} 0 & A^2 \\ A^2 & 0 \end{pmatrix}\right] \cong \mathfrak{Z}_6,$

$\begin{pmatrix} 0 & A \\ A^2 & 0 \end{pmatrix}$ hat das Normalisator $\mathfrak{N}'' = \left[\begin{pmatrix} E & 0 \\ 0 & E \end{pmatrix}, \begin{pmatrix} A & 0 \\ 0 & A \end{pmatrix}, \begin{pmatrix} A^2 & 0 \\ 0 & A^2 \end{pmatrix}, \begin{pmatrix} 0 & A \\ A_2 & 0 \end{pmatrix}, \begin{pmatrix} 0 & E \\ A & 0 \end{pmatrix}, \begin{pmatrix} 0 & A^2 \\ E & 0 \end{pmatrix}\right] \cong \mathfrak{Z}_6,$

$\begin{pmatrix} 0 & A^2 \\ A & 0 \end{pmatrix}$ hat als Normalisator $\mathfrak{N}''' = \left[\begin{pmatrix} E & 0 \\ 0 & E \end{pmatrix}, \begin{pmatrix} A & 0 \\ 0 & A \end{pmatrix}, \begin{pmatrix} A^2 & 0 \\ 0 & A^2 \end{pmatrix}, \begin{pmatrix} 0 & A^2 \\ A & 0 \end{pmatrix}, \begin{pmatrix} 0 & E \\ A^2 & 0 \end{pmatrix}, \begin{pmatrix} 0 & A \\ E & 0 \end{pmatrix}\right] \cong \mathfrak{Z}_6.$

Klassen konjugierter Elemente bilden die Elemente

2ter Ordnung $\begin{pmatrix} 0 & E \\ E & 0 \end{pmatrix}, \begin{pmatrix} 0 & A \\ A^2 & 0 \end{pmatrix}, \begin{pmatrix} 0 & A^2 \\ A & 0 \end{pmatrix}$, die zugehörigen konjugierten Gruppen sind $\mathfrak{N}', \mathfrak{N}'', \mathfrak{N}'''$,

6ter Ordnung $\begin{pmatrix} 0 & E \\ A & 0 \end{pmatrix}, \begin{pmatrix} 0 & A \\ E & 0 \end{pmatrix}, \begin{pmatrix} 0 & A^2 \\ A^2 & 0 \end{pmatrix}$, die zugehörigen konjugierten Gruppen sind $\mathfrak{N}'', \mathfrak{N}''', \mathfrak{N}'$,

6ter Ordnung $\begin{pmatrix} 0 & E \\ A^2 & 0 \end{pmatrix}, \begin{pmatrix} 0 & A^2 \\ E & 0 \end{pmatrix}, \begin{pmatrix} 0 & A \\ A & 0 \end{pmatrix}$, die zugehörigen konjugierten Gruppen sind $\mathfrak{N}''', \mathfrak{N}'', \mathfrak{N}'$.

2. Einheit ist $\begin{pmatrix} 1 & 0 \\ 0 & 1 \end{pmatrix}$; invers zu $\begin{pmatrix} a & 0 \\ 0 & b \end{pmatrix}$ ist $\begin{pmatrix} a^{-1} & 0 \\ 0 & b^{-1} \end{pmatrix}$, zu $\begin{pmatrix} 0 & a \\ b & 0 \end{pmatrix}$ aber die Matrix mit vertauschten $a, b$ $\begin{pmatrix} 0 & b^{-1} \\ a^{-1} & 0 \end{pmatrix}$. Produkte

gibt es vierfacher Art, sie ergeben aber immer wieder ein Element der Form I oder II mit Werten $a$, $b$, die Potenzen von 2 sind:

$$\begin{pmatrix} a & 0 \\ 0 & b \end{pmatrix} \begin{pmatrix} c & 0 \\ 0 & d \end{pmatrix} = \begin{pmatrix} ac & 0 \\ 0 & bd \end{pmatrix}; \qquad \begin{pmatrix} a & 0 \\ 0 & b \end{pmatrix} \begin{pmatrix} 0 & c \\ d & 0 \end{pmatrix} = \begin{pmatrix} 0 & ac \\ bd & 0 \end{pmatrix};$$

$$\begin{pmatrix} 0 & a \\ b & 0 \end{pmatrix} \begin{pmatrix} c & 0 \\ 0 & d \end{pmatrix} = \begin{pmatrix} 0 & ad \\ bc & 0 \end{pmatrix}; \qquad \begin{pmatrix} 0 & a \\ b & 0 \end{pmatrix} \begin{pmatrix} 0 & c \\ d & 0 \end{pmatrix} = \begin{pmatrix} ad & 0 \\ 0 & bc \end{pmatrix}.$$

Die Matrizen bilden demnach eine abzählbar unendliche Gruppe. Die Elemente lassen sich auch in der Form schreiben

$$\text{I} \begin{pmatrix} 2^i & 0 \\ 0 & 2^k \end{pmatrix} \text{ und II } \begin{pmatrix} 0 & 2^i \\ 2^k & 0 \end{pmatrix} \text{ mit } i, k = 0, \pm 1, \pm 2, \ldots.$$

Aus den 4 Arten von Produkten ergibt sich:

Vertauschbar mit einem bestimmten Element der Form I $\begin{pmatrix} 2^{i_0} & 0 \\ 0 & 2^{k_0} \end{pmatrix}$ sind für $k_0 \neq i_0$ nur die Elemente der Form I (Normalisator $\mathfrak{N}$), für $k_0 = i_0$ alle Elemente.

Vertauschbar mit einem bestimmten Element der Form II $\begin{pmatrix} 0 & 2^{i_0} \\ 2^{k_0} & 0 \end{pmatrix}$ sind die Elemente der Form I für $k = i$, also $\begin{pmatrix} 2^i & 0 \\ 0 & 2^i \end{pmatrix}$ für $i = 0, \pm 1, \pm 2, \ldots$ und alle Elemente der Form II $\begin{pmatrix} 0 & c \\ d & 0 \end{pmatrix}$, für welche $\frac{c}{d} = \frac{2^{i_0}}{2^{k_0}}$ ist, also $\begin{pmatrix} 0 & 2^{i_0+n} \\ 2^{k_0+n} & 0 \end{pmatrix}$ für $n = 0, \pm 1, \pm 2, \ldots$.

Diese Elemente bilden eine Gruppe $\mathfrak{N}'$, wie man durch Berechnung der möglichen Produkte bestätigt; denn auch das Einselement ist enthalten und zu jedem das inverse, da zu $\begin{pmatrix} 0 & 2^{i_0+n} \\ 2^{k_0+n} & 0 \end{pmatrix}$ das Element $\begin{pmatrix} 0 & 2^{-k_0-n} \\ 2^{-i_0-n} & 0 \end{pmatrix}$ invers ist, hier aber wieder der Quotient $\frac{2^{-k_0-n}}{2^{-i_0-n}} = \frac{2^{i_0}}{2^{k_0}}$ ist.

Wir haben gefunden: Invariant sind nur die Elemente $\begin{pmatrix} 2^i & 0 \\ 0 & 2^i \end{pmatrix}$ für $i = 0, \pm 1, \pm 2, \ldots$, sie bilden das Zentrum der Gruppe.

Zu einem bestimmten Element $\begin{pmatrix} 2^{i_0} & 0 \\ 0 & 2^{k_0} \end{pmatrix}$ mit $k_0 \neq i_0$ ist der Normalisator $\mathfrak{N}$ die Menge der Elemente der Form I $\begin{pmatrix} 2^{i} & 0 \\ 0 & 2^{k} \end{pmatrix}$; sie bilden eine abelsche Gruppe, deren Index 2 ist; denn eine rechte Restklasse $\mathfrak{N} \cdot \begin{pmatrix} 0 & 2^{l} \\ 2^{m} & 0 \end{pmatrix}$ enthält die Elemente $\begin{pmatrix} 2^{i} & 0 \\ 0 & 2^{k} \end{pmatrix} \begin{pmatrix} 0 & 2^{l} \\ 2^{m} & 0 \end{pmatrix} = \begin{pmatrix} 0 & 2^{i+l} \\ 2^{k+m} & 0 \end{pmatrix}$, also alle Elemente der Form II.

Durch Transformation mit einem Element der Restklasse geht $\begin{pmatrix} 2^{i_0} & 0 \\ 0 & 2^{k_0} \end{pmatrix}$ über in $\begin{pmatrix} 2^{k_0} & 0 \\ 0 & 2^{i_0} \end{pmatrix}$. Wir erhalten so unendlich viele Klassen von je 2 konjugierten Elementen $\begin{pmatrix} 2^{i_0} & 0 \\ 0 & 2^{k_0} \end{pmatrix}$, $\begin{pmatrix} 2^{k_0} & 0 \\ 0 & 2^{i_0} \end{pmatrix}$ mit festen $i_0 \neq k_0$[1]).

Zu einem bestimmten Element $\begin{pmatrix} 0 & 2^{i_0} \\ 2^{k_0} & 0 \end{pmatrix}$ mit $k_0 \gtreqless i_0$ ist der Normalisator $\mathfrak{N}'$; eine rechte Restklasse ist $\mathfrak{N}' \begin{pmatrix} 2^{l_0} & 0 \\ 0 & 2^{m_0} \end{pmatrix}$ mit $l_0 \neq m_0$. Sie enthält die Elemente $\begin{pmatrix} 2^{i} & 0 \\ 0 & 2^{i} \end{pmatrix} \begin{pmatrix} 2^{l_0} & 0 \\ 0 & 2^{m_0} \end{pmatrix} = \begin{pmatrix} 2^{i+l_0} & 0 \\ 0 & 2^{i+m_0} \end{pmatrix}$ für $i = 0, \pm 1, \pm 2, \ldots$ und

$$\begin{pmatrix} 0 & 2^{i_0+n} \\ 2^{k_0+n} & 0 \end{pmatrix} \begin{pmatrix} 2^{l_0} & 0 \\ 0 & 2^{r_0} \end{pmatrix} = \begin{pmatrix} 0 & 2^{i_0+m_0+n} \\ 2^{k_0+l_0+n} & 0 \end{pmatrix}.$$

Durch Transformation mit einem Element der Restklasse geht für $n = 0, \pm 1, \pm 2, \ldots$ $\begin{pmatrix} 0 & 2^{i_0} \\ 2^{k_0} & 0 \end{pmatrix}$ stets (ob man ein Element der ersten oder zweiten Art benützt, wie Ausrechnung zeigt) über in $\begin{pmatrix} 0 & 2^{i_0+(m_0-l_0)} \\ 2^{k_0-(m_0-l_0)} & 0 \end{pmatrix}$. Die Restklassen liefern dasselbe konjugierte Element, solange $m_0 - l_0$ denselben Wert hat, Restklassen mit anderer Differenz $m_0 - l_0$ liefern andere konjugierte Elemente.

Eine Klasse konjugierter Elemente ist also $\begin{pmatrix} 0 & 2^{i_0+r} \\ 2^{k_0-r} & 0 \end{pmatrix}$

[1]) Für $i_0 = k_0$ fallen beide Elemente zusammen und bilden ein invariantes.

für $r = 0, \pm 1, \pm 2, \ldots$ oder auch, da $i_0 + r + k_0 - r = i_0 + k_0$ ist: Alle Elemente der Form II mit fester Summe der Hochzahlen bilden eine Klasse konjugierter Elemente. So erhalten wir weitere unendlich viele Klassen mit je unendlich vielen konjugierten Elementen.

Ähnlich lassen sich durch mehrreihige Matrizen, in denen in jeder Zeile und Spalte nur **ein** Element einen von Null verschiedenen Wert hat, z. B. $\begin{pmatrix} 0 & a & 0 \\ b & 0 & 0 \\ 0 & 0 & c \end{pmatrix}$, weitere Gruppen verhältnismäßig übersichtlich darstellen; $a, b, c$ können dabei gewisse Zahlenmengen durchlaufen oder auch die Elemente einer Gruppe, da nur die Produkte von je zweien vorkommen.

Aufgabe 65. Man untersuche die Gruppe der dreireihigen Matrizen der eben angegebenen Form, in denen $a = b = c$ ist und die Elemente der Vierergruppe durchläuft.

## § 27. Normalteiler

Invariante Elemente einer Gruppe waren solche, die mit allen Elementen der Gruppe vertauschbar sind, also bei Transformation mit jedem Element in sich übergehen, je für sich eine Klasse konjugierter Elemente vorstellen. Denken wir weiter daran, daß für die konjugierten Gruppen ganz Analoges galt wie für die einzelnen konjugierten Elemente, so drängt sich die Frage auf: Gibt es auch invariante Untergruppen, solche die mit allen Elementen der Gruppe vertauschbar sind, oder, was dasselbe ist, die mit jedem Element transformiert sich selbst reproduzieren[1]), je für sich eine Klasse konjugierter Untergruppen bilden? Bei allen zuletzt behandelten Beispielen (Aufg. 63, 64 u. § 26) fanden wir echte Untergruppen dieser Art, die weitaus meisten Gruppen enthalten solche. Man nennt sie „invariante Untergruppen" oder jetzt meist „Normalteiler". Wir werden sehen, daß wir damit auf einen der wichtigsten Begriffe der Gruppentheorie gestoßen sind.

---

[1]) Im Sinne der Fußnote § 24.

Alle Untergruppen einer abelschen Gruppe sind offenbar Normalteiler. Uneigentliche Normalteiler jeder Gruppe $\mathfrak{G}$ sind $\mathfrak{E}$ und $\mathfrak{G}$ selbst. Ferner ist das Zentrum jeder Gruppe Normalteiler, weil hier ja sogar jedes einzelne Element der Untergruppe mit den Elementen der Gruppe vertauschbar ist. Betrachten wir als Beispiel allgemeiner Art noch die Gruppe $\mathfrak{S}_3$ (Tafel I)! Ihre Untergruppe $E$, (123), (132) ist ein Normalteiler, dagegen nicht die Untergruppen $E$, (12); $E$, (23); $E$, (13), wie man durch Rechnung leicht bestätigt.

Aufgabe 66. Man suche die Normalteiler der Gruppe $\mathfrak{D}_4$ (Tafel II).

Die oben angegebenen definierenden Eigenschaften eines Normalteilers $\mathfrak{H}$ einer Gruppe $\mathfrak{G}$ waren

1. $\mathfrak{H}$ ist mit allen Elementen $G \in \mathfrak{G}$ vertauschbar, $\mathfrak{H}G = G\mathfrak{H}$;

2. $\mathfrak{H}$ stimmt mit allen konjugierten Untergruppen überein, $G^{-1}\mathfrak{H}G = \mathfrak{H}$.

Wir fügen eine dritte definierende Eigenschaft an:

**Satz 46.** Bei einem Normalteiler und nur bei einem solchen ist jede linke Restklasse auch rechte Restklasse, jedes Vertretersystem links auch Vertretersystem rechts.

Ist nämlich eine Rechtszerlegung

$$\mathfrak{G} = \mathfrak{H} + \mathfrak{H}G_2 + \mathfrak{H}G_3 + \ldots,$$

so erhält man wegen $\mathfrak{H}G_i = G_i\mathfrak{H}$ eine Linkszerlegung

$$\mathfrak{G} = \mathfrak{H} + G_2\mathfrak{H} + G_3\mathfrak{H} + \ldots .$$

Stimmt umgekehrt die obige Rechtszerlegung mit einer Linkszerlegung

$$\mathfrak{G} = \mathfrak{H} + G_2'\mathfrak{H} + G_3'\mathfrak{H} + \cdots$$

überein, ist also für alle $i = 2, 3, \ldots \mathfrak{H}G_i = G_i'\mathfrak{H}$, so ist

$$HG_i = G_i'H', \text{ daher } \mathfrak{H}G_i = G_i'\mathfrak{H} = G_i'H'\mathfrak{H} = HG_i\mathfrak{H};$$

daraus folgt $H^{-1}\mathfrak{H}G_i = H^{-1}HG_i\mathfrak{H}$ oder $\mathfrak{H}G_i = G_i\mathfrak{H}$.

$G_i$ kann dabei jedes Element von $\mathfrak{G}$ sein, da man jede Restklasse mit $h$ verschiedenen Elementen $G$ schreiben kann.

Wir werden bei den weiteren Untersuchungen bald die eine, bald die andere Erklärung des Begriffs Normalteiler je nach ihrer augenblicklichen Zweckmäßigkeit benützen.

Aufgabe 67. Man beweise: Eine Untergruppe vom Index 2 ist Normalteiler.

Aufgabe 68. Man beweise: Ein Normalteiler von der Ordnung 2 besteht aus 2 invarianten Elementen.

Aufgabe 69. Als weitere definierende Eigenschaft eines Normalteilers beweise man: Eine Untergruppe $\mathfrak{H}$ von $\mathfrak{G}$ ist dann und nur dann Normalteiler, wenn für alle $H \in \mathfrak{H}$ und $G \in \mathfrak{G}$ eine Gleichung gilt $HG = GH'$, wo $H' \in \mathfrak{H}$.

Aufgabe 70. Man beweise: Der Normalisator einer Untergruppe $\mathfrak{H}$ einer Gruppe $\mathfrak{G}$ ist dann und nur dann die ganze Gruppe $\mathfrak{G}$, wenn $\mathfrak{H}$ Normalteiler in $\mathfrak{G}$ ist.

## § 28. Sätze über Normalteiler

Die Invarianz einer Gruppe $\mathfrak{H}$ bezieht sich immer auf eine bestimmte, $\mathfrak{H}$ enthaltende Gruppe $\mathfrak{G}$. Wenn $\mathfrak{H}$ Normalteiler von $\mathfrak{G}$ ist, braucht es in einer umfassenderen Gruppe $\mathfrak{G}'$, die wieder $\mathfrak{G}$ enthält, nicht Normalteiler zu sein, auch nicht, wenn $\mathfrak{G}$ Normalteiler von $\mathfrak{G}'$ ist. Dies beweist etwa das Beispiel:

$$\mathfrak{G}' = \mathfrak{S}_4, \quad \mathfrak{G} = \text{Vierergruppe } [E, (12)(34), (13)(24), (14)(23)], \mathfrak{H} = [E, (12)(34)].$$

Obwohl $\mathfrak{H}$ Normalteiler von $\mathfrak{G}$, $\mathfrak{G}$ Normalteiler von $\mathfrak{G}'$ ist, ist $\mathfrak{H}$ nicht Normalteiler von $\mathfrak{G}'$, es ist z. B. $(132)\,\mathfrak{H}\,(123) = [E, (14)(23)] \neq \mathfrak{H}$.

Aufgabe 71. Man beweise: Besteht zwischen 3 Gruppen die Beziehung $\mathfrak{H} < \mathfrak{G} < \mathfrak{G}'$ und ist $\mathfrak{H}$ Normalteiler von $\mathfrak{G}'$, so ist es auch Normalteiler von $\mathfrak{G}$.

Wir beweisen noch einige Eigenschaften des Normalteilers.

**Satz 47.** Der Durchschnitt zweier Normalteiler (einer beliebigen Menge von Normalteilern) einer Gruppe ist Normalteiler dieser Gruppe.

Sind nämlich $\mathfrak{N}_1, \mathfrak{N}_2$ Normalteiler einer Gruppe $\mathfrak{G}$, so ist

$$G^{-1}\mathfrak{N}_1 G = \mathfrak{N}_1 \text{ und } G^{-1}\mathfrak{N}_2 G = \mathfrak{N}_2 \text{ für alle } G \in \mathfrak{G}.$$

Ist nun $\mathfrak{D} = \mathfrak{N}_1 \cap \mathfrak{N}_2$, also $\mathfrak{D} \subseteq \mathfrak{N}_1$ und $\mathfrak{D} \subseteq \mathfrak{N}_2$, so ist

$$G^{-1}\mathfrak{D}G \subseteq \mathfrak{N}_1 \text{ und } G^{-1}\mathfrak{D}G \subseteq \mathfrak{N}_2, \text{ folglich } G^{-1}\mathfrak{D}G \subseteq \mathfrak{D}.$$

Wegen der Isomorphie (Satz 44) kann nur $G^{-1}\mathfrak{D}G = \mathfrak{D}$ richtig, also $\mathfrak{D}$ Normalteiler von $\mathfrak{G}$ sein.

Der Beweis läßt sich auf jede Menge von Normalteilern übertragen.

**Satz 48.** Die von 2 Normalteilern (einer beliebigen Menge von Normalteilern) einer Gruppe erzeugte Untergruppe ist Normalteiler dieser Gruppe.

Sind nämlich $\mathfrak{N}_1, \mathfrak{N}_2$ Normalteiler einer Gruppe $\mathfrak{G}$, so ist (Aufg. 69) für alle $G \in \mathfrak{G}$

$$N_1 G = G N_1' \text{ für alle } N_1 \in \mathfrak{N}_1$$
$$N_2 G = G N_2' \text{ für alle } N_2 \in \mathfrak{N}_2, \text{ folglich}$$
$$N_1 N_2 G = N_1 G N_2' = G N_1' N_2';$$

$N_1' N_2'$ gehört wieder der erzeugten Gruppe $\{\mathfrak{N}_1, \mathfrak{N}_2\}$ an. Dasselbe gilt für jedes Produkt aus endlich vielen Faktoren $N_1, N_2, \ldots$. Damit ist (Aufg. 69) $\{\mathfrak{N}_1, \mathfrak{N}_2\}$ Normalteiler von $\mathfrak{G}$.

**Satz 49.** Ein Normalteiler enthält mit jedem Element zugleich die vollständige Klasse konjugierter Elemente.

Ist nämlich $N$ ein beliebiges Element eines Normalteilers $\mathfrak{N}$ einer Gruppe $\mathfrak{G}$, so ist $G^{-1}N\,G \in \mathfrak{N}$ für alle $G \in \mathfrak{G}$. $G^{-1}N\,G$ stellt aber jedes zu $N$ konjugierte Element vor.

**Satz 50.** Ein Normalteiler besteht aus vollständigen Klassen konjugierter Elemente, und umgekehrt sind Untergruppen, die aus vollständigen Klassen konjugierter Elemente bestehen, Normalteiler.

Die erste Behauptung folgt aus Satz 49, die Umkehrung ergibt sich so: Ist eine Untergruppe $\mathfrak{H} = \mathfrak{E} + \mathfrak{K}_1 + \mathfrak{K}_2 + \ldots$, wo jedes $\mathfrak{K}_i$ eine Klasse konjugierter Elemente bedeutet, so ist für jedes $G \in \mathfrak{G}$

$$G^{-1}\mathfrak{H}G = \mathfrak{E} + G^{-1}\mathfrak{K}_1 G + G^{-1}\mathfrak{K}_2 G + \cdots$$
$$\subseteq \mathfrak{E} + \mathfrak{K}_1 + \mathfrak{K}_2 + \cdots = \mathfrak{H}$$

und wegen der Isomorphie $G^{-1}\mathfrak{H}G = \mathfrak{H}$.

Bei **endlichen** Gruppen kann man mittels dieses Satzes und des Satzes 22 aus den Klassen konjugierter Elemente auf die möglichen Normalteiler schließen. Dabei ist zu beachten, daß jeder Normalteiler das Einselement enthält, das eine Klasse für sich bildet. Z. B. enthalten bei der Tetraedergruppe (Tafel III) die Klassen konjugierter Elemente folgende Zahlen von Elementen: 1, 4, 4, 3. Von den Summen, die man daraus bilden kann, ist nur 1 + 3 Teiler von 12. Daher können nur die Elemente $E$, (12) (34), (13) (24), (14) (23) einen echten Normalteiler bilden.

Aufgabe 72. Man suche die Normalteiler der Gruppe $\mathfrak{D}_6$ (Tafel III).

**Satz 51.** Die von einer Klasse konjugierter Elemente einer Gruppe $\mathfrak{G}$ erzeugte Untergruppe ist ein Normalteiler.

Jedes Element der Klasse geht nämlich bei Transformation mit irgendeinem Element von $\mathfrak{G}$ in ein konjugiertes, die Klasse in sich über. Ebenso die von konjugierten Elementen erzeugte Untergruppe. Damit ist sie Normalteiler.

Bildet man eine Teilmenge der Gruppe $\mathfrak{G}$, die aus mehreren vollständigen Klassen konjugierter Elemente besteht, so kann diese eine Gruppe bilden oder nicht. Im ersten Fall ist sie nach Satz 50 Normalteiler; im zweiten Falle beweist man wie den vorigen Satz:

**Satz 52.** Die von einer beliebigen Anzahl von Klassen konjugierter Elemente einer Gruppe $\mathfrak{G}$ erzeugte Untergruppe ist ein Normalteiler.

Aufgabe 73. Man bestätige die beiden letzten Sätze an der Diedergruppe $\mathfrak{D}_6$ (Taf. III).

**Satz 53.** Der Durchschnitt einer Klasse konjugierter Untergruppen einer Gruppe ist Normalteiler dieser Gruppe.

Ist nämlich $\mathfrak{H}, G_1^{-1}\mathfrak{H}G_1, G_2^{-1}\mathfrak{H}G_2, \ldots$ eine Klasse konjugierter Untergruppen und $\mathfrak{D}$ ihr Durchschnitt, so ist für jedes $G \in \mathfrak{G}$

$$G^{-1}\mathfrak{D}G \text{ der Durchschnitt von } G^{-1}\mathfrak{H}G, G^{-1}G_1^{-1}\mathfrak{H}G_1G, G^{-1}G_2^{-1}\mathfrak{H}G_2G, \ldots.$$

Das sind aber wieder (§ 24) sämtliche konjugierten Gruppen, nur im allgemeinen in anderer Reihenfolge. Also ist $G^{-1}\mathfrak{D}\mathfrak{G} = \mathfrak{D}$ und somit $\mathfrak{D}$ Normalteiler.

Aufgabe 74. Man beweise den folgenden Satz von Jordan: Jeder echte Normalteiler einer primitiven Permutationsgruppe ist transitiv.

## § 29. Einfache und Hamiltonsche Gruppen

Eine abelsche Gruppe besitzt nur Normalteiler als Untergruppen, eine nichtkommutative Gruppe im allgemeinen Untergruppen, die teilweise Normalteiler sind. Es gibt aber auch die beiden extremen Fälle:

1. Gruppen, die überhaupt keinen echten Normalteiler besitzen; sie heißen „einfach“. Ein triviales Beispiel dieser Art sind die Gruppen, welche überhaupt keine echte Untergruppe besitzen, die Gruppen von Primzahlordnung (Satz 24). Interessant aber und selten sind die Fälle einfacher Gruppen, die wohl echte Untergruppen, aber eben keine Normalteiler besitzen. Die alternierende Gruppe $\mathfrak{A}_5$ (Satz 30) von der Ordnung 60 ist die Gruppe niedrigster Ordnung dieser Art. Mit ihr isomorph ist die „Ikosaedergruppe“, die Gruppe aller Drehungen eines regulären Ikosaeders im Sinne des Beispiels 10. Auch alle weiteren alternierenden Gruppen $A_n$ für $n \geqq 5$ sind einfach[1]), und es gibt noch andere endliche und unendliche einfache Gruppen.

2. Nichtkommutative Gruppen, deren sämtliche Untergruppen Normalteiler sind; sie heißen „Hamiltonsche Gruppen“. Es gibt wieder endliche und unendliche Gruppen

[1]) Einen Beweis findet man etwa in A. G. Kurosch, Gruppentheorie, 2. Kap. § 8.

dieser Art, diejenige niedrigster Ordnung ist die „Quaternionengruppe", die wir etwas genauer betrachten wollen:

Die von W. R. Hamilton eingeführten Quaternionen sind hyperkomplexe Zahlen mit 4 Einheiten 1, $i$, $j$, $k$, zwischen denen durch folgende Gleichungen ein assoziative, aber nicht kommutative Multiplikation erklärt wird:

(1) $i^2 = j^2 = k^2 = -1;$

(2) $ij = k;$

(3) $jk = i;$

(4) $ki = j.$

Aus (2) folgt mittels (1) $ik = i^2 j = -j$; ebenso $ji = -k$; $kj = -i$.

Bei dieser Multiplikation als Gruppenoperation bilden die 8 Elemente $\pm 1$, $\pm i$, $\pm j$, $\pm k$ eine Gruppe. Einheit ist 1, diese und $-1$ sind zu sich selbst invers, zu $i$, $j$, $k$ sind bzw. $-i$, $-j$, $-k$ invers. Es ergeben sich

als Klassen konjugierter Elemente

$1; -1; \quad i, -i; \quad j, -j; \quad k, -k;$

als Klassen konjugierter Untergruppen

$\mathfrak{G}; \mathfrak{G}; [1, -1, i, -i]; [1, -1, j, -j]; [1, -1, k, -k)$.

Die letzten 3 Untergruppen sind isomorph der Gruppe $\mathfrak{Z}_4$. Sie bilden zusammen mit dem Zentrum $[1, -1]$ die sämtlichen echten Untergruppen und sind alle Normalteiler (Aufg. 67).

Aufgabe 75. Man stelle die Gruppentafel der Quaternionengruppe auf und entnehme daraus ihre reguläre Permutationsgruppe.

## § 30. Zentralisator

Wir führen noch einen Begriff ein, der in gewissem Sinne zwischen dem des Zentrums und des Normalisators steht. Es war

das Zentrum $\mathfrak{Z}$ einer Gruppe $\mathfrak{G}$ die Menge der Gruppenelemente, die mit allen Elementen vertauschbar sind;

der Normalisator $\mathfrak{N}_{\mathfrak{K}}$ eines Teilkomplexes $\mathfrak{K}$, insb. einer Untergruppe die Menge der Gruppenelemente, die mit dem Komplex $\mathfrak{K}$ vertauschbar sind (nicht notwendig mit jedem Element des Komplexes);

als „Zentralisator“ $\mathfrak{Z}'_{\mathfrak{K}}$ eines Teilkomplexes, insb. einer Untergruppe wird die Menge der Gruppenelemente erklärt, die mit jedem Element des Komplexes vertauschbar sind.

Jeder Zentralisator $\mathfrak{Z}'_{\mathfrak{K}}$ einer Gruppe $\mathfrak{G}$ ist eine Untergruppe dieser Gruppe, da das Produkt zweier mit einem bestimmten Element vertauschbarer Elemente ebenfalls damit vertauschbar ist, ferner das Einselement und zu jedem das inverse (Satz Aufg. 52) vorhanden ist.

Offenbar ist $\mathfrak{Z}'_{\mathfrak{K}} \subseteq \mathfrak{N}_{\mathfrak{K}}$ und $\mathfrak{Z}'_A \equiv \mathfrak{N}_A$ ($A$ einzelnes Element).

Sind $A, B, \ldots$ die Elemente des Komplexes $\mathfrak{K}$, so ist $\mathfrak{Z}'_A = \mathfrak{N}_A$ (Menge der mit $A$ vertauschbaren Elemente), $\mathfrak{Z}'_B = \mathfrak{N}_B, \ldots$, also $\mathfrak{Z}'_{\mathfrak{K}}$ die Menge der mit $A, B, \ldots$ vertauschbaren Elemente, d. h. $\mathfrak{Z}'_{\mathfrak{K}} = \mathfrak{Z}'_A \cap \mathfrak{Z}'_B \cap \ldots = \mathfrak{N}_A \cap \mathfrak{N}_B \cap \ldots$, es gilt

**Satz 54.** Der Zentralisator eines Komplexes ist der Durchschnitt der Normalisatoren aller Elemente des Komplexes.

Beispiel: $\mathfrak{D}_4$ (Tafel II), $\mathfrak{Z}'_{A_2} = [E, A_2, A_3, A_4]$, $\mathfrak{Z}'_{A_5} = [E, A_3, A_5, A_7]$, $\mathfrak{Z}'_{[A_2, A_5]} = [E, A_3]$.

Wir betrachten jetzt den Zentralisator eines Normalteilers der Gruppe $\mathfrak{G}$. Nach Satz 54 ist er der Durchschnitt der Normalisatoren aller Elemente des Normalteilers. Diese Elemente aber sind nach Satz 50 ganze Klassen konjugierter Elemente und deren Normalisatoren nach Satz 43 ganze Klassen konjugierter Untergruppen. Der Durchschnitt solcher Klassen aber ist nach Satz 53 und 47 selbst ein Normalteiler. Damit ist bewiesen

**Satz 55.** Der Zentralisator eines Normalteilers ist ein Normalteiler.

Aufgabe 76. In der Gruppe $\mathfrak{D}_6$ (Tafel III) soll zum Normalteiler $\mathfrak{N} = [E, (123), (132)]$ der Zentralisator $\mathfrak{Z}_\mathfrak{N}$ gesucht werden. Bestätigt sich Satz 55?

## § 31. Produkt von Gruppen; direktes Produkt

In § 22 haben wir aus 2 Untergruppen $\mathfrak{A}, \mathfrak{B}$ einer Gruppe $\mathfrak{G}$ die Produkte $\mathfrak{A}\mathfrak{B}$ und $\mathfrak{B}\mathfrak{A}$ gebildet und gefunden, daß sie gleiche Elementezahl besitzen. Wir fragen jetzt, unter welchen Bedingungen die beiden Produkte vollständig übereinstimmen und lassen dabei auch unendliche Gruppen zu. Für eine abelsche Gruppe $\mathfrak{G}$ ist offenbar immer $\mathfrak{A}\mathfrak{B} = \mathfrak{B}\mathfrak{A}$. Allgemeiner gilt

**Satz 56.** Sind $\mathfrak{A}, \mathfrak{B}$ Untergruppen einer Gruppe $\mathfrak{G}$, so ist $\mathfrak{A}\mathfrak{B} = \mathfrak{B}\mathfrak{A}$ dann und nur dann, wenn $\mathfrak{A}\mathfrak{B}$ eine Gruppe ist. $\mathfrak{B}\mathfrak{A}$ ist dann dieselbe Gruppe.

Ist nämlich $\mathfrak{A}\mathfrak{B}$ eine Gruppe, so enthält diese jedes Element $A$ $(= A \cdot E)$ und jedes Element $B$ $(= E \cdot B)$, also als Gruppe jedes Element $BA$, es ist

$$(1) \qquad \mathfrak{B}\mathfrak{A} \subseteq \mathfrak{A}\mathfrak{B}.$$

Es ist aber auch jedes Element $AB$ in $\mathfrak{B}\mathfrak{A}$ enthalten, da

$$(AB)^{-1} = B^{-1}A^{-1} = (\text{wie eben gezeigt})\ A'B', \text{ also}$$
$$AB = (A'B')^{-1} = B'^{-1}A'^{-1}.$$

$$(2) \qquad \mathfrak{A}\mathfrak{B} \subseteq \mathfrak{B}\mathfrak{A}.$$

Aus (1) und (2) folgt $\mathfrak{A}\mathfrak{B} = \mathfrak{B}\mathfrak{A}$.

Ist umgekehrt $\mathfrak{A}\mathfrak{B} = \mathfrak{B}\mathfrak{A}$, also jedes Produkt $BA$ gleich einem Produkt $A'B'$, so ist jedes Produkt zweier Elemente von $\mathfrak{A}\mathfrak{B}$, nämlich

$$A_1B_1 \cdot A_2B_2 = A_1(B_1A_2)B_2 = A_1A_2'B_1'B_2$$
$$= (A_1A_2')\,(B_1'B_2) = A_3B_3.$$

Weil $\mathfrak{A}\mathfrak{B}$ auch die Einheit und zu jedem Element $AB$ nach (1) auch das inverse $B^{-1}A^{-1}$ enthält, ist es eine Gruppe.

Wenn 2 Gruppen $\mathfrak{A}, \mathfrak{B}$ Untergruppen einer Gruppe sind, so sind sie auch Untergruppen der Gruppe $\{\mathfrak{A}, \mathfrak{B}\}$. Trifft die Voraussetzung des Satzes 56 zu, so fällt die Gruppe $\{\mathfrak{A}, \mathfrak{B}\}$ mit den Gruppen $\mathfrak{A}\mathfrak{B}$ und $\mathfrak{B}\mathfrak{A}$ zusammen.

Wir betrachten jetzt Produkte von solchen Gruppen $\mathfrak{A}, \mathfrak{B}$. Diese Produkte mögen zunächst Gruppen sein oder nicht. Das Beispiel in § 22 zeigt den Fall, daß die Produkte aller Elemente von $\mathfrak{A}$ mit allen Elementen von $\mathfrak{B}$ nicht lauter verschiedene Elemente ergeben. Dagegen erhält man in dem Beispiel $\mathfrak{A} = [E, (12)]$, $\mathfrak{B} = [E, (13)]$ vier verschiedene Elemente. In diesen beiden Beispielen ist $\mathfrak{A}\mathfrak{B}$ keine Gruppe gemäß Satz 56, weil $\mathfrak{A}\mathfrak{B} \neq \mathfrak{B}\mathfrak{A}$ ist.

Die Bedingung $\mathfrak{A}\mathfrak{B} = \mathfrak{B}\mathfrak{A}$ ist sicher erfüllt und damit $\mathfrak{A}\mathfrak{B}$ (und $\mathfrak{B}\mathfrak{A}$) eine Gruppe, wenn sogar jedes einzelne Element $A \in \mathfrak{A}$ mit jedem Element $B \in \mathfrak{B}$ vertauschbar ist.

Beispiel: $\mathfrak{A} = \mathfrak{S}_3 = [E, (123), (132), (12), (23, (13)]$; $\mathfrak{B} = \mathfrak{Z}_2 = [E, (45)]$.

Die Permutationen von $\mathfrak{A}$ haben keine gemeinsamen Ziffern mit denen von $\mathfrak{B}$, es ist $AB = BA$ für alle $A \in \mathfrak{A}$, $B \in \mathfrak{B}$. $\mathfrak{A}\mathfrak{B}$ ist eine Gruppe, $\mathfrak{D}_6$ (Tafel III).

Der Fall ist besonders wichtig, weil sich auf diese Weise neue Gruppen aus vorliegenden herstellen lassen. Man nennt das Produkt zweier solcher Gruppen $\mathfrak{A}, \mathfrak{B}$ mit der Eigenschaft, daß irgend 2 Elemente $A, B (\neq E, E)$ verschieden und vertauschbar sind[1]), „direktes Produkt" der beiden Gruppen, diese „direkte Faktoren" und schreibt $\mathfrak{A} \times \mathfrak{B}$.

Ein direktes Produkt ist nach Satz 56 stets eine Gruppe, und es ist $\mathfrak{A} \times \mathfrak{B} = \mathfrak{B} \times \mathfrak{A}$. Bei endlichen Gruppen ist die Ordnung des Produktes das Produkt der Ordnungen der Faktoren (Satz 39).

Aufgabe 77. Man berechne die Elemente des Produktes $\mathfrak{A}\mathfrak{B}$, wenn

a) $\mathfrak{A} = [E, (123), (132), (12), (23), (13)]$, $\mathfrak{B} = [E, (12)]$;

b) $\mathfrak{A} = [E, (12)(34), (13)(24), (14)(23)]$, $\mathfrak{B} = [E, (123), (132)]$;

c) $\mathfrak{A} = [E, (123), (132)]$, $\mathfrak{B} = [E, (45)]$.

[1]) Die Elemente $A$ untereinander brauchen natürlich nicht vertauschbar, $\mathfrak{A}$ keine abelsche Gruppe zu sein; dasselbe gilt für $\mathfrak{B}$.

Was bisher über das direkte Produkt von 2 Gruppen gesagt wurde, läßt sich auf jede endliche Menge von Faktoren $\mathfrak{A}_1, \mathfrak{A}_2, \ldots, \mathfrak{A}_n$ übertragen. Hierüber folgt im Hinblick auf spätere Verwendung (IX. Abschn.) eine genauere Betrachtung.

Über die Faktoren $\mathfrak{A}_i (i = 1, 2, \ldots, n)$ wird vorausgesetzt:

1. $\mathfrak{A}_i \neq \mathfrak{E}$;
2. zwischen allen Elementen der $\mathfrak{A}_i$ ist eine Gruppenoperation erklärt[1]);
3. die Elemente von $\mathfrak{A}_i$ sind mit denen von $\mathfrak{A}_k$ vertauschbar für alle $i, k = 1, 2, \ldots, n$, wenn $i \neq k$;
4. jedes $\mathfrak{A}_i$ hat mit der von allen übrigen $\mathfrak{A}_k (k \neq i)$ erzeugten Gruppe nur das Einselement gemeinsam oder

$$\mathfrak{A}_i \frown \{\mathfrak{A}_1, \mathfrak{A}_2, \ldots, \mathfrak{A}_{i-1}, \mathfrak{A}_{i+1}, \ldots, \mathfrak{A}_n\} = E.$$

Das Produkt der Gruppen $\mathfrak{A}_i$ heißt „direktes Produkt" und wird geschrieben $\mathfrak{A}_1 \times \mathfrak{A}_2 \times \ldots \times \mathfrak{A}_n$. Jedes Element des direkten Produkts ist Produkt aus $n$ vertauschbaren „Komponenten", von denen jedem Faktor je eine Komponente angehört. Die Ordnung einer endlichen Gruppe, die als direktes Produkt dargestellt ist, ist gleich dem Produkt der Ordnungen der direkten Faktoren.

Aus der Vertauschbarkeit der Elemente folgt unmittelbar

**Satz 57.** Jeder direkte Faktor eines direkten Produktes von Gruppen ist Normalteiler des Produktes.

---

[1]) Für Gruppen $\mathfrak{A}_i$, die Untergruppen einer umfassenderen Gruppe sind, trifft dies zu, für beliebige Gruppen $\mathfrak{A}_i$ kann man folgendermaßen vorgehen: Man bildet alle Systeme $(A_1, A_2, \ldots, A_n)$, wobei $A_i$ beliebiges Element von $\mathfrak{A}_i$ ist und erklärt die Operation

$$(A_1, A_2, \ldots, A_n) \cdot (A_1', A_2', \ldots, A_n') = (A_1 A_1', A_2 A_2', \ldots, A_n A_n').$$

Die Menge dieser Systeme ist eine Gruppe; denn die Operation ist assoziativ, weil dies in den Gruppen $\mathfrak{A}_i$ der Fall ist, jedes Produkt zweier Systeme ist wieder ein System, Einheit ist das System $(E_1, E_2, \ldots, E_n)$, wobei alle $E_i$ (Einheit von $\mathfrak{A}_i$) als übereinstimmend betrachtet werden können, invers zu $(A_1, A_2, \ldots, A_n)$ ist $(A_1^{-1}, A_2^{-1}, \ldots, A_n^{-1})$. Die Untergruppen $\overline{\mathfrak{A}}_i$ mit den Elementen $(E_1, E_2, \ldots, E_{i-1}, A_i, E_{i+1}, \ldots, E_n)$ sind isomorph zu den $\overline{\mathfrak{A}}_i$, die Elemente von $\overline{\mathfrak{A}}_i$ und $\overline{\mathfrak{A}}_k$ sind für $i \neq k$ vertauschbar.

Das direkte Produkt der $\overline{\mathfrak{A}}_i$ kann man als das der $\mathfrak{A}_i$ auffassen.

Als Beispiel nehmen wir eine Gruppe

$$\mathfrak{Z}_3 \times \mathfrak{Z}_2 \times \mathfrak{Z}_2' \times \mathfrak{Z}_2'';$$

um die Bedingung der Vertauschbarkeit zu erfüllen, setzen wir

$$\mathfrak{Z}_3 = [E,(123),\ (132)],\ \mathfrak{Z}_2 = [E,(45)], \mathfrak{Z}_2' = [E,(67)],$$
$$\mathfrak{Z}_2'' = [E,(89)].$$

Die Gruppe hat die Ordnung 24, sie enthält 7 Elemente der Ordnung 2, 2 der Ordnung 3, 14 der Ordnung 6.

Jedes Element $G$ eines direkten Produktes

$$\mathfrak{G} = \mathfrak{A}_1 \times \mathfrak{A}_2 \times \cdots \times \mathfrak{A}_n$$

hat die Gestalt

$$(1) \qquad G = A_1 A_2 \ldots A_n \ (A_i \in \mathfrak{A}_i).$$

Die obige Bedingung 4 sagt, daß jedes Element $G \in \mathfrak{G}$ nur auf eine einzige Weise als solches Produkt von Elementen $A_i$ dargestellt werden kann; denn wenn

$$G = A_1 A_2 \ldots A_n = A_1' A_2' \ldots A_n'$$

ist, so ist wegen der Vertauschbarkeit der Elemente (Bedingung 3)

$$A_1 A_1'^{-1} = A_2^{-1} A_2' \ldots A_n^{-1} A_n',$$

d. h. das Element $A_1 A_1'^{-1}$ der Gruppe $\mathfrak{A}_1$ ist im Produkt der übrigen $\mathfrak{A}_k$ enthalten, also nach Bedingung 4 gleich $E$, so daß $A_1 = A_1'$ folgt. Ebenso ergibt sich

$$A_2 = A_2', \ldots, A_n = A_n'.$$

Umgekehrt zieht die Eindeutigkeit der Darstellung (1) die Bedingung 4 nach sich; wenn nämlich etwa $\mathfrak{A}_1$ ein Element $A_1 \neq E$ mit dem Produkt der übrigen Untergruppen gemeinsam hat, etwa

$$A_1 = A_2 A_3 \ldots A_n,$$

so ergeben sich die beiden Darstellungen für $A_1$

$$A_1 = A_1 E_2 \ldots E_n = E_1 A_2 \ldots A_n.$$

Man kann also auch sagen: Eine Gruppe $\mathfrak{G}$ läßt sich als direktes Produkt darstellen, in $n$ direkte Faktoren zerlegen, wenn $n$ echte Untergruppen $\mathfrak{A}_1, \mathfrak{A}_2, \ldots, \mathfrak{A}_n$ existieren derart, daß die Elemente je zweier $\mathfrak{A}_i, \mathfrak{A}_k$ $(i \neq k)$ vertauschbar sind und jedes Element der Gruppe $\mathfrak{G}$ sich eindeutig in der Form $A_1 A_2 \ldots A_n$ mit $A_i \in \mathfrak{A}_i$ darstellen läßt (so daß aus den Untergruppen $\mathfrak{A}_i$ tatsächlich die Gruppe $\mathfrak{G}$ erzeugt wird).

Aufgabe 78. Die Gruppe $\mathfrak{Z}_{12} = \{A\}$ soll in 2 direkte Faktoren zerlegt werden, wenn $A = (1\ 2\ 3\ 4\ 5\ 6\ 7\ 8\ 9\ 10\ 11\ 12)$ ist.

# V. Die Faktorgruppe

## § 32. Einführung der Faktorgruppe

Wir denken uns eine Gruppe $\mathfrak{G}$ mit einem echten Normalteiler $\mathfrak{N}$. Nach Satz 46 ist jede Rechtszerlegung von $\mathfrak{G}$ nach $\mathfrak{N}$ auch Linkszerlegung:

$$\mathfrak{G} = \mathfrak{N} + G_2\mathfrak{N} + G_3\mathfrak{N} + \ldots = \mathfrak{N} + \mathfrak{N}G_2 + \mathfrak{N}G_3 + \ldots.$$

Bilden wir das Produkt zweier Restklassen $G_i\mathfrak{N}, G_k\mathfrak{N}$ im Sinne der Komplexmultiplikation (§ 12), so ergibt sich, weil $\mathfrak{N}$ mit jedem Element $G$ vertauschbar ist[1]),

$$G_i\mathfrak{N} \cdot G_k\mathfrak{N} = G_i G_k \mathfrak{N}\mathfrak{N} = G_l\mathfrak{N},$$

also wieder eine Restklasse. $\mathfrak{N}$ spielt dabei die Rolle einer Einheit, da $\mathfrak{N} \cdot (G_i\mathfrak{N}) = (G_i\mathfrak{N}) \cdot \mathfrak{N} = G_i\mathfrak{N}$ ist, und zur Restklasse $G_i\mathfrak{N}$ ist die Restklasse $G_i^{-1}\mathfrak{N}$ invers. Die Restklassen bilden also bei dieser Multiplikation als Operation eine Gruppe. Wesentlich ist dabei, daß eine Restklasse als Ganzes aufgefaßt, nicht mehr an ihre einzelnen Elemente gedacht wird, daß sie selbst als ein Ganzes zum Element einer neuen Gruppe wird.

**Satz 58.** Zerlegt man eine Gruppe nach einem Normalteiler, so bilden die Restklassen dieser Zerlegung eine Gruppe, wenn man als Gruppenoperation die Komplexmultiplikation betrachtet.

---

[1]) Man beachte, daß damit alles Weitere nur für einen Normalteiler $\mathfrak{N}$ gilt.

Diese Gruppe heißt „Faktorgruppe“ (auch „Quotientengruppe“) und wird mit $\mathfrak{G}/\mathfrak{N}$ bezeichnet. Im Falle endlicher Gruppen $\mathfrak{G}$, $\mathfrak{N}$ mit den Ordnungen $g,n$ hat die Faktorgruppe $\mathfrak{G}/\mathfrak{N}$ die Ordnung $g/n$. Bei einer unendlichen Gruppe $\mathfrak{G}$ ist die Ordnung der Faktorgruppe gleich dem (endlichen oder unendlichen) Index des Normalteilers.

Da nach Satz 57 bei Zerlegung einer Gruppe in direkte Faktoren diese Normalteiler sind, kann man Faktorgruppen bilden und es gilt

**Satz 59.** Ist eine Gruppe in 2 direkte Faktoren zerlegt, etwa $\mathfrak{G} = \mathfrak{A} \times \mathfrak{B}$, so ist die Faktorgruppe nach dem einen Faktor isomorph mit dem anderen Faktor: $\mathfrak{G}/\mathfrak{A} \cong \mathfrak{B}$.

Da nämlich bei der Zerlegung von $\mathfrak{G}$ in ein direktes Produkt $\mathfrak{A} \times \mathfrak{B}$ jedes Element $G = AB$ ist (§ 31), wird die Zerlegung in Restklassen

$$\mathfrak{G} = \mathfrak{A} + \mathfrak{A}G_2 + \mathfrak{A}G_3 + \ldots = \mathfrak{A} + \mathfrak{A}AB_i + \mathfrak{A}AB_k + \ldots = \mathfrak{A} + \mathfrak{A}B_i + \mathfrak{A}B_k + \ldots .$$

Jede Restklasse ist mit einem Element $B$ gebildet, jede natürlich mit einem anderen, alle Restklassen gerade mit allen Elementen von $\mathfrak{B}$. Es ist

$$\mathfrak{G}/\mathfrak{A} \cong \mathfrak{B} \text{ bei der Zuordnung } \mathfrak{A}B_l \rightarrow B_l.$$

## § 33. Beispiele von Faktorgruppen

1. Endliche Gruppe: $\mathfrak{G} = \mathfrak{D}_4$ (Tafel II),

$$\mathfrak{N} = [E, (13)(24)];$$

$$\mathfrak{G}/\mathfrak{N} = \mathfrak{N} + (1234)\,\mathfrak{N} + (13)\,\mathfrak{N} + (12)(34)\,\mathfrak{N} = [E, (13)(24)] + [(1234), (1432)] + [(13), (24)] + [(12)(34), (14)(23)].$$

Die Faktorgruppe ist isomorph zur Vierergruppe.

2. Unendliche abelsche Gruppe mit endlicher Faktorgruppe: $\mathfrak{G}$ additive Gruppe der ganzen Zahlen, $\mathfrak{N}$ additive Gruppe der ganzen durch 3 teilbaren Zahlen, $\mathfrak{N} = [\ldots, -6, -3, 0, 3, 6, \ldots]$.

$$\begin{aligned}\mathfrak{G}/\mathfrak{N} &= \mathfrak{N} + \mathfrak{N}G_2 + \mathfrak{N}G_3 \\ &= \quad \mathfrak{N} \quad + \quad \mathfrak{N}\cdot 1 \quad + \quad \mathfrak{N}\cdot 2 \\ &= [\ldots, -3, 0, 3, \ldots] + [\ldots, -2, 1, 4, \ldots] + [\ldots, -1, 2, 5, \ldots].\end{aligned}$$

Hier ist $\mathfrak{G}/\mathfrak{N}$ isomorph $\mathfrak{Z}_3$.

3. Unendliche nicht-abelsche Gruppe mit endlicher Faktorgruppe: $\mathfrak{G}$ erzeugt von 2 Elementen $A$, $B$; $A$ von unendlicher Ordnung, $B$ von der Ordnung 3, $B^3 = E$; ferner sei $BA = AB^2$. Alle Produkte von $A$- und $B$-Potenzen lassen sich zurückführen auf die folgenden[1]);

$$\begin{array}{llllll} \ldots A^{-2}, & A^{-1}, & E, & A, & A^2, & \ldots \\ \ldots A^{-2}B, & A^{-1}B, & B, & AB, & A^2B, & \ldots \\ \ldots A^{-2}B^2, & A^{-1}B^2, & B^2, & AB^2, & A^2B^2, & \ldots . \end{array}$$

Die Elemente der ersten Zeile mit gerader Hochzahl sind invariant, bilden also das Zentrum und damit einen Normalteiler $\mathfrak{N}$. Wir erhalten die Faktorgruppe

$$\mathfrak{G}/\mathfrak{N} = \mathfrak{N} + \mathfrak{N}A + \mathfrak{N}B + \mathfrak{N}AB + \mathfrak{N}B^2 + \mathfrak{N}AB^2;$$
$$\text{sie ist } \cong \mathfrak{S}_3.$$

Aufgabe 79. In der eben betrachteten Gruppe ist auch die Menge aller Elemente (in den 3 Zeilen) mit gerader Hochzahl von $A$ ein Normalteiler. Man beweise dies und bilde die Faktorgruppe.

4. Unendliche abelsche Gruppe mit unendlicher Faktorgruppe: $\mathfrak{G}$ multiplikative Gruppe erzeugt von 2 verschiedenen Primzahlen $p_1$, $p_2$, Elemente $p_1^{n_1}p_2^{n_2}$ ($n_1, n_2$ ganze Zahlen); $\mathfrak{N}$ von $p_1$ erzeugte multiplikative Gruppe, Elemente $p_1^n$.

$$\mathfrak{G}/\mathfrak{N} = \mathfrak{N} + \mathfrak{N}p_2 + \mathfrak{N}p_2^{-1} + \mathfrak{N}p_2^2 + \mathfrak{N}p_2^{-2} + \mathfrak{N}p_2^3 + \ldots$$

(unendliche zyklische Gruppe).

5. Unendliche nicht-abelsche Gruppe mit unendlicher Faktorgruppe: Als Gruppe $\mathfrak{G}$ nehmen wir das Beispiel § 24, 2, als Normalteiler $\mathfrak{N}$ ihr Zentrum, das aus den Elementen besteht $\begin{pmatrix}2^i & 0\\ 0 & 2^i\end{pmatrix}$ mit $i = 0, \pm 1, \pm 2, \ldots$.

[1]) Der Beweis hierfür sowie für die Gruppeneigenschaft der Menge wird dem Leser überlassen (vgl. § 71).

$$\mathfrak{G}/\mathfrak{N} = \mathfrak{N} + \mathfrak{N}\begin{pmatrix}2 & 0\\ 0 & 1\end{pmatrix} + \mathfrak{N}\begin{pmatrix}2^{-1} & 0\\ 0 & 1\end{pmatrix} + \mathfrak{N}\begin{pmatrix}2^2 & 0\\ 0 & 1\end{pmatrix}$$
$$+ \mathfrak{N}\begin{pmatrix}2^{-2} & 0\\ 0 & 1\end{pmatrix} + \dots$$
$$+ \mathfrak{N}\begin{pmatrix}0 & 1\\ 1 & 0\end{pmatrix} + \mathfrak{N}\begin{pmatrix}0 & 2\\ 1 & 0\end{pmatrix} + \mathfrak{N}\begin{pmatrix}0 & 2^{-1}\\ 1 & 0\end{pmatrix} + \mathfrak{N}\begin{pmatrix}0 & 2^2\\ 1 & 0\end{pmatrix}$$
$$+ \mathfrak{N}\begin{pmatrix}0 & 2^{-2}\\ 1 & 0\end{pmatrix} + \dots .$$

## § 34. Sätze über Faktorgruppen

Aus den Eigenschaften einer Gruppe und ihrer Normalteiler lassen sich auf die Eigenschaften ihrer Faktorgruppen und umgekehrt keine allgemeinen Schlüsse ziehen. Z. B. könnten einige Fälle endlicher Gruppen zu der Vermutung führen, daß eine Gruppe zu jeder ihrer Faktorgruppen eine isomorphe Untergruppe enthält. Das ist nicht notwendig der Fall. Ein Gegenbeispiel bietet die Quaternionengruppe (§ 29). Die Faktorgruppe nach ihrem Zentrum ist isomorph zur Vierergruppe, dazu aber gibt es in der Gruppe keine isomorphe Untergruppe.

Wir betrachten jetzt eine beliebige Gruppe $\mathfrak{G}$ mit einem beliebigen Normalteiler $\mathfrak{N}$. Die Faktorgruppe

$$\mathfrak{G}/\mathfrak{N} = \mathfrak{N} + \mathfrak{N}G_2 + \mathfrak{N}G_3 + \dots \tag{1}$$

kann eine endliche oder unendliche Gruppe von beliebiger Mächtigkeit sein. Die Faktorgruppe besitzt im allgemeinen eine echte Untergruppe, d. h. eine Teilmenge der Restklassen bildet bereits eine Gruppe. Es fragt sich, ob man eine Untergruppe von $\mathfrak{G}$ erhält, wenn man diese Restklassen wieder in ihre einzelnen Elemente auflöst.

Beispiel: $\mathfrak{G}$ sei die abelsche Gruppe $8^{\text{ter}}$ Ordnung § 4, Beisp. 7, bestehend aus den zu 15 teilerfremden Zahlen 1, 2, 4, 7, 8, 11, 13, 14; Gruppenoperation ist die Multiplikation und Reduktion mod 15. Einen Normalteiler $\mathfrak{N}$ bilden die Zahlen 1,4 ($4^2 \equiv 1$ mod 15).

$$\mathfrak{G}/\mathfrak{N} = [1,4] + [1,4]\cdot 2 + [1,4]\cdot 7 + [1,4]\cdot 11.$$

Die ersten beiden Restklassen bilden eine Untergruppe der Faktorgruppe, da $([1,4] \cdot 2) \cdot ([1,4] \cdot 2) = [1,4]$ ist.

Die aus ihren einzelnen Elementen bestehende Menge 1, 4, 2, 8 bildet ebenfalls für sich eine Gruppe, wie man durch Berechnung der Produkte bestätigt. Es gilt allgemein

**Satz 60.** Bildet eine Teilmenge der Restklassen einer Gruppe $\mathfrak{G}$ nach einem Normalteiler $\mathfrak{N}$ bereits eine Gruppe, also eine Untergruppe der Faktorgruppe, so bildet die Menge der einzelnen Elemente dieser Restklassen eine Untergruppe $\mathfrak{M}$ von $\mathfrak{G}$, die $\mathfrak{N}$ als Normalteiler enthält.

Bilden nämlich in der Faktorgruppe (1) die Restklassen $\mathfrak{N}$[1]), $\mathfrak{N}G_\alpha, \ldots \mathfrak{N}G_\mu, \ldots \mathfrak{N}G_\nu, \ldots$ eine Untergruppe, so daß jedes Produkt $\mathfrak{N}G_\mu \cdot \mathfrak{N}G_\nu = \mathfrak{N}G_\varrho$ wieder unter diesen Restklassen enthalten ist, so gilt auch für jedes Produkt aus Elementen dieser Restklassen gemäß der Erklärung der Komplexmultiplikation $N_1G_\mu \cdot N_2G_\nu = N_3G_\varrho$; ferner ist das Element $E$ in $\mathfrak{N}$ und damit unter den einzelnen Elementen enthalten und zu jedem Element $NG_\mu$ das inverse $G_\mu^{-1}N^{-1}$, nämlich in der zu $\mathfrak{N}G_\mu$ inversen (wegen der Gruppeneigenschaft vorkommenden) Restklasse $\mathfrak{N}G_\mu^{-1} = G_\mu^{-1}\mathfrak{N}$.

Diese Gruppe $\mathfrak{M}$ der einzelnen Elemente enthält $\mathfrak{N}$ als Normalteiler nach dem Satz in Aufgabe 71.

Man kann also die Untergruppe der Faktorgruppe $\mathfrak{G}/\mathfrak{N}$ auch in der Form $\mathfrak{M}/\mathfrak{N}$ schreiben.

**Satz 61.** Enthält eine Faktorgruppe $\mathfrak{G}/\mathfrak{N}$ eine Untergruppe $\mathfrak{M}/\mathfrak{N}$ als **Normalteiler**, so ist auch $\mathfrak{M}$ Normalteiler von $\mathfrak{G}$.

Daß nämlich $\mathfrak{M}/\mathfrak{N} = \mathfrak{N} + \mathfrak{N}G_\alpha + \ldots + \mathfrak{N}G_\mu + \ldots$

Normalteiler von $\mathfrak{G}/\mathfrak{N} = \mathfrak{N} + \mathfrak{N}G_2 + \mathfrak{N}G_3 + \ldots$

ist, besagt: Jedes Element $\mathfrak{N}G_\mu$ von $\mathfrak{M}/\mathfrak{N}$ ergibt bei Transformation mit einem Element $\mathfrak{N}G_\iota$ von $\mathfrak{G}/\mathfrak{N}$ wieder ein Element $\mathfrak{N}G_\nu$ von $\mathfrak{M}/\mathfrak{N}$ oder

$(\mathfrak{N}G_\iota)^{-1}\,(\mathfrak{N}G_\mu)\,(\mathfrak{N}G_\iota) = \mathfrak{N}G_\nu$ oder, weil $\mathfrak{N}$ Normalteiler von $\mathfrak{G}$ ist,

$$\mathfrak{N}G_\iota^{-1}G_\mu G_\iota = \mathfrak{N}G_\nu, \quad G_\iota^{-1}G_\mu G_\iota \in \mathfrak{N}G_\nu, \text{ d. h.}$$

[1]) $\mathfrak{N}$ als Einheit muß enthalten sein.

jedes Element von $\mathfrak{M}$ ergibt bei Transformation mit einem Element von $\mathfrak{G}$ wieder ein Element von $\mathfrak{M}$, $\mathfrak{M}$ ist Normalteiler von $\mathfrak{G}$.

Es gilt auch die Umkehrung:

**Satz 62.** Enthält eine Gruppe $\mathfrak{G}$ mit Normalteiler $\mathfrak{N}$ einen weiteren Normalteiler $\mathfrak{M}$, so daß $\mathfrak{N} < \mathfrak{M} < \mathfrak{G}$ ist, so ist $\mathfrak{N}$ auch Normalteiler von $\mathfrak{M}$ (Aufg. 71) und $\mathfrak{M}/\mathfrak{N}$ Normalteiler von $\mathfrak{G}/\mathfrak{N}$.

Es muß nämlich jede Restklasse $\mathfrak{N}M$ von $\mathfrak{M}$ nach $\mathfrak{N}$, weil $M \in \mathfrak{G}$ unter den Restklassen von $\mathfrak{G}$ nach $\mathfrak{N}$ enthalten sein. $\mathfrak{M}/\mathfrak{N}$ ist aber zudem Normalteiler von $\mathfrak{G}/\mathfrak{N}$, weil es mit einem beliebigen Element $\mathfrak{N}G$ von $\mathfrak{G}/\mathfrak{N}$ transformiert in sich übergeht oder, was dasselbe ist, weil jedes Element $\mathfrak{N}M$ bei dieser Transformation wieder ein Element $\mathfrak{N}M'$ aus $\mathfrak{M}/\mathfrak{N}$ ergibt; denn

$$(\mathfrak{N}G)^{-1}(\mathfrak{N}M)(\mathfrak{N}G) = (\text{weil } G \text{ und } M \text{ mit } \mathfrak{N} \text{ vertauschbar})$$
$$\mathfrak{N}G^{-1}MG = (\text{weil } \mathfrak{M} \text{ Normalteiler von } \mathfrak{G})\ \mathfrak{N}M'.$$

Nach den beiden letzten Sätzen haben wir folgenden Zusammenhang: Wenn eine Gruppe $\mathfrak{G}$ mit Normalteiler $\mathfrak{N}$ eine Untergruppe $\mathfrak{M}$ besitzt, die $\mathfrak{N}$ enthält, so hat $\mathfrak{G}/\mathfrak{N}$ eine Untergruppe $\mathfrak{M}/\mathfrak{N}$, und es sind beide Untergruppen Normalteiler oder keine von beiden[1]). Im ersten Fall sind zwei Faktorgruppen bestimmt, und es läßt sich zeigen, daß sie isomorph sind:

**Satz 63.** Besitzt eine Gruppe $\mathfrak{G}$ mit Normalteiler $\mathfrak{N}$ einen Normalteiler $\mathfrak{M}$, der $\mathfrak{N}$ enthält, so daß also (Satz 62) $\mathfrak{M}/\mathfrak{N}$ Normalteiler von $\mathfrak{G}/\mathfrak{N}$ ist, so sind die beiden Faktorgruppen isomorph

$$\mathfrak{G}/\mathfrak{M} \cong \mathfrak{G}/\mathfrak{N}\,/\,\mathfrak{M}/\mathfrak{N}.$$

---

[1]) Diesen Fall veranschaulicht ebenfalls das folgende Beispiel $\mathfrak{G} = \mathfrak{S}_4$, wenn man dasselbe $\mathfrak{N}$, dagegen als $\mathfrak{M}$ die Gruppe $\mathfrak{D}_4$ (Tafel II) wählt. $\mathfrak{G}/\mathfrak{N}$ ist wie oben $\cong \mathfrak{S}_3$, $\mathfrak{M}/\mathfrak{N}$ aber $\cong \mathfrak{Z}_2$. $\mathfrak{M}$ ist kein Normalteiler von $\mathfrak{G}$ und entsprechend den Sätzen 61, 62 auch $\mathfrak{M}/\mathfrak{N}$ kein Normalteiler von $\mathfrak{G}/\mathfrak{N}$.

Den allgemeinen Beweis entnimmt man am besten dem folgenden Beispiel[1]); die als isomorph zu erweisenden Gruppen enthalten dieselben Elemente, nur in verschiedener Auffassung.

$$\mathfrak{G} = \mathfrak{S}_4;\quad \mathfrak{N} = [E, (12)(34), (13)(24), (14)(23)]\ (\cong \text{Vierergruppe})$$
$$\mathfrak{M} = \mathfrak{N} + \mathfrak{N}\,(123) + \mathfrak{N}\,(132)\ (\cong \mathfrak{A}_4),\ \text{also}$$
$$\mathfrak{G} = \underbrace{\mathfrak{N} + \mathfrak{N}\,(123) + \mathfrak{N}\,(132)}_{\mathfrak{M}} + \underbrace{\mathfrak{N}\,(12) + \mathfrak{N}\,(23) + \mathfrak{N}\,(13)}_{\mathfrak{M}\,(12)}$$
$$\mathfrak{G}/\mathfrak{M} = (\mathfrak{M}) + (\mathfrak{M}\,(12))$$
$$= (\mathfrak{N} + \mathfrak{N}\,(123) + \mathfrak{N}\,(132)) + (\mathfrak{N}\,(12) + \mathfrak{N}\,(23 + \mathfrak{N}\,(13))$$
$$\mathfrak{G}/\mathfrak{N}/\mathfrak{M}/\mathfrak{N} = (\mathfrak{M}/\mathfrak{N}) + (\mathfrak{M}/\mathfrak{N}\,(12))$$
$$= ((\mathfrak{N}) + (\mathfrak{N}(123)) + (\mathfrak{N}(132))) + ((\mathfrak{N}(12)) + (\mathfrak{N}(23)) + (\mathfrak{N}(13))).$$

[1]) Restklassen die als Ganzes, als **ein Element** aufgefaßt werden sollen, sind eingeklammert.

# VI. Die Homomorphie

## § 35. Die Homomorphie als Verallgemeinerung der Isomorphie[1])

Der Begriff der Faktorgruppe führt auf eine Verallgemeinerung des früher (§ 6) erklärten Begriffes der Isomorphie zweier Gruppen.

Als Beispiel betrachten wir die zyklische Gruppe $\mathfrak{Z}_6 = [E, A, A^2, A^3, A^4, A^5]$, $A = (123456)$ und die Gruppe $\mathfrak{Z}_2 = [E, A^3]$. Die Gruppe $\mathfrak{Z}_6$ läßt sich auf die Faktorgruppe $\mathfrak{Z}_6/\mathfrak{Z}_2 = \mathfrak{Z}_2 + \mathfrak{Z}_2 A + \mathfrak{Z}_2 A^2$ ein-zweideutig so abbilden, wie es nebenstehend durch Klammern angegeben ist (sogar auf zwei verschiedene Arten). Jede dieser Abbildungen hat die wesentliche Eigenschaft der Isomorphie, daß das Bild des Produktes zweier Elemente das Produkt ihrer Bilder ist.

$$\left.\begin{matrix} E \\ A^3 \end{matrix}\right\} \mathfrak{Z}_2 \left\{\begin{matrix} E \\ A^3 \end{matrix}\right. \qquad \left.\begin{matrix} A \\ A^4 \end{matrix}\right\} \mathfrak{Z}_2 A \left\{\begin{matrix} A^2 \\ A^5 \end{matrix}\right. \qquad \left.\begin{matrix} A^2 \\ A^5 \end{matrix}\right\} \mathfrak{Z}_2 A^2 \left\{\begin{matrix} A \\ A^4 \end{matrix}\right.$$

Z. B. bei der Abbildung

$$\begin{array}{llll} \text{links:} & A^4 \cdot A^2 = E & \text{rechts:} & A^4 \cdot A^5 = A^3 \\ & \mathfrak{Z}_2 A \cdot \mathfrak{Z}_2 A^2 = \mathfrak{Z}_2 & & \mathfrak{Z}_2 A^2 \cdot \mathfrak{Z}_2 A = \mathfrak{Z}_2 . \end{array}$$

Eine solche Abbildung einer Gruppe $\mathfrak{G}$ auf eine Gruppe $\mathfrak{H}$, bei der jedes Element $G$ ein Bild $H$, jedes Element $H$ mindestens ein Bild $G$ hat (im allgemeinen 2 oder mehrere, auch unendlich viele), heißt eine „homomorphe Abbildung von $\mathfrak{G}$ auf $\mathfrak{H}$", eine „Homomorphie" oder ein „Homomorphismus"[2]). Im Falle der Eineindeutigkeit der Abbildung wird sie zur Isomorphie.

Die hier an der Faktorgruppe erklärte Homomorphie[3]) kann bei zwei beliebigen Gruppen vorkommen, z. B.:

---

[1]) Isomorphie und Homomorphie werden auch mit dem gemeinsamen Wort Isomorphie bezeichnet und dann als einstufige (holoedrische) bzw. mehrstufige (meroedrische) Isomorphie unterschieden.

[2]) „Homomorphismus" wird meist für den einzelnen Fall einer solchen Abbildung gebraucht, „Homomorphie" für diese Art der Abbildung überhaupt.

[3]) Diese Homomorphie einer Gruppe mit ihrer Faktorgruppe wird auch „natürliche Homomorphie" genannt.

$$\mathfrak{D}_4 = [\underbrace{E, (13)(24)}_{E}, \underbrace{(1234), (1432)}_{(12)}, \underbrace{(13), (24)}_{(34)}, \underbrace{(12)(34), (14)(23)}_{(12)(34)}]$$

$$\mathfrak{H} = [E, (12), (34), (12)(34)]$$

oder

$$\mathfrak{G} = \mathfrak{S}_3 = [\underbrace{E, (123), (132)}_{E}, \underbrace{(12), (23), (13)}_{(45)}]$$

$$\mathfrak{H} = [E, (45)].$$

Aufgabe 80. Es soll homomorph abgebildet werden *a*) die Tetraedergruppe auf die Gruppe $\mathfrak{Z}_3$, b) die unendliche zyklische Gruppe auf die Gruppe $\mathfrak{Z}_4$.

## § 36. Sätze über die Homomorphie

Die Homomorphie, die man für irgend zwei Mengen mit einer algebraischen Operation erklären kann, hat bei Gruppen naturgemäß Eigenschaften von besonderer Einfachheit und Regelmäßigkeit. Diese sollen jetzt abgeleitet werden. Dabei nehmen wir immer an, daß eine Gruppe $\mathfrak{G}$ auf eine Gruppe $\mathfrak{H}$ homomorph abgebildet ist.

**Satz 64.** Der Einheit von $\mathfrak{G}$ entspricht die Einheit von $\mathfrak{H}$, inversen Elementen von $\mathfrak{G}$ entsprechen inverse Elemente von $\mathfrak{H}$, inversen Elementen von $\mathfrak{H}$ inverse Komplexe von $\mathfrak{G}$.

Wird nämlich die Einheit $E$ von $\mathfrak{G}$ auf das Element $X$ von $\mathfrak{H}$ abgebildet und ein beliebiges Element $G$ von $\mathfrak{G}$ auf $H$ von $\mathfrak{H}$, so entspricht wegen der Haupteigenschaft der Homomorphie der in $\mathfrak{G}$ bestehenden Gleichung $E \cdot G = G$ in $\mathfrak{H}$ die Gleichung $X \cdot H = H$; also ist $X$ die Einheit von $\mathfrak{H}$.

Wird das inverse Element $G^{-1}$ auf $Y$ von $\mathfrak{H}$ abgebildet, so entspricht der Gleichung $GG^{-1} = E$ die Gleichung $HY = E$; also ist $Y = H^{-1}$.

Umgekehrt sei $H$ auf einen Komplex $\mathfrak{K} < \mathfrak{G}$, $H^{-1}$ auf $\mathfrak{K}' < \mathfrak{G}$ abgebildet. Jedem Element $K$ von $\mathfrak{K}$ entspricht also $H$, daher wie bewiesen jedem $K^{-1}$, also dem Komplex $\mathfrak{K}^{-1}$ das inverse $H^{-1}$. Es ist also

$$\mathfrak{K}^{-1} \subseteq \mathfrak{K}' \tag{1}$$

($\mathfrak{K}'$ enthält alle Elemente, die $H^{-1}$ entsprechen).

Analog ergibt sich: Jedem $K'$ von $\mathfrak{K}'$ entspricht $H^{-1}$, jedem $K'^{-1}$ und damit dem Komplex $\mathfrak{K}'^{-1}$ das inverse Element, nämlich $H$; also ist

$$(2) \qquad \mathfrak{K}'^{-1} \subseteq \mathfrak{K}$$

($\mathfrak{K}$ enthält alle Elemente, die $H$ entsprechen).

Nimmt man in (2) zu jedem Element das inverse, so hat man

$$(3) \qquad \mathfrak{K}' \subseteq \mathfrak{K}^{-1};$$

aus (1) und (3) folgt $\mathfrak{K}' = \mathfrak{K}^{-1}$.

**Satz 65.** Jeder Untergruppe $\mathfrak{U}$ von $\mathfrak{G}$ entspricht eine Untergruppe $\mathfrak{V}$ von $\mathfrak{H}$ und umgekehrt.

Die erste Behauptung folgt aus Satz 64 und aus dem Gesetz der Homomorphie: Gilt für die Elemente von $\mathfrak{U}$ die Gleichung $U_i U_k = U_l$, so gilt für die Bilder in $\mathfrak{V}$ die Gleichung $V_i V_k = V_l$.

Um die Umkehrung zu beweisen, seien $U_i$, $U_k$ zwei beliebige Elemente des Komplexes $\mathfrak{U}$, der der Untergruppe $\mathfrak{V}$ von $\mathfrak{H}$ entspricht, und $U_i \to V_i$, $U_k \to V_k$. Wegen der Homomorphie ist dann $U_i U_k \to V_i V_k =$ (weil $\mathfrak{V}$ Gruppe) $V_l \in \mathfrak{V}$. Diesem Element $V_l$ aber entsprechen nur Elemente von $\mathfrak{U}$, also ist $U_i U_k \in \mathfrak{U}$. Nach Satz 64 enthält $\mathfrak{U}$ das Einselement und zu jedem $U$ auch $U^{-1}$.

Die oben angeführten Beispiele bestätigen diesen Satz. Besonders wichtig ist der spezielle Fall $\mathfrak{V} = \mathfrak{E}$. Es gilt

**Satz 66.** Der Einheit von $\mathfrak{H}$ entspricht ein Normalteiler von $\mathfrak{G}$, der „Kern" des Homomorphismus.

Wird nämlich die Einheit von $\mathfrak{H}$ als Untergruppe $\mathfrak{E}$ aufgefaßt, so entspricht ihr in $\mathfrak{G}$ nach Satz 65 ebenfalls eine Untergruppe $\mathfrak{U}$. Daß diese sogar ein Normalteiler ist, erkennt man so:

Wäre nicht durchweg $G^{-1}\mathfrak{U}G = \mathfrak{U}$, sondern für irgendein $G \in \mathfrak{G}$ und ein $U \in \mathfrak{U}$ $G^{-1}UG = T$, wobei $T$ kein Element von $\mathfrak{U}$ wäre, so wäre die entsprechende Gleichung in $\mathfrak{H}$ $H^{-1}EH = H' \neq E$, was unmöglich ist.

**Satz 67.** Ist $\mathfrak{N}$ der der Einheit von $\mathfrak{H}$ entsprechende Normalteiler von $\mathfrak{G}$, so entspricht jeder Restklasse von $\mathfrak{G}$ nach $\mathfrak{N}$ genau ein Element von $\mathfrak{H}$.

Wir zeigen, daß 2 Elemente $G, G'$ von $\mathfrak{G}$, die demselben Element $H$ von $\mathfrak{H}$ entsprechen, in einer Restklasse liegen und umgekehrt.

Ist $G \to H$ und $G' \to H'$, so ist (Satz 64) $G^{-1} \to H^{-1}$, also $G^{-1}G' \to H^{-1}H'$.

Ist nun $H' = H$, also $G^{-1}G' \to E$ oder $G^{-1}G' \in \mathfrak{N}$, so ist $G' \in G\mathfrak{N} = \mathfrak{N}G$. $G$ und $G'$ liegen in derselben Restklasse.

Sind umgekehrt $G, G'$ Elemente derselben Restklasse, $G' \in G\mathfrak{N}$, so ist $G^{-1}G' \in \mathfrak{N}$, $H^{-1}H' = E$, $H' = H$.

Aus dem Satz folgt, weil nach Satz 20 die Restklassen je eine gleiche Anzahl (gleichmächtige Menge) von Elementen enthalten,

**Satz 68.** Den Elementen von $\mathfrak{H}$ entsprechen je gleichviele Elemente (gleichmächtige Mengen von Elementen) von $\mathfrak{G}$.

**Satz 69. (Homomorphiesatz).** Bei jeder homomorphen Abbildung einer Gruppe $\mathfrak{G}$ auf eine Gruppe $\mathfrak{H}$ ist, wenn $\mathfrak{N}$ der der Einheit von $\mathfrak{H}$ entsprechende Normalteiler von $\mathfrak{G}$ (der Kern) ist,

$$\mathfrak{G}/\mathfrak{N} \cong \mathfrak{H}$$ [1]).

Nach Satz 67 entsprechen nämlich die Elemente von $\mathfrak{H}$ den Restklassen von $\mathfrak{G}$ nach $\mathfrak{N}$; diese aber bilden die Faktorgruppe $\mathfrak{G}/\mathfrak{N}$.

Aufgabe 81. Man bestätige die Sätze dieses § an den Beispielen der Aufg. 80.

## § 37. Der Isomorphiesatz

$\mathfrak{A}, \mathfrak{B}$ seien zwei Untergruppen einer Gruppe $\mathfrak{G}$, und $\mathfrak{A}$ sei Normalteiler der Gruppe $\{\mathfrak{A}, \mathfrak{B}\}$. Weil dann $\mathfrak{A}$ mit jedem Element von $\{\mathfrak{A}, \mathfrak{B}\}$, also auch mit jedem Element von $\mathfrak{B}$

[1]) Jeder homomorphen Abbildung einer Gruppe $\mathfrak{G}$ auf irgendeine Gruppe entspricht also eine (natürliche) Homomorphie mit einer Faktorgruppe.

vertauschbar ist, folgt nach Satz 56, daß $\{\mathfrak{A}, \mathfrak{B}\} = \mathfrak{A}\mathfrak{B}$ ist. Wir erhalten die Zerlegung

$$\{\mathfrak{A}, \mathfrak{B}\} = \mathfrak{A} + \mathfrak{A}B_2 + \mathfrak{A}B_3 + \dots. \tag{1}$$

Nun unterscheiden wir zwei Fälle:

1. $\mathfrak{A} \frown \mathfrak{B} = E$, 2. $\mathfrak{A} \frown \mathfrak{B} = \mathfrak{D}(\neq E)$.

Beispiel zu Fall 1: $\mathfrak{A} = [E, (123), (132)]$, $\mathfrak{B} = [E, (13)]$;

$\{\mathfrak{A}, \mathfrak{B}\} = \mathfrak{A}\mathfrak{B} = \mathfrak{S}_3$; $\mathfrak{A}$ ist davon Normalteiler.

$\{\mathfrak{A}, \mathfrak{B}\} = \mathfrak{A} + \mathfrak{A}(13)$; $\{\mathfrak{A}, \mathfrak{B}\}/\mathfrak{A} = (\mathfrak{A}) + (\mathfrak{A}(13))$.

Jede Restklasse ist mit einem Element von $\mathfrak{B}$ gebildet, und es werden dabei sämtliche Elemente von $\mathfrak{B}$ benützt, es ist

$$\{\mathfrak{A}, \mathfrak{B}\} / \mathfrak{A} \cong \mathfrak{B}.$$

**Satz 70.** Sind $\mathfrak{A}, \mathfrak{B}$ Untergruppen einer Gruppe $\mathfrak{G}$ und ist $\mathfrak{A}$ Normalteiler von $\{\mathfrak{A}, \mathfrak{B}\}$, ist ferner $\mathfrak{A} \frown \mathfrak{B} = E$, so ist

$$\{\mathfrak{A}, \mathfrak{B}\} / \mathfrak{A} \cong \mathfrak{B}.$$

Weil nämlich $\mathfrak{A} \frown \mathfrak{B} = E$ ist, enthält in der Zerlegung (1) $\mathfrak{A}$ nur das Element $E$ von $\mathfrak{B}$, $\mathfrak{A}B_2$ nur das Element $B_2$ usw., jedes Element von $\mathfrak{B}$ liefert eine Restklasse. Die behauptete Isomorphie ist unmittelbar ersichtlich.

Beispiel zu Fall 2: $\mathfrak{A} = \mathfrak{A}_4$ (Tafel III), $\mathfrak{B} = \mathfrak{S}_3$, $\{\mathfrak{A}, \mathfrak{B}\} = \mathfrak{A}\mathfrak{B} = \mathfrak{S}_4$.

$$\mathfrak{A} \frown \mathfrak{B} = \mathfrak{D} = [E, (123), (132)]; \quad \{\mathfrak{A}, \mathfrak{B}\} = \mathfrak{A} + \mathfrak{A}(12).$$

Jede Restklasse ist wieder mit einem Element von $\mathfrak{B}$ gebildet, aber es werden nicht sämtliche Elemente von $\mathfrak{B}$ benützt. Die Restklasse $\mathfrak{A}$ könnte statt mit $E$ auch mit jedem anderen Element von $\mathfrak{D}$ gebildet werden, die Restklasse $\mathfrak{A}$ (12) mit jedem Element von $\mathfrak{D}$ (12). Zerlegt man $\mathfrak{B}$ nach $\mathfrak{D}$, so ist jedes Vertretersystem dieser Zerlegung auch Vertretersystem der Zerlegung von $\{\mathfrak{A}, \mathfrak{B}\}$ nach $\mathfrak{A}$. Es ist

$$\{\mathfrak{A}, \mathfrak{B}\} / \mathfrak{A} \cong \mathfrak{B}/\mathfrak{D}.$$

**Satz 71 (Isomorphiesatz).** Sind $\mathfrak{A}, \mathfrak{B}$ Untergruppen einer Gruppe $\mathfrak{G}$ und ist $\mathfrak{A}$ Normalteiler von $\{\mathfrak{A}, \mathfrak{B}\}$, so ist der Durchschnitt $\mathfrak{A} \frown \mathfrak{B}$ Normalteiler von $\mathfrak{B}$, und es ist

$$\{\mathfrak{A}, \mathfrak{B}\} / \mathfrak{A} \cong \mathfrak{B} / (\mathfrak{A} \frown \mathfrak{B})^{1)}.$$

Hier werden nämlich für die Zerlegung (1) nicht sämtliche Elemente von $\mathfrak{B}$ als Vertreter benützt. $\mathfrak{A}$ enthält Elemente von $\mathfrak{B}$, nämlich diejenigen von $\mathfrak{D}$, $\mathfrak{A}B_2$ diejenigen von $\mathfrak{D}B_2$ usw.; jede Restklasse enthält so viele Elemente aus $\mathfrak{B}$ als $\mathfrak{D}$ Elemente enthält (bzw. eine äquivalente Menge). Zerlegt man $\mathfrak{B}$ nach $\mathfrak{D}$, etwa

$$(2) \qquad \mathfrak{B} = \mathfrak{D} + \mathfrak{D}B'_2 + \mathfrak{D}B'_3 + \dots,$$

so können in (1) und (2) dieselben Vertretersysteme benützt werden. Nach Satz 69 bilden die Restklassen der Zerlegung (1) und diejenigen der Zerlegung (2) entsprechende Elemente. Es muß $\mathfrak{D}$ Normalteiler von $\mathfrak{B}$ sein und es ist[2])

$$\{\mathfrak{A}, \mathfrak{B}\} / \mathfrak{A} \cong \mathfrak{B}/\mathfrak{D}.$$

Aufgabe 82. Man bestätige den Isomorphiesatz a) für $\mathfrak{A} =$ Vierergruppe, $\mathfrak{B} = \mathfrak{Z}_4$; b) für $\mathfrak{A} =$ multiplikative Gruppe der Zahlen $2^i \cdot 3^k$ ($i$, $k$ ganze Zahlen), $\mathfrak{B} =$ multiplikative Gruppe der Zahlen $2^i \cdot 5^k$.

Aufgabe 83. Die im Isomorphiesatz enthaltene Tatsache, daß $\mathfrak{D}$ Normalteiler von $\mathfrak{B}$ ist, soll noch auf eine andere Art bewiesen werden.

## VII. Die Automorphie

### § 38. Begriff der Automorphie; Automorphismengruppe

In Aufgabe 13 wurden die Elemente einer Gruppe eineindeutig so auf sich abgebildet, daß das Gesetz der Isomorphie erfüllt war. Eine solche Abbildung einer Gruppe auf sich selbst heißt „Automorphie“ oder „Automorphismus“. Wir untersuchen jetzt allgemein die möglichen Automorphismen einer Gruppe und deren Eigenschaften, um von dieser

1) Für $\mathfrak{A} \cap \mathfrak{B} = E$ geht der Satz in Satz 70 über.
2) $\mathfrak{B}$, $\mathfrak{D}$, $\{\mathfrak{A}, \mathfrak{B}\}/\mathfrak{A}$ spielen bzw. die Rollen von $\mathfrak{G}$, $\mathfrak{N}$, $\mathfrak{H}$ im Satz 69.

Seite her neue Einblicke in die Struktur der Gruppen zu gewinnen.

Sehen wir zunächst von der Forderung der Isomorphie ab und fragen nach allen überhaupt möglichen Abbildungen einer Gruppe auf sich selbst! Sie bilden eine algebraische Struktur, wenn man als Operation das Nacheinander-Ausführen der Abbildungen erklärt; denn 2 Abbildungen nacheinander ausgeführt ergeben wieder eine Abbildung. Die Menge aller Abbildungen aber ist sogar eine Gruppe[1]); denn die identische Abbildung spielt die Rolle des Einselements, und zu jeder Abbildung gibt es eine inverse, nämlich diejenige, welche die Elemente wieder in die ursprüngliche Anordnung zurückverwandelt. Die Assoziativität der Abbildungen erkennt man so: Wir betrachten 3 Abbildungen $A_1$, $A_2$, $A_3$. $A_1$ bilde Element $A$ auf $B$ ab, $A_2$ Element $B$ auf $C$, $A_3$ Element $C$ auf $D$; also $A_1A_2$ Element $A$ auf $C$ und $(A_1A_2)A_3$ Element $A$ auf $D$; $A_2A_3$ Element $B$ auf $D$, $A_1(A_2A_3)$ also ebenfalls Element $A$ auf $D$.

Diese Gruppe aller Abbildungen einer Gruppe $\mathfrak{G}$ auf sich ist, wenn $\mathfrak{G}$ endlich von der Ordnung $n$ ist, isomorph zur symmetrischen Gruppe $\mathfrak{S}_n$; allgemein, auch für unendliche Gruppen $\mathfrak{G}$, wird sie mit $\mathfrak{S}(\mathfrak{G})$ bezeichnet.

1. Beispiel: Die Elemente $E$, (123), (132) lassen folgende Abbildungen auf sich selbst zu:

(1) $E$, (123), (132)
(2) $E$, (132), (123)
(3) (123), $E$, (132)
(4) (123), (132), $E$
(5) (132), $E$, (123)
(6) (132), (123), $E$.

Welche der 6 Abbildungen sind isomorph, d. h. bei welchen besteht zwischen der Ausgangsanordnung und der neuen

[1]) Eine Abbildung der Menge der Gruppenelemente auf sich, die man sich etwa als Zuordnung einer Ausgangsanordnung zu einer neuen Anordnung vorstellen mag, ist jetzt neues Element einer Gruppe.

Anordnung das Gesetz der Isomorphie? Welche der Abbildungen sind also Automorphismen? Offenbar Abbildung (1), der „identische Automorphismus", außerdem nur noch Abbildung (2).

2. Beispiel: Die Gruppe $\mathfrak{S}_3$ gestattet 6! Abbildungen auf sich. Die Gruppe dieser Abbildungen ist zur symmetrischen Gruppe $\mathfrak{S}_6$ isomorph. Unter diesen 6! Abbildungen erfüllen nur die folgenden das Gesetz der Isomorphie[1]), sind also Automorphismen: Die Elemente $E$, (123), (132), (12), (23), (13) abgebildet auf

(1) $E$, (123), (132), (12), (23), (13)
(2) $E$, (123), (132), (23), (13), (12)
(3) $E$, (123), (132), (13), (12), (23)
(4) $E$, (132), (123), (12), (13), (23)
(5) $E$, (132), (123), (13), (23), (12)
(6) $E$, (132), (123), (23), (12), (13).

Diese beiden Beispiele lassen uns bereits einige Eigenschaften der Automorphismen vermuten. Um die Untersuchung zu erleichtern, führen wir eine Bezeichnung ein. Abweichend von der sonstigen Bezeichnung von Gruppenelementen benützen wir für Automorphismen kleine griechische Buchstaben $\alpha, \beta, \ldots$. Hat die Ausgangsgruppe $\mathfrak{G}$ die Elemente $A, B, C, \ldots$, so gehen diese durch den Automorphismus $\alpha$ über in $A_\alpha, B_\alpha, C_\alpha, \ldots$, die Abbildung (Permutation) $\begin{pmatrix} A & B & C & \ldots \\ A_\alpha & B_\alpha & C_\alpha & \ldots \end{pmatrix}$ stellt also den Automorphismus vor. Die den Automorphismus definierende Isomorphie drückt sich dann durch die Gleichung aus

$$(1) \qquad A_\alpha \cdot B_\alpha = (AB)_\alpha\,;$$

daraus folgt für $B = E$

$$A_\alpha \cdot E_\alpha = A_\alpha,$$

d. h. es muß $E_\alpha = E$ sein (vgl. die Beispiele).

[1]) Bestätigung der Isomorphie mittels Tafel I. Die Auffindung aller derartigen Abbildungen durch Berechnung wäre außerordentlich mühsam, spätere Ergebnisse erleichtern die Feststellung der Automorphismen.

Ferner folgt aus (1) für $B = A^{-1}$ die Gleichung $A_\alpha(A^{-1})_\alpha = (AA^{-1})_\alpha = E_\alpha = E$ oder

$$(2) \qquad (A^{-1})_\alpha = (A_\alpha)^{-1},$$

d. h. das inverse Element zu $A$ geht in das inverse Element des Bildes von $A$ über.

Aufgabe 84. Man beweise mit Benützung der Isomorphie: Bei jedem Automorphismus gehen Elemente in solche gleicher Ordnung über.

Aufgabe 85. Man beweise: Bei jedem Automorphismus geht eine Untergruppe wieder in eine Untergruppe über (speziell $\mathfrak{E}$ in $\mathfrak{E}$).

Aufgabe 86. Ist die durch Inversion (Bildung der inversen Elemente) gegebene Abbildung einer Gruppe auf sich ein Automorphismus?

Als Produkt $\alpha\beta$ zweier Automorphismen $\alpha$ und $\beta$ einer Gruppe erklärt man die Abbildung der Gruppe auf sich, die man erhält, wenn man nacheinander zuerst $\alpha$, dann $\beta$ bildet.

**Satz 72.** Die sämtlichen Automorphismen einer Gruppe $\mathfrak{G}$ bilden selbst eine Gruppe, die „Automorphismengruppe von $\mathfrak{G}$". Wir bezeichnen sie mit $\mathfrak{A}(\mathfrak{G})$; sie ist eine Untergruppe der Gruppe $\mathfrak{S}(\mathfrak{G})$.

Zum Beweis seien $\alpha, \beta$ zwei Automorphismen, also zwei Elemente von $\mathfrak{A}(\mathfrak{G})$. Wir müssen zunächst zeigen, daß dann das Produkt $\alpha\beta$ wieder ein Automorphismus ist, d. h. eine Abbildung, die das Gesetz der Isomorphie erfüllt. Das ist der Fall, wenn für das Produkt $\alpha\beta$ die Gleichung (1) gilt. Tatsächlich ist

$$A_{\alpha\beta} \cdot B_{\alpha\beta} = (A_\alpha)_\beta \cdot (B_\alpha)_\beta = (\text{Gl. (1) gilt für } \beta)\ (A_\alpha B_\alpha)_\beta = (\text{Gl. (1) gilt für } \alpha)\ ((AB)_\alpha)_\beta = (AB)_{\alpha\beta}.$$

Die Assoziativität wurde bereits bewiesen. Einselement ist der identische Automorphismus. Zu jedem Automorphismus ist die inverse Abbildung wieder ein Automorphismus, weil offenbar auch für sie das Isomorphiegesetz gilt.

Die Automorphismengruppe einer endlichen Gruppe der Ordnung $g$ kann nur endlich, ihre Ordnung aber kann $\gtreqless g$ sein (siehe die beiden Beispiele und Aufg. 87a). Die Automorphismengruppe einer unendlichen Gruppe kann endlich oder unendlich sein (Aufg. 87b, c).

Aufgabe 87. Man stelle die Automorphismengruppe auf a) zur Vierergruppe, b) zur unendlichen zyklischen Gruppe, c) zur multiplikativen Gruppe der positiven reellen Zahlen.

## § 39. Innere Automorphismen

Für Gruppen $\mathfrak{G}$ von größerer Ordnung ist die Aufstellung der Automorphismengruppe $\mathfrak{A}(\mathfrak{G})$ meist schwierig. Leicht zu finden aber ist eine Untergruppe von $\mathfrak{A}(\mathfrak{G})$. Werden die Elemente einer Gruppe $\mathfrak{G}$

$$(1) \qquad E, G_2, G_3, \ldots$$

mit irgendeinem festen Element $G \in \mathfrak{G}$ transformiert, wobei wieder genau sämtliche Elemente entstehen (Aufg. 54),

$$(2) \qquad G^{-1}EG, G^{-1}G_2G, G^{-1}G_3G, \ldots,$$

so ist die Abbildung von (1) auf (2) ein Automorphismus; denn aus

$$G_iG_k = G_l \text{ folgt } G^{-1}G_iG \cdot G^{-1}G_kG = G^{-1}G_iG_kG = G^{-1}G_lG.$$

Ein solcher Automorphismus heißt „innerer Automorphismus“. Im allgemeinen besitzt eine Gruppe noch weitere, sog. „äußere Automorphismen“. Alle inneren Automorphismen erhält man, wenn man das transformierende Element $G$ die ganze Gruppe $\mathfrak{G}$ durchlaufen läßt. Dabei brauchen sich nicht lauter verschiedene Automorphismen zu ergeben. Abelsche Gruppen besitzen nur **einen** inneren Automorphismus, den identischen. Das andere Extrem sind Gruppen der Ordnung $g$ mit $g$ verschiedenen inneren Automorphismen. Das erste Beispiel von § 38 (abelsche Gruppe) hat als inneren Automorphismus nur den identischen, dazu einen äußeren; das zweite Beispiel hat nur innere Automorphismen.

**Satz 73.** Die inneren Automorphismen einer Gruppe $\mathfrak{G}$ bilden eine Gruppe. Wir bezeichnen sie mit $\mathfrak{A}_i(\mathfrak{G})$. Sie ist Untergruppe von $\mathfrak{A}(\mathfrak{G})$.

Es seien nämlich 2 innere Automorphismen dargestellt durch $\begin{pmatrix} G_i \\ G^{-1}G_iG \end{pmatrix}$ und $\begin{pmatrix} G_i \\ G'^{-1}G_iG' \end{pmatrix}$. Ihr Produkt ist, da man den zweiten mit beliebiger Ausgangsanordnung, also auch in der Form $\begin{pmatrix} G^{-1}G_iG \\ G'^{-1}G^{-1}G_iGG' \end{pmatrix}$ schreiben kann,

$$\begin{pmatrix} G_i \\ G'^{-1}G^{-1}G_iGG' \end{pmatrix} = \begin{pmatrix} G_i \\ (GG')^{-1}G_i(GG') \end{pmatrix},$$

also wieder ein innerer Automorphismus. Einheit ist der auch in $\mathfrak{A}_i(\mathfrak{G})$ vorkommende identische Automorphismus, invers zu $\begin{pmatrix} G_i \\ G^{-1}G_iG \end{pmatrix}$ ist $\begin{pmatrix} G^{-1}G_iG \\ G_i \end{pmatrix} = \begin{pmatrix} G_i \\ GG_iG^{-1} \end{pmatrix}$.

Aufgabe 88. Die Gruppe 12[ter] Ordnung Beispiel § 22 hat 6 innere und 6 äußere Automorphismen; man suche sie und bestätige die Sätze 72, 73.

Aus den bisherigen Beispielen vermuten wir weitere Eigenschaften der inneren Automorphismen. Wir sprechen sie in den folgenden Sätzen aus:

**Satz 74.** Die Gruppe $\mathfrak{A}_i(\mathfrak{G})$ der inneren Automorphismen einer Gruppe $\mathfrak{G}$ ist homomorph zu $\mathfrak{G}$; der der Einheit von $\mathfrak{A}_i(G)$ entsprechende Normalteiler von $\mathfrak{G}$ (Satz 66) ist dessen Zentrum $\mathfrak{Z}$, und es ist

$$\mathfrak{A}_i(\mathfrak{G}) \cong \mathfrak{G}/\mathfrak{Z}.$$

Wenn nämlich $Z \in \mathfrak{Z}$ und nur dann ist $Z^{-1}GZ = G$ für alle $G \in \mathfrak{G}$, somit $\begin{pmatrix} G \\ Z^{-1}GZ \end{pmatrix}$ der identische Automorphismus. Zerlegt man $\mathfrak{G}$ nach $\mathfrak{Z}$, etwa

$$\mathfrak{G} = \mathfrak{Z} + \mathfrak{Z}G_2 + \mathfrak{Z}G_3 + \dots,$$

so liefern die Elemente jeder Restklasse, wenn mit ihnen transformiert wird, denselben inneren Automorphismus; denn für jedes $Z \in \mathfrak{Z}$ ist

$$(ZG_i)^{-1}G(ZG_i) = G_i^{-1}Z^{-1}GZG_i = G_i^{-1}GG_i.$$

Die behauptete Isomorphie folgt nach Satz 69.

**Satz 75.** Die Gruppe $\mathfrak{A}_i(\mathfrak{G})$ der inneren Automorphismen einer Gruppe $\mathfrak{G}$ ist Normalteiler der Gruppe $\mathfrak{A}(\mathfrak{G})$ aller Automorphismen.

Es sei nämlich ein beliebiger (innerer oder äußerer) Automorphismus $\alpha = \begin{pmatrix} X \\ X_\alpha \end{pmatrix}$, wobei $X$ die Gruppe $\mathfrak{G}$ durchläuft. Dann ist $\alpha^{-1} = \begin{pmatrix} X_\alpha \\ X \end{pmatrix}$. Ferner sei ein beliebiger innerer mit einem Element $A$ von $\mathfrak{G}$ erzeugter Automorphismus $\alpha_i = \begin{pmatrix} X \\ A^{-1}XA \end{pmatrix}$. Es wird gezeigt, daß der mit $\alpha$ transformierte innere Automorphismus $\alpha_i$ wieder einen inneren Automorphismus ergibt, die konjugierte Gruppe zur Gruppe $\mathfrak{A}_i$ also wieder $\mathfrak{A}_i$ ist, so daß $\mathfrak{A}_i$ Normalteiler von $\mathfrak{A}$ sein muß:

$$\alpha^{-1}\alpha_i\alpha = \begin{pmatrix} X_\alpha \\ X \end{pmatrix}\begin{pmatrix} X \\ A^{-1}XA \end{pmatrix}\begin{pmatrix} X \\ X_\alpha \end{pmatrix} \overset{1)}{=} \begin{pmatrix} X_\alpha \\ (A^{-1}XA)_\alpha \end{pmatrix} =$$

$$(\S\, 38, (1)) \begin{pmatrix} X_\alpha \\ A_\alpha^{-1}X_\alpha A_\alpha \end{pmatrix} \overset{2)}{=} \begin{pmatrix} X \\ A_\alpha^{-1}XA_\alpha \end{pmatrix}.$$

Dies ist der durch Transformation mit $A_\alpha$ erzeugte innere Automorphismus.

1. Beispiel: Gruppe $\mathfrak{D}_4$ (Tafel II) bestätigt die Sätze 74, 75.

2. Beispiel: Die Gruppe der Aufg. 88 bestätigt die Sätze 74, 75.

3. Beispiel: $\mathfrak{G}$ = Quaternionengruppe $\mathfrak{Q}$ (§ 29). $\mathfrak{A}_i(\mathfrak{Q})$ ist isomorph zur Vierergruppe $\mathfrak{V}$, $\mathfrak{A}(\mathfrak{Q}) \cong \mathfrak{S}_4$. Das Zentrum $\mathfrak{Z}$ von $\mathfrak{Q}$ besteht aus 2 Elementen. Tatsächlich ist $\mathfrak{Q}/\mathfrak{Z} \cong \mathfrak{V}$ und $\mathfrak{V}$ Normalteiler von $\mathfrak{S}_4$.

---

[1]) Statt $\begin{pmatrix} X \\ X_\alpha \end{pmatrix}$ kann man schreiben $\begin{pmatrix} A^{-1}XA \\ (A^{-1}XA)_\alpha \end{pmatrix}$.

[2]) Die Anordnung der ersten Zeile ist beliebig.

## § 40. Das Holomorph

Wir leiten noch einige Sätze über Automorphismen ab. Wie zu Beginn des § 39 werde ein innerer Automorphismus einer Gruppe $\mathfrak{G}$ hergestellt durch Transformation ihrer Elemente mit einem festen Element $\mathfrak{G}$. Die Elemente von § 39, (1) werden auf die Elemente (2) abgebildet. Wir verfolgen jetzt bei dieser Transformation eine Untergruppe von $\mathfrak{G}$, und zwar einen Normalteiler $\mathfrak{N}$. Durch die Transformation entsteht aus einer Untergruppe eine konjugierte, aus dem Normalteiler $\mathfrak{N}$ also wieder $\mathfrak{N}$ (§ 27). Es gilt

**Satz 76.** Jeder innere Automorphismus einer Gruppe $\mathfrak{G}$ bildet jeden Normalteiler von $\mathfrak{G}$ auf sich ab, und umgekehrt ist jede Untergruppe, die bei allen inneren Automorphismen in sich übergeht, ein Normalteiler.

Die Umkehrung ergibt sich daraus, daß die Gültigkeit der Gleichung $G^{-1}\mathfrak{N}G = \mathfrak{N}$ für alle $G \in \mathfrak{G}$ die Untergruppe $\mathfrak{N}$ als Normalteiler charakterisiert.

Zur Veranschaulichung diene § 38, Beispiel 2. Der einzige Normalteiler $\mathfrak{Z}_3$ von $\mathfrak{S}_3$ geht bei allen Automorphismen, die hier durchweg innere sind (§ 39), in sich über.

Ein Normalteiler $\mathfrak{N}$ als Ganzes geht in sich über, aber im allgemeinen nicht seine einzelnen Elemente. Die Transformation mit $G$ liefert also einen Automorphismus von $\mathfrak{N}$, der im allgemeinen ein äußerer ist, weil $G$ beliebig aus $\mathfrak{G}$, im allgemeinen nicht gerade aus $\mathfrak{N}$ gewählt wird.

**Satz 77.** Ist $\mathfrak{N}$ Normalteiler einer Gruppe $\mathfrak{G}$, so bewirkt („induziert") jeder innere Automorphismus von $\mathfrak{G}$ einen (äußeren oder inneren) Automorphismus von $\mathfrak{N}$.

Diese Tatsache bestätigt wieder § 38, Beispiel 2. Durch die Transformationen von $\mathfrak{S}_3$ wird in $\mathfrak{Z}_3$ der identische Automorphismus und ein äußerer (vgl. § 38, Beisp. 1) induziert. Das Beispiel zeigt auch, daß mehrere innere Automorphismen von $\mathfrak{G}$ denselben Automorphismus von $\mathfrak{N}$ induzieren können.

Aufgabe 89. $\mathfrak{G}$ sei die Gruppe $\mathfrak{D}_4$ (Tafel II), $\mathfrak{N}$ ein a) zu $\mathfrak{Z}_4$, b) zur Vierergruppe isomorpher Normalteiler. Man bestätige Satz 77. Bei der Vierergruppe werden nur 2 Automorphismen induziert, während sie (Aufg. 87) 6 solche besitzt.

Wir gehen nun von einer beliebigen Gruppe $\mathfrak{N}$ aus und versuchen, sie zu einer umfassenderen Gruppe $\mathfrak{G}$ derart zu erweitern, daß $\mathfrak{N}$ Normalteiler von $\mathfrak{G}$ ist und daß die durch die inneren Automorphismen von $\mathfrak{G}$ induzierten Automorphismen von $\mathfrak{N}$ nicht nur einige, sondern sämtliche Automorphismen von $\mathfrak{N}$ sind. Das gelingt so: Die Gruppe aller Automorphismen von $\mathfrak{N}$, in unserer Bezeichnung $\mathfrak{A}(\mathfrak{N})$, ist Untergruppe der Gruppe $\mathfrak{S}(\mathfrak{N})$ aller (auch nicht dem Gesetz der Isomorphie genügenden) eineindeutigen Abbildungen von $\mathfrak{N}$ auf sich. Für die weitere Untersuchung, insbesondere die allgemeine Durchführung der Multiplikation von Elementen, ist es zweckmäßig, ebenso wie $\mathfrak{A}(\mathfrak{N})$ und $\mathfrak{S}(\mathfrak{N})$ auch $\mathfrak{N}$ selbst als Gruppe von Abbildungen von $\mathfrak{N}$ auf sich darzustellen. Bei endlichen Gruppen gelingt dies ohne weiteres mittels der Gruppentafel, auch bei unendlichen Gruppen können wir jedes Element $N_i$ als Abbildung $\begin{pmatrix}\mathfrak{N}\\ \mathfrak{N}N_i\end{pmatrix}$ darstellen[1]). Die neue Darstellung wird durch die Schreibweise $\overline{N}$ oder $\overline{\mathfrak{N}}$ gekennzeichnet. Es läßt sich nun zeigen, daß der Normalisator $\mathfrak{H}$ von $\overline{\mathfrak{N}}$ in $\mathfrak{S}(\mathfrak{N})$ leistet, was wir von der erweiterten Gruppe $\mathfrak{G}$ verlangen, nämlich daß seine inneren Automorphismen die sämtlichen Automorphismen von $\mathfrak{N}$ induzieren. Man nennt $\mathfrak{H}$ das „Holomorph" oder die „Holomorphie" von $\mathfrak{N}$.

Wir wollen die weitere Untersuchung durch ein Beispiel verständlicher machen. $\mathfrak{N}$ sei die Vierergruppe. Aus Aufg. 89 wissen wir, daß die inneren Automorphismen der Gruppe $\mathfrak{D}_4$ nicht sämtliche Automorphismen von $\mathfrak{N}$ induzieren, $\mathfrak{D}_4$ also nicht das Holomorph von $\mathfrak{N}$ sein kann. $\mathfrak{S}(\mathfrak{N})$ ist hier $\mathfrak{S}_4$.

[1]) Entsprechen 2 Elementen $N_1, N_2$ die Abbildungen $\begin{pmatrix}\mathfrak{N}\\ \mathfrak{N}N_1\end{pmatrix}$, $\begin{pmatrix}\mathfrak{N}\\ \mathfrak{N}N_2\end{pmatrix}$, so entspricht dem Produkt $N_1 N_2$ die Abbildung $\begin{pmatrix}\mathfrak{N}\\ \mathfrak{N}N_1 N_2\end{pmatrix} = \begin{pmatrix}\mathfrak{N}\\ \mathfrak{N}N_1\end{pmatrix}\begin{pmatrix}\mathfrak{N}N_1\\ \mathfrak{N}N_1 N_2\end{pmatrix}$ $=$ (weil $\mathfrak{N}N_1 = \mathfrak{N}$) $\begin{pmatrix}\mathfrak{N}\\ \mathfrak{N}N_1\end{pmatrix}\begin{pmatrix}\mathfrak{N}\\ \mathfrak{N}N_2\end{pmatrix}$, also das Produkt der Abbildungen.

Obwohl in diesem Fall die Durchführung auch in der alten Form möglich wäre, schreiben wir die neue:

$$\overline{\mathfrak{N}} = \left[E, \begin{pmatrix}1234\\2143\end{pmatrix}, \begin{pmatrix}1234\\3412\end{pmatrix}, \begin{pmatrix}1234\\4321\end{pmatrix}\right].$$

Zunächst beweisen wir: Transformiert man $\overline{\mathfrak{N}}$ mit irgendeinem Automorphismus $\alpha$ von $\mathfrak{A}(\mathfrak{N})$, so ergibt sich wieder $\overline{\mathfrak{N}}$, $\alpha$ ist also mit $\overline{\mathfrak{N}}$ vertauschbar, $\mathfrak{A}(\mathfrak{N})$ gehört somit dem Normalisator $\mathfrak{H}$ an[1]). Bei diesem Beweis deuten wir in der Transformation $\alpha^{-1}\overline{\mathfrak{N}}\alpha$ der Kürze halber die Abbildungen nur durch allgemeine Elemente an:

$$\alpha^{-1}\overline{N}_i\alpha = \begin{pmatrix}N_\alpha\\N\end{pmatrix}\begin{pmatrix}N\\NN_i\end{pmatrix}\begin{pmatrix}N\\N_\alpha\end{pmatrix} = \begin{pmatrix}N_\alpha\\N\end{pmatrix}\begin{pmatrix}N\\NN_i\end{pmatrix}\begin{pmatrix}NN_i\\(NN_i)_\alpha\end{pmatrix} =$$

$$\begin{pmatrix}N_\alpha\\(NN_i)_\alpha\end{pmatrix} = (\S\ 38, (1)) \begin{pmatrix}N_\alpha\\N_\alpha(N_i)_\alpha\end{pmatrix} = (\overline{N}_i)_\alpha,$$

also wieder ein Element von $\overline{\mathfrak{N}}$. Damit ist bewiesen, daß $\mathfrak{A}(\mathfrak{N}) < \mathfrak{H}$.

Im Beispiel transformieren wir mit einem Element $\alpha$ von $\mathfrak{A}(\mathfrak{N})$, etwa $\alpha = \begin{pmatrix}1234\\1342\end{pmatrix} = (234)$[2]), und zwar elementweise:

$$\begin{aligned}
(243)\quad & E \quad (234) = E\\
(243) & \begin{pmatrix}1234\\2143\end{pmatrix} (234) = \begin{pmatrix}1234\\3412\end{pmatrix}\\
(243) & \begin{pmatrix}1234\\3412\end{pmatrix} (234) = \begin{pmatrix}1234\\4321\end{pmatrix}\\
(243) & \begin{pmatrix}1234\\4321\end{pmatrix} (234) = \begin{pmatrix}1234\\2143\end{pmatrix}.
\end{aligned}$$

Wir erhalten wieder die 4 Elemente von $\overline{\mathfrak{N}}$; dasselbe ergibt sich für jedes $\alpha \in \mathfrak{A}(\mathfrak{N})$.

---

[1]) $\mathfrak{A}(\mathfrak{N})$ enthält $\overline{\mathfrak{N}}$ nicht, beide Gruppen haben sogar außer der Einheit kein gemeinsames Element, da $E$ durch jedes $\alpha$ in $E$ übergeführt wird, durch jedes $\overline{N}_i$ aber in $N_i$. Die inneren Automorphismen von $\mathfrak{A}(\mathfrak{N})$ können also nicht die Automorphismen von $\overline{\mathfrak{N}}$ induzieren.

[2]) Wenn $\alpha$ Element von $\mathfrak{A}(\mathfrak{N})$ sein soll, muß 1 in 1 übergehen; man überzeugt sich leicht, daß die durch $\alpha$ gegebene Permutation der Elemente von $\mathfrak{N}$ das Gesetz der Isomorphie befolgt, also ein Automorphismus ist.

Das erhaltene Element $(\overline{N}_t)_\alpha$ ist aber nun gerade das Element von $\overline{\mathfrak{N}}$, in das $\overline{N}_t$ durch den Automorphismus $\alpha$ übergeht. D. h. die Transformation von $\overline{\mathfrak{N}}$ mit $\alpha$ bewirkt gerade den Automorphismus $\alpha$. Transformiert man also $\overline{\mathfrak{N}}$ mit allen Elementen von $\mathfrak{A}(\mathfrak{N})$, so erhält man alle Automorphismen von $\mathfrak{N}$.

Im Beispiel geht durch die Transformation mit $\alpha$ das 1., 2., 3., 4. Element von $\overline{\mathfrak{N}}$ bzw. über in das 1., 3., 4., 2. Element; die Elemente werden gerade so permutiert, wie es $\alpha$ vorschreibt. Transformation mit allen Elementen von $\mathfrak{A}(\mathfrak{N})$ liefert alle Automorphismen von $\overline{\mathfrak{N}}$. Das Holomorph ist hier $\mathfrak{S}_4$, $\mathfrak{A}(\mathfrak{N}) \cong \mathfrak{S}_3$, je 4 Elemente von $\mathfrak{S}_4$ ergeben denselben Automorphismus von $\mathfrak{N}$. Wir fassen das Bewiesene zusammen in

**Satz 78.** Faßt man eine Gruppe $\mathfrak{N}$ als Gruppe der Abbildungen $\begin{pmatrix}\mathfrak{N}\\ \mathfrak{N}N\end{pmatrix}$ auf, so daß sie Untergruppe von $\mathfrak{S}(\mathfrak{N})$ und Normalteiler im Holomorph $\mathfrak{H}$ von $\mathfrak{N}$, dem Normalisator von $\mathfrak{N}$ in $\mathfrak{S}(\mathfrak{N})$ wird, so ergibt sich, daß $\mathfrak{H}$ die Gruppe $\mathfrak{A}(\mathfrak{N})$ aller Automorphismen von $\mathfrak{N}$ enthält und die inneren Automorphismen von $\mathfrak{H}$ alle Automorphismen von $\mathfrak{N}$ induzieren.

Aufgabe 90. Man bestätige den Satz 78 an dem Beispiel $\mathfrak{N} = [E, A, A^2]$ mit $A^3 = E$.

# VIII. Die Endomorphie; charakteristische und vollinvariante Untergruppen

## § 41. Begriff der Endomorphie

Der Begriff der Isomorphie zweier Gruppen wurde verallgemeinert und führte zum Begriff der Homomorphie. Ebenso kann man den Begriff der Automorphie verallgemeinern und gelangt zum Begriff der Homomorphie einer Gruppe mit einer eigenen Untergruppe, zur „Endomorphie“ (zum „Endomorphismus“).

Beispiel: $\mathfrak{G} = [\underbrace{E, (12)(34)}, \underbrace{(13)(24), (14)(23)}]$

ist homomorph $\mathfrak{G}' = [\quad E \quad , \quad (56) \quad ]$

vermöge der durch die Klammern angegebenen Abbildung. Nimmt man statt der Gruppe $\mathfrak{G}'$ eine Untergruppe von $\mathfrak{G}$, etwa

$$\mathfrak{U} = [\quad E, \quad (12)(34) \quad ],$$

so wird die Homomorphie zur Endomorphie.

Zwei Sonderfälle der Homomorphie waren die Isomorphie und die Abbildung auf die Einheitsgruppe $\mathfrak{E}$. Entsprechend kann auch die Endomorphie speziell übergehen in die Automorphie oder in die Abbildung einer Gruppe auf ihre Einheit, die sog. „Nullendomorphie". Außer diesen Sonderfällen gibt es bei **endlichen** Gruppen als „echte" oder „eigentliche Endomorphie" nur die ein-mehrdeutige Abbildung auf eine echte Untergruppe. Bei **unendlichen** Gruppen aber können noch zwei weitere Arten von Abbildungen vorkommen, die man ebenfalls als Endomorphien[1]) bezeichnet. Eine unendliche Gruppe kann

1. auf eine echte[2]) Untergruppe eineindeutig abgebildet werden, so daß das Gesetz der Isomorphie gilt;

2. auf sich selbst (und zwar auf die ganze Gruppe) ein-mehrdeutig[2]) abgebildet werden.

Beispiel zu 1. Additive Gruppe der ganzen Zahlen . . ., —3, — 2, — 1, 0, 1, 2, 3,. . . eineindeutig abgebildet auf die echte Untergruppe . . ., — 6, — 4, — 2, 0, 2, 4, 6, . . ..

Beispiel zu 2. Eine unendliche Gruppe $\mathfrak{G} = [E, G_2, G_3, \ldots]$ kann einer ihrer echten Faktorgruppen isomorph sein. Ist nämlich eine Untergruppe $\mathfrak{H} = [E, H_2, H_3, \ldots] \cong \mathfrak{G}$ und eine Faktorgruppe $\mathfrak{G}/\mathfrak{U} = (\mathfrak{U}) + (\mathfrak{U}H_2) + (\mathfrak{U}H_3) + \ldots$, so ist die Abbildung $G_i \rightarrow \mathfrak{U}H_i$ eine ein-mehrdeutige Abbildung von $\mathfrak{G}$ auf sich, die das Gesetz der Isomorphie befolgt. Der Fall kann z. B. so verwirklicht werden: $\mathfrak{G}$ sei die Gruppe der positiven rationalen Zahlen, erzeugt von

[1]) Auch „Meromorphien".
[2]) Daher keine Automorphie.

allen Primzahlen 2, 3, 5, 7, . . . , $\mathfrak{H}$ die Gruppe der positiven rationalen Zahlen, die von allen Primzahlen außer 2, also von 3, 5, 7, 11, . . . erzeugt wird, $\mathfrak{U}$ die Gruppe der von der Primzahl 2 erzeugten positiven rationalen Zahlen. Durch die Zuordnung $\begin{pmatrix} 2, 3, 5, & 7, \ldots \\ 3, 5, 7, & 11, \ldots \end{pmatrix}$ wird $\mathfrak{G} \cong \mathfrak{H}$.

Aufgabe 91. Man suche echte Endomorphismen der Gruppen $\mathfrak{S}_3$ und $\mathfrak{Z}_6$.

## § 42. Einige Sätze über Endomorphismen

Im folgenden werden Endomorphismen mit $\varepsilon$ bezeichnet, das Bild eines Elementes $G$ einer Gruppe $\mathfrak{G}$ beim Endomorphismus $\varepsilon$ mit $G_\varepsilon$, das Bild einer Untergruppe $\mathfrak{U}$ von $\mathfrak{G}$ mit $\mathfrak{U}_\varepsilon$. Wie bei Automorphismen ergeben sich die den Gleichungen § 38, (1), (2) entsprechenden:

$$(1) \qquad A_\varepsilon B_\varepsilon = (AB)_\varepsilon; \; E_\varepsilon = E;$$

$$(2) \qquad (A^{-1})_\varepsilon = (A_\varepsilon)^{-1}.$$

Die Beispiele führen uns zu

**Satz 79.** Der Teilkomplex einer Gruppe, der bei einem Endomorphismus auf die Einheit abgebildet wird, bildet eine Untergruppe.

Der Satz folgt aus den eben angeführten Gleichungen. Ist $A_\varepsilon = E$, $B_\varepsilon = E$, dann ist $(AB)_\varepsilon = A_\varepsilon B_\varepsilon = E$. Wäre $(A^{-1})_\varepsilon = C \neq E$, so wäre $A_\varepsilon(A^{-1})_\varepsilon = EC \neq E$ im Widerspruch mit $A_\varepsilon(A^{-1})_\varepsilon = (AA^{-1})_\varepsilon = E$.

**Satz 80.** Ein Endomorphismus einer Gruppe $\mathfrak{G}$ bildet eine Untergruppe $\mathfrak{U}$ von $\mathfrak{G}$ wieder auf eine Untergruppe ab.

Für $\mathfrak{U}_\varepsilon$ ergibt sich nämlich aus den obigen Gleichungen die Gruppeneigenschaft:

Aus $U_i U_k = U_l$ folgt $(U_i)_\varepsilon \cdot (U_k)_\varepsilon = (U_i U_k)_\varepsilon = (U_l)_\varepsilon$.

$\mathfrak{U}_\varepsilon$ enthält das Einselement, da $E_\varepsilon = E$ ist und zu jedem $U_\varepsilon$ auch $(U_\varepsilon)^{-1}$, da $(U^{-1})_\varepsilon = (U_\varepsilon)^{-1}$.

**Satz 81.** Bei einem Endomorphismus ist das Bild eines Elements von endlicher Ordnung $a$ ebenfalls von endlicher Ordnung $a'$, und zwar ist $a'$ ein Teiler von $a$.

Es entspricht nämlich der Gleichung $G^a = E$ die Gleichung $G_\varepsilon^a = E$, $a'$ ist also (§ 8) entweder $a$ oder ein echter Teiler von $a$.

Aufgabe 92. Man bestätige die Sätze 79, 80, 81 an Endomorphismen der Gruppe $\mathfrak{D}_4$ (Tafel II).

**Satz 82.** Die Anzahl aller Endomorphismen einer **endlichen** zyklischen Gruppe der Ordnung $g$ ist $g$, die Anzahl der echten Endomorphismen $g - 1 - \varphi(g)$ ($\varphi$ Eulersche Funktion).

Es ist nämlich durch eine Abbildung $A \rightarrow A^i$ des Elements $A$ von $\mathfrak{Z}_g$ ein und nur ein Endomorphismus bestimmt, weil wegen Gl. (1) $A^k \rightarrow A^{ik}$ folgt. Für $i = 0, 1, 2, \ldots g - 1$ erhält man also $g$ Endomorphismen. Dabei kann ein echter Endomorphismus nur entstehen für diejenigen $i$, für welche $A^{ik}$ nicht sämtliche Werte $A^0, A^1, \ldots A^{g-1}$ annimmt, d. h. für $(i, g) \neq 1$. Zählt man den Nullendomorphismus nicht zu den echten Endomorphismen, so ist deren Zahl $g - 1 - \varphi(g)$.

Aufgabe 93. Man gebe alle Endomorphismen der Gruppen $\mathfrak{Z}_5$ und $\mathfrak{Z}_6$ an; wie viele echte sind darunter?

**Satz 83.** Die unendliche zyklische Gruppe hat abzählbar unendlich viele Endomorphismen.

Auch hier erhält man nämlich einen wohlbestimmten Endomorphismus durch die Vorschrift $A \rightarrow A^i$ für $i = 0, \pm 1, \pm 2, \ldots$.

Wie bei Automorphismen kann man auch bei Endomorphismen einer Gruppe das Nacheinander-Ausführen als Multiplikation erklären: $A_{\varepsilon\varepsilon'} = (A_\varepsilon)_{\varepsilon'}$. Für diese Multiplikation ergibt sich wie bei Automorphismen die Assoziativität, auch ist wieder der identische Automorphismus Einselement. Weil aber wegen der Ein-mehrdeutigkeit der Abbildung zu einem Endomorphismus im allgemeinen kein eindeutiger inverser existiert, gilt nur

**Satz 84.** Die sämtlichen Endomorphismen einer Gruppe bilden eine Halbgruppe (mit Einheit).

## § 43. Charakteristische und vollinvariante Untergruppen

In den §§ 38 bis 42 haben wir 3 Arten von Abbildungen einer Gruppe $\mathfrak{G}$ auf sich oder eine ihrer Untergruppen kennengelernt:

1. Den inneren Automorphismus, bewirkt durch Transformation der Gruppe $\mathfrak{G}$ mit irgendeinem ihrer Elemente; durchläuft dieses alle Elemente von $\mathfrak{G}$, so erhält man die Gruppe der inneren Automorphismen $\mathfrak{A}_i(\mathfrak{G})$ (Satz 73).

2. Einen beliebigen Automorphismus von $\mathfrak{G}$; die Menge aller Automorphismen bildet die Automorphismengruppe $\mathfrak{A}(\mathfrak{G})$ (Satz 72).

3. Einen beliebigen Endomorphismus von $\mathfrak{G}$; die Menge aller Endomorphismen bildet nur eine Halbgruppe (Satz 84).

Die Wirkung dieser 3 verschiedenen Abbildungen der Gruppe $\mathfrak{G}$ auf deren Untergruppen kennzeichnet 3 verschiedene Arten von Untergruppen:

1. Eine Untergruppe von $\mathfrak{G}$, die bei allen Transformationen von $\mathfrak{G}$ mit seinen Elementen, also bei allen **inneren** Automorphismen in sich übergeht, invariant ist gegenüber den Abbildungen der Gruppe $A_i(\mathfrak{G})$, ist ein Normalteiler.

2. Eine Untergruppe von $\mathfrak{G}$, die bei allen (inneren und äußeren) Automorphismen in sich übergeht, invariant ist gegenüber den Abbildungen der Gruppe $\mathfrak{A}(\mathfrak{G})$, heißt „charakteristische Untergruppe“ von $\mathfrak{G}$. Sie ist stets auch Normalteiler, weil $\mathfrak{A}_i(\mathfrak{G}) \subseteq \mathfrak{A}(\mathfrak{G})$.

3. Eine Untergruppe von $\mathfrak{G}$, die bei allen Endomorphismen in sich oder eine ihrer Untergruppen (Satz 80) übergeht, heißt „vollinvariante Untergruppe“ von $\mathfrak{G}$. Sie ist stets auch charakteristisch und Normalteiler, weil die Automorphismen auch Endomorphismen sind.

Wie bei jeder Gruppe diese selbst und $\mathfrak{E}$ unechte Normalteiler sind, sind sie auch unechte charakteristische und vollinvariante Untergruppen.

Als Beispiel nehmen wir die Gruppe $\mathfrak{D}_4$ (Tafel II). Ihre echten Untergruppen sind:

a) $E$, (13); b) $E$, (24); c) $E$,(12) (34); d) $E$, (13) (24) (Zentrum); e) $E$, (14) (23); f) $E$, (1234), (13) (24), (1432); g) $E$, (12) (34), (13) (24), (14) (23); h) $E$, (13), (24), (13) (24).

Davon sind (vgl. Tafel II)

1. Normalteiler: d, f, g, h;
2. charakteristisch: d, f (g geht z. B. durch den Automorphismus (5678) (Taf. II) über in h);
3. vollinvariant: d (f geht z. B. durch den Endomorphismus Taf. II, 5d über in a, also nicht in eine ihrer Untergruppen).

Aufgabe 94. Ist der echte Normalteiler von $\mathfrak{S}_3$ auch charakteristisch und vollinvariant?

Aufgabe 95. Man suche sämtliche Normalteiler der Quaternionengruppe (§ 29) und darunter die charakteristischen und vollinvarianten Untergruppen.

## § 44. Einige Sätze über charakteristische und vollinvariante Untergruppen; die Kommutatorgruppe

Im Beispiel von § 43 ist das Zentrum, das wir längst als Normalteiler kennen, auch charakteristisch und vollinvariant. Allgemein gilt nur

**Satz 85.** Das Zentrum jeder Gruppe ist eine charakteristische, jedoch nicht notwendig eine vollinvariante Untergruppe.

Ist nämlich $G$ irgendein Element einer Gruppe $\mathfrak{G}$ und $Z$ ein Element ihres Zentrums, so ist $ZG = GZ$ für alle $G \in \mathfrak{G}$. Für irgendeinen Automorphismus $\alpha$ ist dann $(ZG)_\alpha = (GZ)_\alpha$ oder nach § 38, (1) $Z_\alpha G_\alpha = G_\alpha Z_\alpha$. Es ist also auch $Z_\alpha$ mit allen Elementen von $\mathfrak{G}$ vertauschbar, da wegen der Eineindeutigkeit der Automorphie $G_\alpha$ jedes Element von $\mathfrak{G}$ sein kann.

Der analoge Beweis gelingt nicht für Endomorphismen $\varepsilon$, da $G_\varepsilon$ mit $G$ im allgemeinen nicht die ganze Gruppe $\mathfrak{G}$ durchläuft.

Eine Gruppe, deren Zentrum nicht bei allen Endomorphismen in sich oder eine seiner Untergruppen übergeht, ist das erste Beispiel von § 26 (siehe Aufg. 97b).

Als weiteres Beispiel einer durchweg charakteristischen und sogar vollinvarianten Untergruppe führen wir eine Gruppe ein, die auch sonst eine ähnlich wichtige Rolle spielt wie das Zentrum:

$A$, $B$ seien beliebige Elemente einer Gruppe $\mathfrak{G}$. Wenn $AB \neq BA$ ist, kann man doch ein Element $K$ von $\mathfrak{G}$ finden so daß

$$(1) \qquad AB = BA \cdot K;$$

es errechnet sich

$$(2) \qquad K = A^{-1}B^{-1}AB.$$

Der Faktor $K$ heißt „Kommutator des Elementepaares $A$, $B$". Der Kommutator gibt für die beiden Elemente die Abweichung vom Gesetz der Kommutativität an[1]). Wenn $AB = BA$ ist und nur dann ist $K = E$.

1. Beispiel: $\mathfrak{S}_3$; man errechnet leicht die Kommutatoren aller Elementepaare und findet entweder $E$ oder (123) oder (132).

2. Beispiel: Die unendliche Gruppe § 33, 3. Für die Kommutatoren aller Elementepaare ergibt die Rechnung $E$ oder $B$ oder $B^2$.

Aufgabe 96. Man berechne sämtliche Kommutatoren der Gruppe $\mathfrak{D}_4$ (Tafel II).

Aus den Beispielen könnte man vermuten, daß die sämtlichen Kommutatoren einer Gruppe eine Gruppe bilden. Das trifft zwar häufig bei den Gruppen niedriger Ordnung und auch bei vielen unendlichen Gruppen zu, jedoch nicht allgemein. Aber die sämtlichen Kommutatoren einer Gruppe $\mathfrak{G}$ erzeugen eine Untergruppe von $\mathfrak{G}$, die „Kommutatorgruppe" von $\mathfrak{G}$, auch „erste[2]) abgeleitete Gruppe" oder „erste Ableitung" von $\mathfrak{G}$ genannt.

---

[1]) Es wird auch $ABA^{-1}B^{-1}$ oder $B^{-1}A^{-1}BA$ als Kommutator erklärt; die wesentlichen Eigenschaften bleiben dieselben.

[2]) Stellt man zur Kommutatorgruppe von $\mathfrak{G}$ wieder die Kommutaturgruppe auf usw., so spricht man von einer zweiten Ableitung usw.

**Satz 86.** Bei jeder automorphen Abbildung einer Gruppe ist das Bild eines Kommutators zweier Elemente der Kommutator der Bilder beider Elemente.

Ist nämlich $\alpha$ irgendein Automorphismus, so ist nach den Gl. § 36, (1), (2)
$(A^{-1}\, B^{-1}\, AB)_\alpha = (A^{-1})_\alpha (B^{-1})_\alpha A_\alpha B_\alpha = A_\alpha^{-1}\, B_\alpha^{-1}\, A_\alpha\, B_\alpha$.

Nach diesem Satz geht bei irgendeinem Automorphismus $\alpha$ der Komplex der Kommutatoren aller Elementepaare einer Gruppe, weil mit $A$, $B$ auch $A_\alpha$, $B_\alpha$ alle Elemente der Gruppe durchlaufen, in sich über; er ist invariant gegenüber der Gruppe $\mathfrak{A}(\mathfrak{G})$ und wäre als charakteristischer Komplex zu bezeichnen. Da aber nach unserem Satz und den angeführten Gleichungen auch alle Produkte von Kommutatoren und damit alle Elemente der Kommutatorgruppe wieder in sich übergehen, ist auch diese invariant gegenüber $\mathfrak{A}(\mathfrak{G})$, es gilt

**Satz 87.** Die Kommutatorgruppe einer Gruppe ist eine charakteristische Untergruppe.

Der Beweis des Satzes 86 und die zum Satz 87 führende Folgerung können auch auf Endomorphismen angewandt werden, da auch für diese die analogen Gleichungen § 42, (1), (2) gelten:

**Satz 88.** Jedes endomorphe Bild eines Kommutators ist wieder ein Kommutator. Die Kommutatorgruppe einer Gruppe ist eine vollinvariante Untergruppe.

Die Bedeutung der Kommutatorgruppe zeigt noch der folgende Satz:

**Satz 89.** Die Faktorgruppe einer Gruppe $\mathfrak{G}$ nach ihrer Kommutatorgruppe $\mathfrak{K}$ ist abelsch.

Ist nämlich $\mathfrak{G} = \mathfrak{K} + \mathfrak{K}G_2 + \mathfrak{K}G_3 + \ldots$, so ist $\mathfrak{K}G_i \cdot \mathfrak{K}G_k$ = (Satz 46) $\mathfrak{K}G_iG_k\mathfrak{K}$ = (§ 44, Gl. (1)) $\mathfrak{K}G_kG_iK\mathfrak{K} = \mathfrak{K}G_kG_i\mathfrak{K}$ $= \mathfrak{K}G_k \cdot \mathfrak{K}G_i$.

Aufgabe 97. Man prüfe die letzten Sätze a) an der Gruppe $\mathfrak{D}_4$ (Tafel II) mit Hilfe der Ergebnisse von Aufg. 92 u. 96, b) an der Gruppe § 26, Beisp. 1; nimmt man hier etwa $A = \begin{pmatrix} A & 0 \\ 0 & A^2 \end{pmatrix}$,

$B = \begin{pmatrix} 0 & A \\ A & 0 \end{pmatrix}$ als erzeugende Elemente, so ist die Abbildung $B \to A$, $A \to E$ ein Endomorphismus, der das Zentrum in eine andere Untergruppe überführt.

**Satz 90.** Die Kommutatorgruppe einer Gruppe ist in jedem anderen Normalteiler enthalten, der eine abelsche Faktorgruppe liefert.

Hat nämlich die Gruppe $\mathfrak{G}$ die Kommutatorgruppe $\mathfrak{K}$ und einen Normalteiler $\mathfrak{N}$ und ist $\mathfrak{G}/\mathfrak{N}$ abelsch, so sind irgend zwei Restklassen vertauschbar, es ist

$$G\mathfrak{N} \cdot G'\mathfrak{N} = G'\mathfrak{N} \cdot G\mathfrak{N} \quad \text{oder weil } \mathfrak{N} \text{ Normalteiler,}$$
$$\mathfrak{N}GG'\mathfrak{N} = \mathfrak{N}G'G\mathfrak{N} \quad \text{oder } GG'\mathfrak{N} = G'G\mathfrak{N} = GG'K\mathfrak{N}$$
$$\text{wenn } K \in \mathfrak{K},$$
$$\text{also} \quad \mathfrak{N} = K\mathfrak{N}, \text{ d. h. } K \in \mathfrak{N}.$$

Da $G$, $G'$ jedes Paar von Elementen aus $\mathfrak{G}$ sein kann, kann $K$ jeder Kommutator sein, es ist also $\mathfrak{K} \subseteq \mathfrak{N}$.

# IX. Abelsche Gruppen

## § 45. Darstellung der Elemente einer zyklischen Gruppe

Die in § 8 eingeführten zyklischen Gruppen sind spezielle abelsche Gruppen (§ 23). Es wird zunächst für zyklische Gruppen eine Darstellung als direkte Produkte (§ 31) von Untergruppen abgeleitet, die sich dann auf abelsche Gruppen übertragen läßt.

**Satz 91.** Ist $Z$ Element einer zyklischen Gruppe und die Ordnung von $Z$ eine zusammengesetzte Zahl $n = k \cdot l$ mit $(k, l)$[1] $= 1$, so läßt sich $Z$ auf eine und nur eine Weise als Produkt zweier Potenzen von $Z$ schreiben, deren Ordnungen $k$ bzw. $l$ sind.

[1]) $(k, l)$ bedeutet den größten gemeinsamen Teiler von $k$ und $l$.

Nach einem Satz der Zahlentheorie[1]) ist nämlich wegen $(k, l) = 1$ die Gleichung

$$(1) \qquad kx + ly = 1$$

in ganzen Zahlen lösbar und hat, wenn $x_0$, $y_0$ irgendein Lösungspaar ist, die Lösungen $x = x_0 + \nu l$, $y = y_0 - \nu k$ ($\nu$ beliebige ganze Zahl). Nach (1) ist also

$$(2) \qquad Z^1 = Z^{kx+ly} = Z^{ly} \cdot Z^{kx}.$$

Das ist die behauptete Darstellung; denn $Z^l$ hat die Ordnung $k$, da $Z^{lk} = Z^n = E$ und für $k' < k$ $Z^{lk'} \neq E$ ist, weil sonst $n$ nicht die Ordnung von $Z$ wäre. $Z^{ly}$ hat ebenfalls die Ordnung $k$, da $Z^{lyk} = Z^{ny} = E$ und wegen (1) $(y, k) = 1$ ist, also $Z^{lyk'} \neq E$ für $k' < k$. Ebenso hat $Z^{kx}$ die Ordnung $l$.

Die Darstellung (2) ist eindeutig; denn für alle $\nu$ ist $Z^{ly} = Z^{l(y_0 - \nu k)} = Z^{ly_0} \cdot Z^{-\nu kl} = Z^{ly_0}$ und ebenso $Z^{kx} = Z^{kx_0}$.

Beispiel: $Z = (123456)$; $n = 6 = kl = 2 \cdot 3$; $2x + 3y = 1$ hat die Lösung $x_0 = -1$, $y_0 = 1$; daher

$$Z = Z^{kx_0} \cdot Z^{ly_0} = Z^{-2} \cdot Z^3 = (153)(264) \cdot (14)(25)(36).$$

Aufgabe 98. Man untersuche für $Z = (123456789\;10\;11\;12)$ die beiden Fälle a) $k = 3$, $l = 4$, b) $k = 2$, $l = 6$, also $(k, l) \neq 1$.

Wir bilden jetzt aus dem Element $Z$ von der Ordnung $n = kl$ mit $(k, l) = 1$ die zyklische Gruppe $\{Z\}$; dann gilt

**Satz 92.** Die sämtlichen Elemente einer zyklischen Gruppe $\{Z\}$ von der Ordnung $n = kl$ mit $(k, l) = 1$ lassen sich in eindeutiger Weise als Produkte von Potenzen zweier Elemente $Z^k$ und $Z^l$ mit den Ordnungen $l$ bzw. $k$ darstellen: $(Z^k)^x \cdot (Z^l)^y$ für $x = 1, 2, \ldots, l$ und $y = 1, 2, \ldots, k$ sind sämtliche Elemente.

Es ergeben sich nämlich $l \cdot k = n$ Elemente, so daß nur zu zeigen ist, daß alle verschieden sind. Ist

$$(Z^k)^{x_1} \cdot (Z^l)^{y_1} = (Z^k)^{x_2} \cdot (Z^l)^{y_2}$$

oder

$$Z^{k(x_1 - x_2) + l(y_1 - y_2)} = E\,,$$

[1]) Siehe etwa Scholz-Schoeneberg, Einführung in die Zahlentheorie, Samml. Göschen, Bd. 1131, § 11.

so ist $k(x_1 - x_2) + l(y_1 - y_2)$ teilbar durch $n = kl$, also wegen $(k, l) = 1$ $x_1 - x_2$ teilbar durch $l$, $y_1 - y_2$ durch $k$, folglich wegen $x_1, x_2 \leqq l$, $y_1, y_2 \leqq k$ $x_1 - x_2 = 0$, $y_1 - y_2 = 0$ oder $x_1 = x_2$, $y_1 = y_2$.

Aufgabe 99. Man stelle die sämtlichen Elemente der Gruppe $\{Z\}$, wenn $Z$ die Ordnung 12 hat, als Produkte von Potenzen der zwei Elemente $Z^3$ und $Z^4$ dar.

## § 46. Die zyklische Gruppe als direktes Produkt von Untergruppen

Nach § 9 sind $\{Z^k\}$ und $\{Z^l\}$ selbst zyklische Gruppen mit Ordnung $l$ bzw. $k$. Sie erfüllen die Bedingungen für die Bildung eines direkten Produktes nach § 31; denn jedes Element der einen Gruppe ist mit jedem der anderen Gruppe vertauschbar, da alle Potenzen desselben Elements $Z$ sind; ferner ist wegen $(k, l) = 1$ jedes Element der einen Gruppe von jedem der anderen verschieden mit Ausnahme der beiden Einselemente. Satz 92 läßt sich daher auch aussprechen als

**Satz 93.** Eine zyklische Gruppe $\{Z\}$ von der Ordnung $n = kl$ mit $(k, l) = 1$ ist das direkte Produkt zweier zyklischer Gruppen mit den Ordnungen $l$ bzw. $k$, sie ist in diese beiden Faktoren „zerlegbar“:

$$\{Z\} = \{Z^k\} \times \{Z^l\}.$$

Aufgabe 100. Man beweise, daß sich umgekehrt ein direktes Produkt $\mathfrak{Z}_k \times \mathfrak{Z}_l$ zweier zyklischer Gruppen mit den Ordnungen $k$ bzw. $l$ mit $(k, l) = 1$, wenn sie Untergruppen einer umfassenderen Gruppe sind, als eine zyklische Gruppe der Ordnung $kl$ auffassen läßt, daß also mindestens **ein** Element der Ordnung $kl$ vorkommt.

Aufgabe 101. Warum läßt sich $\mathfrak{Z}_8$ nicht in der Form $\mathfrak{Z}_4 \times \mathfrak{Z}_2$ darstellen?

Aufgabe 102. Man beweise die Verallgemeinerung des Satzes der Aufgabe 100: Ein direktes Produkt $\mathfrak{Z}_k \times \mathfrak{Z}_l$ mit $(k, l) = d$ läßt sich als direktes Produkt $\mathfrak{Z}_d \times \mathfrak{Z}_m$ schreiben, wobei $m = kl/d$ das kleinste gemeinsame Vielfache von $k$ und $l$ ist.

Aufgabe 103. Man beweise, daß die unendliche zyklische Gruppe „unzerlegbar“ ist, d. h. nicht als direktes Produkt darstellbar.

Satz 93 kann man verallgemeinern:

**Satz 94.** Eine zyklische Gruppe $\{Z\}$ von der Ordnung $n = n_1 n_2 \ldots n_i \ldots n_r$, wo die $n_i$ paarweise teilerfremd sind, ist das direkte Produkt von $r$ zyklischen Gruppen mit den Ordnungen $n_1, n_2, \ldots n_r$:

$$\{Z\} = \left\{Z^{\frac{n}{n_1}}\right\} \times \left\{Z^{\frac{n}{n_2}}\right\} \times \ldots \times \left\{Z^{\frac{n}{n_r}}\right\}.$$

Wendet man nämlich Satz 93 an, indem man $n_1$ als $k$ und $n_2 n_3 \ldots n_r$ als $l$ auffaßt, so wird

$$\{Z\} = \{Z^{n_1}\} \times \{Z^{n_2 n_3 \cdots n_r}\}.$$

Wendet man auf den ersten Faktor wieder denselben Satz an, indem man $Z^{n_1}$ (von der Ordnung $n_2 n_3 \ldots n_r$) als $Z$, $n_2$ als $k$ und $n_3 n_4 \ldots n_r$ als $l$ auffaßt, so wird

$$\{Z\} = \{Z^{n_1 n_2}\} \times \{Z^{n_1 n_3 n_4 \cdots n_r}\} \times \{Z^{n_2 n_3 \cdots n_r}\}.$$

So fährt man fort ($Z^{n_1 n_2}$ als $Z$, $n_3$ als $k$, $n_4 n_5 \ldots n_r$ als $l$) und erhält

$$\{Z\} = \{Z^{n_1 n_2 n_3}\} \times \{Z^{n_1 n_2 n_4 \cdots n_r}\} \times \{Z^{n_1 n_3 n_4 \cdots n_r}\} \times \{Z^{n_2 n_3 \cdots n_r}\},$$

schließlich

$$\{Z\} = \{Z^{n_1 n_2 \cdots n_{r-1}}\} \times \{Z^{n_1 n_2 \cdots n_{r-2} n_r}\} \times \ldots \times \{Z^{n_2 n_3 \cdots n_r}\}.$$

Aufgabe 104. Man beweise den Satz der Zahlentheorie: Ist $n = n_1 n_2 \cdots n_i \cdots n_r$ mit paarweise teilerfremden $n_i$, so ist

$$\frac{n}{n_1} x_1 + \frac{n}{n_2} x_2 + \cdots + \frac{n}{n_i} x_i + \cdots + \frac{n}{n_r} x_r$$

$$\text{für } x_i = 1, 2, \ldots, n_i, \quad i = 1, 2, \ldots, r$$

jeder der Zahlen $1, 2, \ldots, n$ genau einmal kongruent modulo $n$.

Aufgabe 105. Man stelle $\mathfrak{Z}_{30}$ nach Satz 94 als direktes Produkt von drei zyklischen Gruppen dar.

Speziell liegen paarweise teilerfremde Faktoren $n_1, n_2, \ldots, n_r$ vor, wenn $n$ als Produkt von Potenzen verschiedener Primzahlen geschrieben wird: $n = p_1^{\alpha_1} p_2^{\alpha_2} \ldots p_r^{\alpha_r}$. Man kann also jede zyklische Gruppe, deren Ordnung $r \geqq 2$ verschiedene Primzahlen enthält, als direktes Produkt der obigen Art darstellen. Jedes Element ist dann Produkt aus $r$ Faktoren, von denen je einer Element jedes direkten Faktors ist.

Eine abelsche Gruppe, deren sämtliche Elemente eine Potenz ein und derselben Primzahl als Ordnung haben, heißt „primär". Jede zyklische Gruppe, deren Ordnung Potenz einer einzigen Primzahl ist, ist also primär. Es gilt somit

**Satz 95.** Jede endliche zyklische Gruppe ist in ein direktes Produkt primärer zyklischer Gruppen zerlegbar.

Daß damit die weitestgehende Zerlegung erreicht ist, zeigt

**Satz 96.** Eine primäre zyklische Gruppe ist unzerlegbar.

Ist nämlich $\{Z\}$ eine zyklische Gruppe von der Ordnung $p^\alpha$, so sind ihre echten Untergruppen $\{Z^p\}, \{Z^{p^2}\}, \ldots, \{Z^{p^{\alpha-1}}\}$. Davon ist jede in der vorhergehenden enthalten, Bedingung 4 (S. 69), der die Faktoren eines direkten Produktes unterliegen, ist also nicht erfüllt.

## § 47. Basis einer Gruppe

Setzen wir in Satz 94 die Gruppe $\{Z\} = \mathfrak{A}$ und ihre Elemente

$$Z^{\frac{n}{n_1}} = A_1, \; Z^{\frac{n}{n_2}} = A_2, \ldots, \; Z^{\frac{n}{n_r}} = A_r, \text{ so ist}$$
$$\mathfrak{A} = \{A_1\} \times \{A_2\} \times \ldots \times \{A_r\}.$$

Jedes Element von $\mathfrak{A}$ wird genau einmal dargestellt durch

$$A_1^{x_1} \cdot A_2^{x_2} \cdot \ldots \cdot A_i^{x_i} \cdot \ldots \cdot A_r^{x_r} \text{ für } x_i = 1, 2, \ldots, n_i,$$
$$i = 1, 2, \ldots, r.$$

Ein solches System $A_1, A_2, \ldots, A_r$ von Elementen einer Gruppe heißt eine „Basis" dieser Gruppe; wenn die Basis aus $r$ Elementen besteht, eine „$r$-gliedrige Basis". In diesem Sinne ist für die Gruppe $\mathfrak{A} = \{Z\}$ das Element $Z$ bereits eine eingliedrige Basis. Wenn die Ordnung $n$ der Gruppe $\mathfrak{A}$

sich in teilerfremde Faktoren zerlegen läßt, gibt es auch eine oder mehrere mehrgliedrige Basen.

Aufgabe 106. Man gebe für die Gruppe der Aufgabe 105 auch zweigliedrige Basen an.

Wir fragen jetzt, ob es Basen nur für zyklische Gruppen gibt, ob nicht vielleicht auch die abelschen Gruppen, deren Elemente die hier notwendige Eigenschaft der Vertauschbarkeit besitzen, Basen haben oder, was hier dasselbe ist, als direkte Produkte zyklischer Gruppen dargestellt werden können. Das wird sich für solche abelsche Gruppen beweisen lassen, die eine endliche Menge von Erzeugenden besitzen. Zunächst hebt der folgende Satz den Sonderfall der zyklischen Gruppen noch klar heraus:

**Satz 97.** Wenn eine abelsche Gruppe eine Basis besitzt, deren Elemente paarweise teilerfremde Ordnungen haben, ist sie zyklisch.

Hat nämlich die abelsche Gruppe $\mathfrak{A}$ eine Basis $A_1, A_2, \ldots, A_r$ mit den paarweise teilerfremden Ordnungen $n_1, n_2, \ldots, n_r$ und ist $n_1 n_2 \ldots n_r = n$, so hat das Produkt der Basiselemente $A = A_1 A_2 \ldots A_r$ die Ordnung $n$. Denn wegen der Vertauschbarkeit der $A_i$ ist

$$(A_1 A_2 \ldots A_r)^n = A_1^n A_2^n \ldots A_r^n = E$$

und wegen der Teilerfremdheit der $n_i$ ist $n$ die kleinste Zahl dieser Art. $\{A\}$ ist also eine zyklische Gruppe der Ordnung $n$. Es wird gezeigt, daß sie mit $\mathfrak{A}$ zusammenfällt. Ihre Elemente sind nämlich

$$A^\nu = A_1^\nu A_2^\nu \ldots A_r^\nu \quad \text{für } \nu = 1, 2, \ldots, n.$$

Reduziert man jedes $\nu$ als Hochzahl von $A_i$ mod $n_i$ zu einem $\nu_i \leqq n_i$, so daß

$$A^\nu = A_1^{\nu_1} A_2^{\nu_2} \ldots A_r^{\nu_r}$$

wird, so sieht man, daß jedes Element $A^\nu$ der Gruppe $\{A\}$ mit einem Element der Gruppe $\mathfrak{A}$ übereinstimmt (vgl. den Satz der Aufg. 104).

Aus Satz 97 folgt: Wenn eine nichtzyklische abelsche Gruppe eine Basis besitzt, müssen deren Elemente Ordnungen haben, die nicht durchweg paarweise teilerfremd sind.

## § 48. Direktes Produkt gegebener zyklischer Gruppen[1])

Ehe wir uns der im vorigen Paragraphen angekündigten Untersuchung allgemeinerer abelscher Gruppen zuwenden, betrachten wir noch den Fall, daß direkte Produkte nicht durch Zerlegung von Gruppen entstehen, sondern aus einer endlichen Menge gegebener Gruppen aufgebaut werden. Das kann für irgendwelche Gruppen nach dem in § 31 angegebenen Verfahren geschehen.

Sind die Gruppen $\mathfrak{A}_i$ $(i = 1, 2, \ldots, n)$ zyklisch, also von je einem Element $A_i$ erzeugt und erfüllen sie die in § 31 angeführten Bedingungen für die Bildung eines direkten Produkts $\mathfrak{A} = \mathfrak{A}_1 \times \mathfrak{A}_2 \times \ldots \times \mathfrak{A}_n$ (z. B. wenn die $A_i$ Permutationen sind, die keine gemeinsamen Ziffern enthalten), so ist jedes Element $A$ von $\mathfrak{A}$ eindeutig darstellbar in der Form

$$A = A_1^{\alpha_1} A_2^{\alpha_2} \ldots A_n^{\alpha_n} \; (\alpha_i = 1, 2, \ldots, a_i;\; a_i \text{ Ordnung von } A_i).$$

Die sämtlichen Elemente $A_i$ bilden eine Basis der Gruppe $\mathfrak{A}$, die im allgemeinen nicht mehr zyklisch, aber abelsch ist.

Aufgabe 107. Man bilde eine abelsche Gruppe 12ter Ordnung als direktes Produkt der Gruppen $\mathfrak{Z}_6 = \{(123456)\}$ und $\mathfrak{Z}_2 = \{(78)\}$.

Besonders wichtig für die weiteren Untersuchungen ist der Fall eines direkten Produktes von $n$ **unendlichen** zyklischen Gruppen mit den Erzeugenden $U_1, U_2, \ldots, U_n$. Dieses direkte Produkt, das eine abelsche Gruppe ist und nach dem Verfahren von § 31 gebildet werden kann, soll, um die Anzahl $n$ der direkten Faktoren zu kennzeichnen, mit $\mathfrak{U}_n$ bezeichnet werden:

$$\mathfrak{U}_n = \{U_1\} \times \{U_2\} \times \ldots \times \{U_n\}.$$

[1]) Für die folgenden Untersuchungen wäre die in der Regel verwandte additive Schreibweise der Gruppenoperation statt der bisher durchweg gebrauchten multiplikativen etwas bequemer. Aus didaktischen Gründen wird hier darauf verzichtet. (Siehe A. G. Kurosch, Gruppentheorie, 5. Kap.; die dortigen Untersuchungen werden hier multiplikativ durchgeführt.)

Nach Satz 10 sind alle $\{U_i\}$ untereinander isomorph. Die Elemente $U_i$ bilden eine Basis für $\mathfrak{U}_n$, die Elemente von $\mathfrak{U}_n$ sind

$$U = U_1^{\alpha_1} U_2^{\alpha_2} \ldots U_n^{\alpha_n}, \quad \alpha_i = 0, \pm 1, \pm 2, \ldots .$$

Weiterhin spielt die Möglichkeit eine Rolle, die Basis $U_1, U_2, \ldots, U_n$ umzuwandeln, zu „transformieren". Man kann statt eines Elements $U_i$ auch $U_i U_k^{\alpha}$ als Basiselement benützen, wo $U_k$ irgendein anderes Basiselement und $\alpha$ eine beliebige ganze Zahl ist; denn auch

$$U_1^{\alpha_1'} U_2^{\alpha_2'} \ldots U_{i-1}^{\alpha_{i-1}'} (U_i U_k^{\alpha})^{\alpha_i'} U_{i+1}^{\alpha_{i+1}'} \ldots U_k^{\alpha_k'} \ldots U_n^{\alpha_n'}$$

stellt jedes Element $U_1 U_2 \ldots U_n$ dar, man braucht nur $\alpha_k' = \alpha_k - \alpha\alpha_i'$, alle übrigen $\alpha_i' = \alpha_i$ zu setzen.

Ebenso ergibt sich, daß man statt eines Basiselements $U_i$ auch $U_i U_k^{\alpha} U_l^{\beta} U_m^{\gamma} \ldots$ benützen kann ($U_k, U_l, U_m, \ldots$ von $U_i$ verschiedene Basiselemente, $\alpha, \beta, \gamma, \ldots$ ganze Zahlen).

Da die Gruppe $\mathfrak{U}_n$ abelsch ist, ist jede Untergruppe $\mathfrak{B}$ Normalteiler, man kann also mit ihr die Faktorgruppe $\mathfrak{U}_n/\mathfrak{B}$ bilden.

### § 49. Isomorphie abelscher Gruppen mit den Faktorgruppen $\mathfrak{U}_n/\mathfrak{B}$

Beschränken wir die abelschen Gruppen auf solche mit einer endlichen Menge von Erzeugenden, so läßt sich die Lösung unserer Aufgabe, abelsche Gruppen als direkte Produkte zyklischer Gruppen darzustellen, skizzieren: Abelsche Gruppen mit endlich vielen Erzeugenden hängen eng zusammen mit unseren Faktorgruppen $\mathfrak{U}_n/\mathfrak{B}$, diese aber können, wie sich zeigen wird, als direkte Produkte zyklischer Gruppen dargestellt werden.

**Satz 98.** Zu jeder abelschen Gruppe $\mathfrak{A}$ mit einer endlichen Anzahl $n$ von Erzeugenden gibt es eine Untergruppe $\mathfrak{B}$ der Gruppe $\mathfrak{U}_n$, so daß

$$\mathfrak{A} \cong \mathfrak{U}_n/\mathfrak{B}.$$

Haben nämlich $\mathfrak{A}$ und $\mathfrak{U}_n$ die Erzeugenden $A_1, A_2, \ldots, A_n$ bzw. $U_1, U_2, \ldots, U_n$, so ist die Zuordnung

$$U_1^{\alpha_1} U_2^{\alpha_2} \ldots U_n^{\alpha_n} \to A_1^{\alpha_1} A_2^{\alpha_2} \ldots A_n^{\alpha_n}$$

eine homomorphe Abbildung von $\mathfrak{U}_n$ auf $\mathfrak{A}$. Ist $\mathfrak{V}$ diejenige Untergruppe von $\mathfrak{U}_n$, deren Elemente der Einheit von $\mathfrak{A}$ zugeordnet sind, so folgt nach dem Homomorphiesatz die Behauptung.

$A_1^{\alpha_1} A_2^{\alpha_2} \ldots A_n^{\alpha_n}$ stellt im allgemeinen Elemente vor, unter denen unendlich viele gleiche sind. Ist z. B. $\mathfrak{A} = \mathfrak{Z} \times \mathfrak{Z}'$ direktes Produkt zweier endlicher zyklischer Gruppen mit den Ordnungen $a_1$ bzw. $a_2$, so stellen $A_1^{\alpha_1}$ und $A_2^{\alpha_2}$ nur $a_1$ bzw. $a_2$ verschiedene Elemente vor, wenn $\alpha_1$ und $\alpha_2$ alle ganzen Zahlen durchlaufen. Es ist

$$A_1^{\alpha_1} A_2^{\alpha_2} = E \text{ für } \alpha_1 = 0, \pm a_1, \pm 2a_1 \ldots, \quad \alpha_2 = 0, \pm a_2, \pm 2a_2, \ldots .$$

Hier besteht $\mathfrak{V}$ aus den Elementen $U_1^{\mu a_1} U_2^{\nu a_2}$ ($\mu, \nu$ ganze Zahlen).

$$\begin{aligned} \mathfrak{U}_2/\mathfrak{V} = {} & \mathfrak{V} + U_1\mathfrak{V} + U_1^2\mathfrak{V} + \ldots + U_1^{a_1-1}\mathfrak{V} \\ & + U_2\mathfrak{V} + U_1U_2\mathfrak{V} + U_1^2U_2\mathfrak{V} + \ldots + U_1^{a_1-1}U_2\mathfrak{V} \\ & + \ldots\ldots\ldots\ldots\ldots\ldots \\ & + U_2^{a_2-1}\mathfrak{V} + \ldots\ldots\ldots + U_1^{a_1-1}U_2^{a_2-1}\mathfrak{V} \cong \mathfrak{A}. \end{aligned}$$

Aufgabe 108. Eine abelsche Gruppe $\mathfrak{A}$ wird erzeugt von 2 Elementen $U$ und $A$, wo $\{U\}$ eine unendliche zyklische Gruppe und $\{A\}$ eine endliche mit Ordnung $a$ ist. Man stelle die mit $\mathfrak{A}$ isomorphe Gruppe $\mathfrak{U}_2/\mathfrak{V}$ auf.

Satz 98 führt uns dazu, die Untergruppen $\mathfrak{V}$ der Gruppe $\mathfrak{U}_n$ näher zu untersuchen.

## § 50. Die Untergruppen der Gruppe $\mathfrak{U}_n$

**Satz 99.** Jede von $\mathfrak{E}$ verschiedene Untergruppe $\mathfrak{V}$ der Gruppe $\mathfrak{U}_n$ enthält eine unendliche zyklische Gruppe $\mathfrak{V}_1 = \{V_1\}$ als Untergruppe. Dabei ist $V_1 = U_1'^{b_1}$, wo $U_1'$

ein geeignetes Basiselement von $\mathfrak{U}_n$ und $\varepsilon_1$ die kleinste positive Hochzahl ist, die bei der Darstellung der Elemente von $\mathfrak{B}$ durch irgendeine Basis vorkommt.

Zum Beweis betrachten wir die Elemente von $\mathfrak{B}$. Sie sind als Elemente von $\mathfrak{U}_n$ von der Form

$$V = U_1^{\alpha_1} U_2^{\alpha_2} \dots U_n^{\alpha_n}.$$

Transformieren wir die Basis irgendwie, so treten neue Hochzahlen $\alpha_1', \alpha_2', \dots, \alpha_n'$ auf. $\varepsilon_1$ sei die kleinste Hochzahl, die bei der Darstellung der Elemente V durch irgendeine Basis vorkommt. Der Einfachheit halber seien die Elemente einer solchen Basis, bei der $\varepsilon_1$ auftritt, wieder mit

$$(1) \qquad U_1, U_2, \dots, U_n$$

bezeichnet und so numeriert, daß $\varepsilon_1$ gerade bei $U_1$ auftritt. Dann ist also ein gewisses Element von $\mathfrak{B}$

$$(2) \qquad V_1 = U_1^{\varepsilon_1} U_2^{\alpha_2} \dots U_n^{\alpha_n}.$$

Alle weiteren Hochzahlen $\alpha_2, \dots, \alpha_n$ sind nun durch $\varepsilon_1$ teilbar, es ist

$$(3) \qquad \alpha_i = \varepsilon_1 q_i \quad \text{für } i = 2, 3, \dots, n.$$

Ist nämlich $\alpha_i = \varepsilon_1 q_i + r$ ($q_i$ ganze Zahl, $0 \leqq r < \varepsilon_1$), so transformiert man Basis (1) in $U_1', \dots, U_i', \dots, U_n'$ mit $U_1' = U_1 U_i^{q_i}$ oder $U_1 = U_1' U_i^{-q_i}$; damit wird

$$V_1 = (U_1' U_i^{-q_i})^{\varepsilon_1} U_2^{\alpha_2} \dots U_i^{\varepsilon_1 q_i + r} \dots U_n^{\alpha_n} = U_1'^{\varepsilon_1} \dots U_i^r \dots U_n^{\alpha_n}.$$

Es muß also $r = 0$ sein, sonst gäbe es eine Hochzahl $r < \varepsilon_1$ gegen die Erklärung von $\varepsilon_1$.

Die Darstellung (2) des Elements $V_1$ können wir nunmehr schreiben

$$(4) \qquad V_1 = U_1^{\varepsilon_1} U_2^{\varepsilon_1 q_2} \dots U_n^{\varepsilon_1 q_n}.$$

Das so dargestellte $V_1$ kann nun durch eine neue Transformation der Basis in

$$(5) \qquad U_1', U_2, \dots, U_n$$

durch das erste Basiselement allein ausgedrückt werden. Man setzt

$$U'_1 = U_1 U_2^{q_2} \dots U_n^{q_n}, \text{ also } U_1 = U'_1 U_2^{-q_2} \dots U_n^{-q_n}$$

und erhält

$$(6) \qquad V_1 = U_1'^{\varepsilon_1}.$$

$\{V_1\}$ ist also eine unendliche zyklische Gruppe der behaupteten Art.

Aufgabe 109. Eine Gruppe $\mathfrak{U}_3$ sei das direkte Produkt dreier unendlicher zyklischer Gruppen mit den Erzeugenden $a$ bzw. $b$ bzw. $c$, z. B.

$$U_1 = 1, a^{\pm 1}, a^{\pm 2}, a^{\pm 3}, \dots,$$

$\mathfrak{V}$ bestehe aus den Elementen $c^{2\alpha}$, $abc^{2\alpha}$, $a^{-1}b^{-1}c^{2\alpha}$, $a^2b^2c^{2\alpha}$, $a^{-2}b^{-2}c^{2\alpha}, \dots$ ($\alpha$ beliebige ganze Zahl, $a$ und $b$ haben in jedem Element gleiche Hochzahlen). Man bestimme $V_1$ nach Satz 99.

**Satz 100.** Jede von $\mathfrak{E}$ verschiedene Untergruppe $\mathfrak{V}$ der Gruppe $\mathfrak{U}_n$ ist direktes Produkt der Gruppe $\{V_1\}$ und einer Untergruppe $\mathfrak{V}_{n-1}$, die nur noch höchstens die $n-1$ übrigen Basiselemente $U_2, U_3, \dots, U_n$ enthält:

$$\mathfrak{V} = \{V_1\} \times \mathfrak{V}_{n-1}.$$

Stellen wir nämlich alle Elemente von $\mathfrak{V}$ durch die Basis (5) dar, so haben sie die Form

$$V = U_1'^{\alpha_1} U_2^{\alpha_2} \dots U_n^{\alpha_n}, \text{ oder}$$

wenn $\alpha_1 = \varepsilon_1 q + r$ ist, wo $q$ eine ganze Zahl und $r < \varepsilon_1$,

$$V = U_1'^{\varepsilon_1 q} U_1'^{r} U_2^{\alpha_2} \dots U_n^{\alpha_n} = V_1^q U_1'^{r} U_2^{\alpha_2} \dots U_n^{\alpha_n}.$$

$$V_1^{-q} V = U_1'^{r} U_2^{\alpha_2} \dots U_n^{\alpha_n}$$

ist dann ebenfalls ein in $\mathfrak{V}$ vorkommendes Element; in der Darstellung auf der rechten Seite kann aber nur $r = 0$ sein, weil sonst eine Hochzahl $< \varepsilon_1$ vorkäme. Damit ist das beliebige Element $V$ von $\mathfrak{V}$

$$V = V_1^q \cdot (U_2^{\alpha_2} \dots U_n^{\alpha_n}),$$

also Produkt aus einem Element von $\{V_1\}$ und einem Element, das aus den übrigen Basiselementen aufgebaut ist.

Aufgabe 110. Man stelle die Gruppe $\mathfrak{B}$ der Aufgabe 109 als direktes Produkt $\{V_1\} \times \mathfrak{B}_2$ dar.

**Satz 101.** Jede von $\mathfrak{E}$ verschiedene Untergruppe $\mathfrak{B}$ der Gruppe $\mathfrak{U}_n$ ist selbst direktes Produkt von $k \leq n$ unendlichen zyklischen Gruppen $\{V_i\}$; dabei ist $V_i = U_i'^{\varepsilon_i}$, die $U_i'$ sind geeignete Basiselemente von $\mathfrak{U}_n$, $i = 1, 2, \ldots, k$.

Der Satz gilt offensichtlich für $n = 1$ ($\mathfrak{U}_1$ unendliche zyklische Gruppe) und wird durch Schluß von $n - 1$ auf $n$ bewiesen. Gilt er für $n - 1$, so hat die Gruppe $\mathfrak{U}_{n-1}$ mit den Elementen $U_2^{\alpha_2} \ldots U_n^{\alpha_n}$ ($\alpha_i$ ganze Zahl) nur Untergruppen, die selbst wieder direkte Produkte von $k \leq n - 1$ unendlichen zyklischen Gruppen sind. Die Gruppe $\mathfrak{B}_{n-1}$ des Satzes 100 ist eine solche Untergruppe, sie ist also nach unserer Annahme direktes Produkt von höchstens $n - 1$ unendlichen zyklischen Gruppen. Nach Satz 100 ist

$$\mathfrak{B}_{n-1} = \{V_2\} \times \mathfrak{B}_{n-2}, \text{ wobei } V_2 = U_2'^{\varepsilon_2}$$

($\varepsilon_2 \geqq \varepsilon_1$ nach Voraussetzung über $\varepsilon_1$). So kann man fortfahren, bis nach $k - 1$, höchstens $n - 1$ Schritten eine unendliche zyklische Gruppe übrigbleibt $\mathfrak{B}_1 = \{V_n\}$, wo $V_n = U_n'^{\varepsilon_n}$. Damit wird

$$\mathfrak{B} = \{V_1\} \times \{V_2\} \times \ldots \times \{V_n\}, \quad V_i = U_i'^{\varepsilon_i}.$$

**Satz 102.** Die Basen für die Untergruppe $\mathfrak{B}$ des Satzes 101 lassen sich so bestimmen, daß jede der positiven ganzen Hochzahlen $\varepsilon_{i+1} \geqq \varepsilon_i$ und sogar durch $\varepsilon_i$ teilbar ist

$$(i = 1, 2, \ldots, n - 1).$$

Es genügt, zu beweisen, daß $\varepsilon_2$ durch $\varepsilon_1$ teilbar ist. Ist $\varepsilon_2 = \varepsilon_1 q + r$ mit $0 \leq r < \varepsilon_1$, so betrachten wir das Element von $\mathfrak{B}$

$$V_2 V_1^{-1} = U_2'^{\varepsilon_2} U_1'^{-\varepsilon_1} = U_2'^{\varepsilon_1 q + r} U_1'^{-\varepsilon_1}.$$

Durch geeignete Transformation kann man wieder den Faktor $U_2'^{r}$ herstellen, woraus nach der Erklärung von $\varepsilon_1$ folgt, daß $r = 0$ sein muß. Man setzt

$$U_1'' = U_1' U_2'^{-q}, \text{ also } U_1' = U_1'' U_2'^{q} \text{ und erhält}$$
$$V_2 V_1^{-1} = U_1''^{-\varepsilon_1} U_2'^{r}.$$

Aufgabe 111. $\mathfrak{U}_3 = \{a\} \times \{b\} \times \{c\}$; $\mathfrak{B}$ besteht aus den Elementen $V = a^{2\alpha} b^{12\beta} c^{8\gamma}$ ($\alpha, \beta, \gamma$ ganze Zahlen); gesucht ist eine Darstellung von $\mathfrak{B}$ nach Satz 101.

## § 51. Hauptsatz über abelsche Gruppen mit endlich vielen Erzeugenden

**Satz 103.** Jede abelsche Gruppe mit einer endlichen Menge von Erzeugenden ist entweder zyklisch oder läßt sich als direktes Produkt von zyklischen Gruppen darstellen, anders ausgedrückt: eine solche Gruppe hat eine Basis. Bei endlichen Gruppen ist die Ordnung das Produkt der Ordnungen der Basiselemente.

Nach Satz 98 ist die abelsche Gruppe mit $n$ Erzeugenden isomorph mit einer Faktorgruppe $\mathfrak{U}_n/\mathfrak{B}$, wo $\mathfrak{U}_n$ direktes Produkt von $n$ unendlichen zyklischen Gruppen $\{U_i\}$ und $\mathfrak{B}$ eine gewisse Untergruppe von $\mathfrak{U}_n$ ist. Der Satz braucht also nur für $\mathfrak{U}_n/\mathfrak{B}$ bewiesen zu werden.

Nach den Sätzen 101 und 102 gibt es für $\mathfrak{B}$ eine Darstellung

$$\mathfrak{B} = \{V_1\} \times \{V_2\} \times \ldots \times \{V_i\} \times \ldots \times \{V_k\},$$

wobei

$$V_i = U_i^{\varepsilon_i} (i = 1, 2, \ldots, k) \text{ und } \varepsilon_i \mid \varepsilon_{i+1} (i = 1, 2, \ldots, k-1),$$

wenn die $U_i$ geeignet gewählt sind.

Für ein Element von $\mathfrak{U}_n$

(1) $$U = U_1^{\alpha_1} U_2^{\alpha_2} \ldots U_n^{\alpha_n} \text{ gilt also}$$

(2) $$U \in \mathfrak{B}, \text{ wenn}$$

(3) $\alpha_i = \varepsilon_i q_i$ für $i = 1, 2, \ldots, k$ und $\alpha_i = 0$ für $i > k$,

$q_i$ ganze Zahl.

Bedingung (3) ist aber auch notwendig für das Zutreffen von (2); denn wenn für ein Element $U$ der Form (1) Beziehung (2) gilt, also

$$U = V_1^{\beta_1} V_2^{\beta_2} \ldots V_k^{\beta_k} \ (\beta_i \text{ ganze Zahlen}) \text{ oder}$$

(4) $$U = U_1^{\varepsilon_1 \beta_1} U_2^{\varepsilon_2 \beta_2} \ldots U_k^{\varepsilon_k \beta_k} U_{k+1}^0 U_{k+2}^0 \ldots U_n^0$$

ist, so ist wegen der Eindeutigkeit der Darstellung

$$\alpha_i = \varepsilon_i \beta_i \text{ für } i = 1, 2, \ldots, k \text{ und } \alpha_i = 0 \text{ für } i > k$$

es gilt Bedingung (3).

Die Faktorgruppe $\mathfrak{U}_n/\mathfrak{V}$ ist

$$\mathfrak{U}_n/\mathfrak{V} = \mathfrak{V} + U_\alpha \mathfrak{V} + U_\beta \mathfrak{V} + \ldots;$$

dabei sind $U_\alpha \mathfrak{V}, U_\beta \mathfrak{V}, \ldots$ sämtliche voneinander verschiedenen Restklassen; solche sind[1]), da die Elemente von $\mathfrak{V}$ von der Form (4) sind, also

für $i \leqq k$ die Elemente $U_i, U_i^2, \ldots, U_i^{\varepsilon_i - 1}$

für $i > k$ die Elemente $U_i^{\pm 1}, U_i^{\pm 2}, \ldots$, i. inf.

nicht zu $\mathfrak{V}$ gehören, die mit solchen Elementen oder Produkten solcher Elemente gebildeten Restklassen. Man erhält alle verschiedenen Restklassen, wenn man das direkte Produkt bildet:

$$\mathfrak{U}_n/\mathfrak{V} = \{U_1\mathfrak{V}\} \times \{U_2\mathfrak{V}\} \times \ldots \times \{U_k\mathfrak{V}\} \times \{U_{k+1}\mathfrak{V}\} \times \ldots \times \{U_n\mathfrak{V}\}.$$

Für $i \leqq k$ besteht $\{U_i\mathfrak{V}\}$ aus den Elementen $\mathfrak{V}, U_i\mathfrak{V}, \ldots, U_i^{\varepsilon_i - 1}\mathfrak{V}$ (endl. zykl. Gr.),

für $i > k$ besteht $\{U_i\mathfrak{V}\}$ aus unendlich vielen Elementen $U_i^\alpha \mathfrak{V}$ mit ganzzahligem $\alpha$ (unendl. zykl. Gr.).

Aufgabe 112. Man stelle zur abelschen Gruppe 12[ter] Ordnung mit den Erzeugenden $A_1 = (12)$, $A_2 = (345678)$ die isomorphe Faktorgruppe $\mathfrak{U}_2/\mathfrak{V}$ als direktes Produkt zyklischer Gruppen auf.

Aufgabe 113. Die Menge aller komplexen Zahlen $a + bi$, bei denen $a = 0, 1, 2$ (mod 3 reduzierte ganze Zahl) und $b$ eine gerade Zahl ist, ist eine unendliche abelsche Gruppe, wenn die Addition Gruppenoperation ist. Man suche die isomorphe Gruppe $\mathfrak{U}_2/\mathfrak{V}$ als direktes Produkt zyklischer Gruppen.

Aufgabe 114. Die abelsche Gruppe $\mathfrak{A} = \mathfrak{Z}_4 \times \mathfrak{Z}_{10} = \{A\} \times \{B\}$, wo $A, B$ erzeugende Elemente von der Ordnung 4 bzw. 10 sind, muß sich nach den obigen Untersuchungen (Satz 102 und 103) so als direktes Produkt zyklischer Gruppen $\mathfrak{Z}_x \times \mathfrak{Z}_y = \{X\} \times \{Y\}$

---

[1]) Wenn $\varepsilon_1 = \varepsilon_2 = \cdots = \varepsilon_h = 1$, $\varepsilon_{h+1} > 1$ ist, fallen $U_1\mathfrak{V}, U_2\mathfrak{V}, \ldots, U_h\mathfrak{V}$ weg, weil dann $U_1^{\varepsilon_1} = U_1$, also $U_1\mathfrak{V} = \mathfrak{V}$ keine neue Restklasse ist; ebenso $U_2\mathfrak{V}, \ldots, U_h\mathfrak{V}$.

darstellen lassen, daß $x$ Teiler von $y$ ist. Man suche passende Erzeugende $X$, $Y$ (durch $A$, $B$ ausgedrückt).

Aufgabe 115. Das direkte Produkt der Vierergruppe $\mathfrak{B} = [E, (12)(34), (13)(24), (14)(23)]$ und der zyklischen Gruppe $\mathfrak{Z}_3 = [E, (567), (576)]$ ist eine abelsche Gruppe $\mathfrak{A}$ von der Ordnung 12. Man suche für $\mathfrak{A}$ eine nach Satz 103 mögliche Darstellung als direktes Produkt zyklischer Gruppen.

## § 52. Endliche abelsche Gruppen

Nach Satz 103 sind die allgemeinen abelschen Gruppen mit endlich vielen Erzeugenden direkte Produkte aus einem unendlichen Teil, der aus isomorphen unendlichen zyklischen Gruppen besteht, und einem endlichen Teil, der ein direktes Produkt endlicher zyklischer Gruppen ist. Diese endlichen zyklischen Gruppen kann man nach Satz 95 noch in primäre zyklische Gruppen zerlegen, es gilt also

**Satz 104.** Jede endliche abelsche Gruppe (die nicht primär zyklisch ist) läßt sich als direktes Produkt primärer zyklischer Gruppen darstellen; eine weitere Zerlegung ist nicht mehr möglich (Satz 96).

Aufgabe 116. Die unter 45 liegenden mit 45 teilerfremden Zahlen bilden eine nichtzyklische abelsche Gruppe von der Ordnung 24 (Gruppenoperation wie § 4, 7). Man stelle sie als direktes Produkt primärer zyklischer Gruppen dar.

Umgekehrt kann man bei einer möglichst weitgehend, also in primäre zyklische Gruppen zerlegten endlichen abelschen Gruppe $\mathfrak{A}$ jeweils die zu einer und derselben Primzahl $p$ gehörigen primären Gruppen wieder zusammenfassen; man erhält wieder eine im allgemeinen nicht mehr zyklische, aber primäre Gruppe $\mathfrak{A}_p$. $\mathfrak{A}_p$ besteht aus allen Elementen, deren Ordnung eine $p$-Potenz ist, und das Produkt zweier solcher Elemente ist wieder von derselben Art (vgl. Aufg. 22).

Das direkte Produkt dieser Gruppen $\mathfrak{A}_p$ für alle vorkommenden Primzahlen $p$ ist wieder die Gruppe $\mathfrak{A}$; die Gruppen $\mathfrak{A}_p$ haben nämlich alle in § 31 geforderten Eigenschaften eines direkten Produktes. Da jedes $\mathfrak{A}_p$ durch die Primzahl $p$ eindeutig bestimmt ist, gibt es nur eine einzige solche Darstellung der Gruppe $\mathfrak{A}$. Wir fassen zusammen zu

**Satz 105.** Jede endliche (nicht primäre) abelsche Gruppe ist in eindeutiger Weise in ein direktes Produkt von primären Untergruppen $\mathfrak{A}_p$ zerlegbar, deren jede aus den sämtlichen Elementen besteht, die eine Potenz einer und derselben Primzahl $p$ als Ordnung haben.

Aufgabe 117. Man stelle die Gruppe der Aufgabe 116 nach Satz 105 als direktes Produkt von Gruppen $\mathfrak{A}_p$ dar.

Die Zerlegung einer endlichen abelschen Gruppe in ein direktes Produkt zyklischer Gruppen oder ihre Darstellung durch eine Basis ist nicht eindeutig; im allgemeinen können nicht nur die Basiselemente, sondern auch die Ordnungen der Basiselemente verschieden gewählt werden. Das Letzte ist aber nicht mehr der Fall, wie wir beweisen wollen, wenn möglichst weitgehend zerlegt ist:

**Satz 106.** Die Ordnungen der primären zyklischen Gruppen, in die eine endliche abelsche Gruppe zerlegt ist, stimmen bei jeder Zerlegung bis auf die Reihenfolge überein, sie hängen nicht von der Wahl der Basis ab.

Es braucht nur bewiesen zu werden, daß die Ordnungen der Basiselemente der oben eingeführten primären Gruppen $\mathfrak{A}_p$ eindeutig bestimmt sind, weil sich nach Satz 105 jede endliche abelsche Gruppe eindeutig in solche Gruppen $\mathfrak{A}_p$ zerlegt.

Zwei Basen der Gruppe $\mathfrak{A}_p$ seien $A_1, A_2, \ldots, A_r$ und $B_1, B_2, \ldots, B_s$, deren Ordnungen bzw. $p^{\alpha_1}, p^{\alpha_2}, \ldots, p^{\alpha_r}$ und $p^{\beta_1}, p^{\beta_2}, \ldots, p^{\beta_s}$, und die Basiselemente seien so geordnet, daß $\alpha_1 \geqq \alpha_2 \geqq \ldots \geqq \alpha_r$ und $\beta_1 \geqq \beta_2 \geqq \ldots \geqq \beta_s$ ist. Angenommen, die Ordnungen stimmen nicht durchweg überein, $\beta_i$ sei die erste Zahl, die nicht gleich $\alpha_i$ ist, also

$$(1) \quad \beta_1 = \alpha_1, \beta_2 = \alpha_2, \ldots, \beta_{i-1} = \alpha_{i-1}, \text{ aber } \beta_i > \alpha_i.$$

Die $p^{\alpha_i\text{ten}}$ Potenzen aller Elemente der Gruppe $\mathfrak{A}_p$ bilden eine Untergruppe $\mathfrak{A}'_p$. Als deren Basiselemente kann man die

$p^{\alpha_i}$ten Potenzen der Basiselemente von $\mathfrak{A}_p$ betrachten, soweit sie nicht zu $E$ werden.

Die erste Basis von $\mathfrak{A}_p$ liefert für $\mathfrak{A}'_p$ die Basis $A_1^{p^{\alpha_i}}, A_2^{p^{\alpha_i}}, \ldots, A_{i-1}^{p^{\alpha_i}}$; denn es sind alle weiteren Elemente $A_i^{p^{\alpha_i}}, A_{i+1}^{p^{\alpha_i}}, \ldots, A_r^{p^{\alpha_i}}$ gleich $E$, weil $A_i^{p^{\alpha_i}} = E$ ist, ferner $p^{\alpha_i} \geqq p^{\alpha_{i+1}} \geqq \ldots \geqq p^{\alpha_r}$ und jede dieser $p$-Potenzen durch die folgende teilbar. Die Ordnung der Gruppe $\mathfrak{A}'_p$ ergibt sich als Produkt der Ordnungen der Basiselemente zu[1])

$$a' = p^{\alpha_1-\alpha_i},\, p^{\alpha_2-\alpha_i} \ldots p^{\alpha_{i-1}-\alpha_i}.$$

Aus der zweiten Basis von $\mathfrak{A}_p$ ergeben sich für $\mathfrak{A}'_p$ mindestens die Basiselemente $B_1^{p^{\alpha_i}}, B_2^{p^{\alpha_i}}, \ldots, B_{i-1}^{p^{\alpha_i}}, B_i^{p^{\alpha_i}}$, da $B_i^{p^{\beta_i}} = E$, aber $p^{\alpha_i} < p^{\beta_i}$ ist nach Annahme (1). Danach ist die Ordnung von $A'_p$ mindestens

$$b' = p^{\beta_1-\alpha_i},\, p^{\beta_2-\alpha_i} \ldots p^{\beta_{i-1}-\alpha_i} p^{\beta_i-\alpha_i} = a' p^{\beta_i-\alpha_i},$$

daher $b' > a'$. Annahme (1) führt also auf einen Widerspruch.

Die eindeutig bestimmten Ordnungen der primären zyklischen Gruppen, in die eine endliche abelsche Gruppe zerlegt ist, heißen die „Invarianten" der abelschen Gruppe. Zu jedem System von Invarianten, d. h. von Primzahlpotenzen $p_1^{\alpha_1}, p_2^{\alpha_2}, \ldots, p_n^{\alpha_n}$ (wobei unter den $p_i$ auch gleiche sein können) kann man das direkte Produkt von primären zyklischen Gruppen mit diesen Ordnungen bilden, also eine abelsche Gruppe mit diesen Invarianten. Mit ihr ist jede abelsche Gruppe isomorph, die die gleichen Invarianten hat.

Zu einer vorgeschriebenen Ordnung $n$ gibt es so viele verschiedene (nichtisomorphe) abelsche Gruppen, als sich $n$ als Produkt von Primzahlpotenzen darstellen läßt. Ist $n = p_1^{\alpha_1} p_2^{\alpha_2} \ldots p_r^{\alpha_r}$ ($p_i$ lauter verschiedene Primzahlen), so kann man zunächst $p_1^{\alpha_1}, p_2^{\alpha_2}, \ldots, p_r^{\alpha_r}$ als Invarianten wählen, d. h. die primären zyklischen Gruppen mit diesen Ordnungen aufstellen. Man kann aber auch die $p_i^{\alpha_i}$ noch

[1]) Z. B. $A_1^{p^{\alpha_i}}$ hat, da $A_1$ die Ordnung $p^{\alpha_1}$ hat, die Ordnung $p^{\alpha_1}/p^{\alpha_i} = p^{\alpha_1-\alpha_i}$

je auf so viele Arten zerlegen, als sich $\alpha_i$ als Summe von ganzen positiven Zahlen schreiben läßt; z. B.

| | | |
|---|---|---|
| $n = 4 = 2^2$ | ; es gibt 2 abelsche Gruppen mit den Invarianten | $2^2$ oder 2, 2 |
| $n = 6 = 2 \cdot 3$ | ; „ „ 1 „ „ „ „ „ | 2, 3 |
| $n = 8 = 2^3$ | ; „ „ 3 „ „ „ „ „ | $2^3$ od. $2^2$, 2 od. 2, 2, 2 |
| $n = 9 = 3^2$ | ; „ „ 2 „ „ „ „ „ | $3^2$ od. 3, 3 |
| $n = 10 = 2 \cdot 5$ | ; „ „ 1 „ „ „ „ „ | 2, 5 |
| $n = 12 = 2^2 \cdot 3$ | ; „ „ 2 „ „ „ „ | $2^2$,3 od. 2,2,3 |
| $n = 16 = 2^4$ | ; „ „ 5 „ „ „ „ „ | $2^4$ od. $2^3$, 2 od. $2^2$, $2^2$ od. $2^2$, 2, 2 od. 2, 2, 2, 2. |

Aufgabe 118. Wieviele verschiedene abelsche Gruppen a) mit Ordnung 32, b) mit Ordnung 36 gibt es?

# X. Gruppen mit Operatoren

## § 53. Operatorenbereich einer Gruppe; zulässige Untergruppen

Zunächst verstehen wir unter einem „Operator einer Gruppe" einen Endomorphismus. Später wird der Begriff etwas allgemeiner gefaßt werden.

Jede Gruppe $\mathfrak{G}$ besitzt solche Operatoren, nämlich mindestens den identischen Endomorphismus (mit dem identischen Automorphismus zusammenfallend) und den Nullendomorphismus (Abbildung aller Elemente auf das Einselement).

Untergruppen $\mathfrak{U}$ einer Gruppe $\mathfrak{G}$, die bei allen Endomorphismen von $\mathfrak{G}$ in sich abgebildet werden, d. h. auf $\mathfrak{U}$ oder eine Untergruppe von $\mathfrak{U}$, die also invariant sind gegenüber der Halbgruppe der Endomorphismen, wurden vollinvariant genannt (§ 43). Wir schreiben nach § 42

$$\mathfrak{U}_\varepsilon \subseteq \mathfrak{U} \text{ für alle Endomorphismen } \varepsilon \text{ von } \mathfrak{G}.$$

Im allgemeinen wird eine Untergruppe $\mathfrak{U}$ von $\mathfrak{G}$ bei gewissen Endomorphismen in sich abgebildet, bei anderen wird sie zwar nach Satz 80 auch auf eine Untergruppe abgebildet, die aber nicht in $\mathfrak{U}$ enthalten ist.

Beispiel: $\mathfrak{G} = \mathfrak{D}_4$, $\mathfrak{U} = [E, (13)]$; durch den auf Tafel II unter 5a angeführten Endomorphismus $E, A_2, A_3, A_4 \to E$; $A_5, A_6, A_7, A_8 \to A_7$ wird $\mathfrak{U}$ auf die Untergruppe $[E, (24)]$ abgebildet.

Den Begriff der Vollinvarianz kann man so verallgemeinern:

Man kann aus der Menge aller Endomorphismen von $\mathfrak{G}$ eine Teilmenge $\Omega$ mit Elementen $\omega$, bezeichnet als „Operatorenbereich $\Omega$", herausgreifen. Die Untergruppen $\mathfrak{U}$ von $\mathfrak{G}$, die durch die Endomorphismen von $\Omega$ in sich abgebildet werden, für die also

$$\mathfrak{U}_\omega \subseteq \mathfrak{U} \text{ für alle } \omega \in \Omega,$$

heißen „für den Operatorenbereich $\Omega$ zulässige Untergruppen".

## § 54. Beispiele zulässiger Untergruppen

Zulässig für jeden Operatorenbereich sind offenbar alle vollinvarianten Untergruppen. Es können aber, je mehr man den Bereich $\Omega$ einschränkt, weitere Untergruppen zulässig werden. Ist z. B. nur die Gruppe $\mathfrak{A}(\mathfrak{G})$ aller Automorphismen (§ 38) Operatorenbereich, so sind die zulässigen Untergruppen die charakteristischen (§ 43). Ist die noch engere Gruppe $\mathfrak{A}_i(\mathfrak{G})$ der inneren Automorphismen (§ 39) Operatorenbereich, so sind die zulässigen Untergruppen die Normalteiler. Bei noch engerer Wahl des Operatorenbereichs können sogar alle Untergruppen zulässig werden, sicher dann, wenn $\Omega$ nur aus dem identischen und dem Nullendomorphismus besteht.

Aufgabe 119. Man beweise, daß bei zyklischen Gruppen alle Untergruppen für jeden Operatorenbereich zulässig, also vollinvariant sind.

Als allgemeines Beispiel nehmen wir die Gruppe $\mathfrak{G} = \mathfrak{D}_4$ (Taf. II); Endomorphismen sind u. a.:

| Abb. von | $E,(13)(24)$, | $(1234),(1432)$, | $(13),(24)$, | $(12)(34),(14)(23)$ | |
|---|---|---|---|---|---|
| auf | $E,(13)(24)$, | $(1234),(1432)$, | $(13),(24)$, | $(12)(34),(14)(23)$ | ident. End. $\varepsilon_1$ |
| „ | $E,(13)(24)$, | $(1234),(1432)$, | $(24),(13)$, | $(14)(23),(12)(34)$ | Autom. $\varepsilon_2$ |
| „ | $E$ | $(13)$ | $(24)$ | $(13)(24)$ | echt. End. $\varepsilon_3$ |
| „ | $E$ | | $(13)$ | | „ „ $\varepsilon_4$ |
| „ | $E$ | | $(24)$ | | „ „ $\varepsilon_5$ |
| „ | $E$ | | | | Nullend. $\varepsilon_6$. |

Für $\Omega = [\varepsilon_1, \varepsilon_2, \varepsilon_3, \varepsilon_4, \varepsilon_5, \varepsilon_6]$ sind zulässig außer $\mathfrak{E}$ und $\mathfrak{D}_4$ die Untergr. $[E,(13)(24)]$; $[E,(13),(24),(13)(24)]$;

für $\Omega = [\varepsilon_1, \varepsilon_2, \varepsilon_4, \varepsilon_5, \varepsilon_6]$ ist außerdem noch zulässig $[E,(13)(24),(1234),(1432)]$;

für $\Omega = [\varepsilon_1, \varepsilon_3, \varepsilon_5, \varepsilon_6]$ sind zulässig außer $\mathfrak{E}$ und $\mathfrak{D}_4$ die Untergr. $[E,(13)(24)]$; $[E,(13),(24),(13)(24)]$; $[E,(24)]$;

für $\Omega = [\varepsilon_1, \varepsilon_6]$ sind alle Untergruppen zulässig.

Aufgabe 120. Man suche die sämtlichen zulässigen Untergruppen der Gruppe $\mathfrak{D}_4$ für den Operatorenbereich $\Omega = [\varepsilon_1, \varepsilon_4, \varepsilon_5, \varepsilon_6]$.

Die Bedeutung der für einen Operatorenbereich zulässigen Untergruppen $\mathfrak{U}$ von $\mathfrak{G}$ ist diese: Die Endomorphismen $\omega$ von $\Omega$ sind auch für diese Untergruppen $\mathfrak{U}$ Endomorphismen, weil sie ja $\mathfrak{U}$ in sich abbilden. Die zulässigen Untergruppen können daher als Gruppen mit demselben Operatorenbereich angesehen werden:

**Satz 107.** Ist $\mathfrak{G}$ eine Gruppe mit Operatorenbereich $\Omega$, so sind die zulässigen Untergruppen von $\mathfrak{G}$ ebenfalls Gruppen mit dem Operatorenbereich $\Omega$.

## § 55. Übertragung früherer Begriffe und Sätze auf Gruppen mit Operatoren

$\mathfrak{U}$ sei eine zulässige Untergruppe einer Gruppe $\mathfrak{G}$ für einen Operatorenbereich $\Omega$, $\mathfrak{U}'$ Untergruppe von $\mathfrak{U}$. $\mathfrak{U}'$ ist dann nicht notwendig zulässige Untergruppe von $\mathfrak{G}$ für denselben Operatorenbereich $\Omega$. Es ist zwar mit $\mathfrak{U}' < \mathfrak{U}$ auch $\mathfrak{U}'_\omega < \mathfrak{U}_\omega < \mathfrak{U}$, aber nicht notwendig $\mathfrak{U}'_\omega < \mathfrak{U}'$.

Beispiel: $\mathfrak{G} = \mathfrak{D}_4, \Omega$ wie in Aufg. 120, zulässig für $\Omega$ ist $\mathfrak{U} = [E, (13), (24), (13)(24)]$; dagegen ist $\mathfrak{U}' = [E, (13)]$ nicht zulässig für $\Omega$, da es durch $\varepsilon_5$ in $[E, (24)]$ übergeht.

Aufgabe 121. Man betrachte als weiteres Beispiel den Fall, daß eine zulässige Untergruppe $\mathfrak{U}$ von $\mathfrak{G}$ die Gruppe $\mathfrak{G}$ selbst ist.

Immer aber gilt folgender Satz:

**Satz 108.** Der Durchschnitt $\mathfrak{D}$ zweier für einen Bereich $\Omega$ zulässiger Untergruppen $\mathfrak{U}_1, \mathfrak{U}_2$ einer Gruppe $\mathfrak{G}$ ist zulässig für denselben Bereich $\Omega$. Dasselbe gilt für den Durchschnitt einer beliebigen Menge zulässiger Untergruppen $\mathfrak{U}_i$ von $\mathfrak{G}$.

Es ist nämlich als Durchschnitt

$$\mathfrak{D} \subseteq \mathfrak{U}_1 \text{ und } \mathfrak{D} \subseteq \mathfrak{U}_2.$$

Daraus folgt wegen der Zulässigkeit von $\mathfrak{U}_1$ und $\mathfrak{U}_2$

$$\mathfrak{D}_\omega \subseteq \mathfrak{U}_1 \text{ und } \mathfrak{D}_\omega \subseteq \mathfrak{U}_2, \text{ also } \mathfrak{D}_\omega \subseteq \mathfrak{U}_1 \cap \mathfrak{U}_2 = \mathfrak{D}.$$

Aufgabe 122. Man bestätige den Satz 108 an den zulässigen Untergruppen der Gruppe $\mathfrak{D}_4$ für den in Aufg. 120 angegebenen Operatorenbereich.

Ist ein Normalteiler einer Gruppe mit Operatoren zulässig, so heißt er „zulässiger Normalteiler". Besteht z. B. der Operatorenbereich aus den inneren Automorphismen, so ist jeder Normalteiler zulässig. Bilden aber alle (auch äußeren) Automorphismen den Operatorenbereich, so sind nur die charakteristischen Untergruppen zulässige Normalteiler.

**Satz 109.** Der Durchschnitt einer beliebigen Menge zulässiger Normalteiler ist wieder zulässiger Normalteiler für denselben Operatorenbereich.

Der Durchschnitt ist nämlich wieder Normalteiler nach Satz 47 und wieder zulässig nach Satz 108.

**Satz 110.** Die von einer beliebigen Menge zulässiger Untergruppen $\mathfrak{U}_i$ einer Gruppe erzeugte Untergruppe ist zulässig für denselben Operatorenbereich.

Die Elemente von $\{\mathfrak{U}_1, \mathfrak{U}_2, \ldots\}$ sind nämlich Produkte von Elementen $U_1 \in \mathfrak{U}_1$, $U_2 \in \mathfrak{U}_2, \ldots$. Das endomorphe Bild eines solchen Elements ist wegen der Haupteigenschaft des Endomorphismus (§ 42) das entsprechende Produkt der Bilder $(U_1)_\omega, (U_2)_\omega, \ldots$. Wegen der Zulässigkeit der Untergruppen $\mathfrak{U}_i$ gehören diese Elemente wieder $\mathfrak{U}_1$ bzw. $\mathfrak{U}_2, \ldots$ an, das endomorphe Bild eines Elements von $\{\mathfrak{U}_1, \mathfrak{U}_2, \ldots\}$ also wieder $\{\mathfrak{U}_1, \mathfrak{U}_2, \ldots\}$, d. h. $\{\mathfrak{U}_1, \mathfrak{U}_2, \ldots\}_\omega \subseteq \{\mathfrak{U}_1, \mathfrak{U}_2, \ldots\}$.

**Satz 111.** Die von einer beliebigen Menge zulässiger Normalteiler einer Gruppe erzeugte Untergruppe ist wieder zulässiger Normalteiler.

Die Untergruppe ist nämlich wieder Normalteiler nach Satz 48 und wieder zulässig nach Satz 110.

Eine Gruppe mit Operatoren heißt „einfach für den betreffenden Operatorenbereich", wenn sie außer der Einheitsgruppe und sich selbst keinen zulässigen Normalteiler besitzt. Sie braucht als Gruppe ohne Operatoren nicht einfach zu sein.

Ein Beispiel bietet die Vierergruppe $E$, (12), (34), (12) (34); ihre echten Normalteiler sind $E$, (12) und $E$, (34) und $E$, (12) (34). Wird der Automorphismus, der die 4 Elemente bzw. auf $E$, (34), (12) (34), (12) abbildet, in den Operatorenbereich aufgenommen, so werden die 3 Normalteiler unzulässig, die Gruppe mit einem solchen Operatorenbereich also einfach.

## § 56. Allgemeinere Auffassung des Operatorenbereiches

Es wird sich als zweckmäßig erweisen, statt der Menge von Endomorphismen $\varepsilon_1, \varepsilon_2, \ldots$ eine Menge $\Omega$ von irgendwelchen Symbolen $\omega_1, \omega_2, \ldots$ als Operatorenbereich aufzufassen. Diese Symbole müssen sich den Endomorphismen so zuordnen lassen, daß jedem $\omega$ ein und nur ein $\varepsilon$ entspricht. Umgekehrt können einem $\varepsilon$ mehrere verschiedene $\omega$ entsprechen. Ist $G$ ein beliebiges Element der Gruppe, so verstehen wir unter $G_\omega$ das Element $G_\varepsilon$. Wie für die Endomorphismen $\varepsilon$ gilt dann auch für alle $\omega$, weil sie ja nur die $\varepsilon$ vertreten, und für alle Elementepaare $G_1, G_2$ der Gruppe

$$(G_1)_\omega (G_2)_\omega = (G_1 G_2)_\omega .$$

Die Symbole $\omega$ müssen aber, damit sie brauchbar sind, auch noch folgende Bedingungen erfüllen:

1. In $\Omega$ muß sich eine Multiplikation erklären lassen, und zwar so, daß

2. jedem Produkt $\omega_i \omega_k$ das Produkt der zugeordneten Endomorphismen $\varepsilon_i \varepsilon_k$ zugeordnet ist.

Der Zweck dieser Einführung wird erst in § 57 bei der Betrachtung mehrerer Gruppen ganz deutlich werden, soll aber schon jetzt an einigen Beispielen erläutert werden.

Sind z. B. die betrachteten Endomorphismen einer Gruppe die sämtlichen inneren Automorphismen, so kann man nunmehr statt der Automorphismen auch die Gruppenelemente als Operatoren $\omega$ auffassen, weil jedem Element ein Automorphismus entspricht und sich die Elemente genau nach demselben Gesetz multiplizieren wie die Automorphismen.

Bei einer abelschen Gruppe $E, A_1, A_2, \ldots$ liefert jede ganze Zahl $a$ einen Endomorphismus, nämlich die Abbildung $A_i \to A_i^a$; denn ist $A_i A_k = A_l$, so ist wegen der Vertauschbarkeit der Elemente $A_i^a A_k^a = A_l^a$. Jeder ganzen Zahl $a$ ist ein Endomorphismus zugeordnet, die angegebenen Bedingungen sind offensichtlich erfüllt, der Ring der ganzen Zahlen kann also als Operatorenbereich angesehen werden.

Aufgabe 123. Welche Untergruppen einer abelschen Gruppe sind für den angegebenen Operatorenbereich zulässig?

Für die additive Gruppe der ganzen Zahlen $0, \pm 1, \pm 2, \ldots, \pm i, \ldots$ liefert jede ganze Zahl $a$ einen Endomorphismus, nämlich die Abbildung $i \to ai$, weil mit $i + k = l$ auch $ai + ak = al$ ist. Man kann also den Ring $C$ der ganzen

Zahlen wieder als Operatorenbereich $\Omega$ betrachten oder auch sagen: Der Ring der ganzen Zahlen ist Operatorenbereich für seine additive Gruppe. Zulässige Untergruppe ist die additive Gruppe jedes Unterrings $C'$, die bei Multiplikation mit einer ganzen Zahl $a$ in sich abgebildet wird, für die also $aC' \subseteq C'$ für $a \in C$ ist. Ein solcher Unterring heißt „Ideal", z. B. die Menge der geraden Zahlen oder der durch eine feste Zahl $n$ teilbaren Zahlen.

## § 57. Gemeinsamer Operatorenbereich mehrerer Gruppen

Satz 107 zeigt bereits die Möglichkeit, daß mehrere Gruppen denselben Operatorenbereich haben können, nämlich eine Gruppe mit ihren zulässigen Untergruppen. Wir versuchen nun zunächst für den Fall zweier Gruppen, von denen nicht die eine Untergruppe der anderen ist, einen gemeinsamen Operatorenbereich herzustellen.

Liegen zwei beliebige Gruppen vor, so sind ihre Endomorphismen im allgemeinen ganz verschieden, es läßt sich aus ihnen kein gemeinsamer Operatorenbereich auswählen. Es kann aber doch sein, daß ein gewisses System $\varepsilon_1, \varepsilon_2, \ldots$ von Endomorphismen der einen Gruppe $\mathfrak{G}$ mit einem geeigneten System $\varepsilon_1', \varepsilon_2', \ldots$ der anderen Gruppe $\mathfrak{G}'$ eine gewisse Gleichartigkeit aufweist. Diese läßt sich mittels des in § 56 eingeführten Systems $\Omega$ von Symbolen $\omega$ aufzeigen. Den Symbolen $\omega_1, \omega_2, \ldots$ werden die Endomorphismen $\varepsilon_1, \varepsilon_2, \ldots$ und $\varepsilon_1', \varepsilon_2', \ldots$ zugeordnet. Dabei können verschiedenen $\omega$ auch gleiche $\varepsilon$ entsprechen. Offensichtlich gilt dann wieder für alle $\omega$ und alle Elementepaare $G_1$, $G_2$ von $\mathfrak{G}$ bzw. $G_1'$, $G_2'$ von $\mathfrak{G}'$:

$$(G_1)_\omega (G_2)_\omega = (G_1 G_2)_\omega \quad \text{und} \quad (G_1')_\omega (G_2')_\omega = (G_1' G_2')_\omega .$$

Erfüllen die Symbole $\omega$ zudem die in § 56 angeführten Bedingungen 1 und 2, und zwar für die Endomorphismen der ersten und zweiten Gruppe, so kann $\Omega$ als gemeinsamer Operatorenbereich für die Gruppen $\mathfrak{G}$ und $\mathfrak{G}'$ aufgefaßt werden.

Für 3 oder 4 oder jede endliche Menge von Gruppen $\mathfrak{G}, \mathfrak{G}', \mathfrak{G}'', \ldots$ kann in derselben Weise ein gemeinsamer Operatorenbereich erklärt werden.

1. Beispiel.

| | | | |
|---|---|---|---|
| $\mathfrak{G}$: | $E$, (12) (34), (13) (24), (14) (23) | | |
| Abbildung auf | $\underbrace{E, (12)(34)}, \underbrace{(13)(24), (14)(23)}$ | ident. Endom. | $\varepsilon_1$ |
| „ „ | $\underbrace{E \quad , \quad (12)(34)}$ | „ | $\varepsilon_2$ |
| „ „ | $E$ | Nullendom. | $\varepsilon_3$ |
| $\mathfrak{G}'$: | $E$, (12) (34), (12), (34) | | |
| Abbildung auf | $\underbrace{E, (12)(34)}, \underbrace{(12), (34)}$ | ident. Endom. | $\varepsilon_1'$ |
| „ „ | $\underbrace{E \quad , \quad (12)(34)}$ | „ | $\varepsilon_2'$ |
| „ „ | $E$ | Nullendom. | $\varepsilon_3'$. |

Hier erfüllt die Zuordnung $\omega_1 \to \begin{cases}\varepsilon_1 \\ \varepsilon_1'\end{cases}, \omega_2 \to \begin{cases}\varepsilon_2 \\ \varepsilon_2'\end{cases}, \omega_3 \to \begin{cases}\varepsilon_3 \\ \varepsilon_3'\end{cases}$ die obigen Bedingungen, wenn die Multiplikation in $\Omega$ entsprechend der der $\varepsilon_i$ erklärt wird. $\Omega$ ist gemeinsamer Operatorenbereich für $\mathfrak{G}$ und $\mathfrak{G}'$.

Aufgabe 124. Man nehme zu den Gruppen des Beispiels 1 noch die Gruppe $\mathfrak{Z}_4$ mit 3 Endomorphismen und bestimme einen gemeinsamen Operatorenbereich.

Im 1. Beispiel war die Ordnung der beiden betrachteten Gruppen gleich und auch die Anzahl der ausgewählten Endomorphismen. **Daß** auch Gruppen, bei denen dies nicht zutrifft, einen gemeinsamen Operatorenbereich haben können, zeigt das nächste Beispiel.

2. Beispiel.

| | | | |
|---|---|---|---|
| $\mathfrak{G} = \mathfrak{D}_4$: | $E$, (13) (24), (1234), (1432), (13), (24), (12) (34), (14) (23) | | |
| Abb. auf | $\underbrace{E, (13)(24), (1234), (1432)}, \underbrace{(13), (24), (12)(34), (14)(23)}$ | ident. End. | $\varepsilon_1$ |
| „ „ | $\underbrace{E, \quad\quad (13)}$ | „ | $\varepsilon_2$ |
| „ „ | $\underbrace{E, \quad\quad (24)}$ | „ | $\varepsilon_3$ |
| „ „ | $E$ | Nullend. | $\varepsilon_4$ |
| $\mathfrak{G}' = \mathfrak{B}$: | $E$, (56), (78), (56) (78) | | |
| Abb. auf | $\underbrace{E, (56)}, \underbrace{(78), (56)(78)}$ | ident. End. | $\varepsilon_1'$ |
| „ „ | $\underbrace{E \quad , \quad (78)}$ | „ | $\varepsilon_2'$ |
| „ „ | $E$ | Nullend. | $\varepsilon_3'$. |

Hier lassen sich, wie man leicht nachprüfen kann, die obigen Bedingungen erfüllen, indem man $\Omega = [\omega_1, \omega_2, \omega_3, \omega_4]$ wählt, die Multiplikation der $\omega_i$ entsprechend der Multiplikation der $\varepsilon_i$ von $\mathfrak{G}$ festsetzt und folgendermaßen zuordnet[1])

$$\omega_1 \to \begin{cases} \varepsilon_1 \\ \varepsilon_1' \end{cases}, \omega_2 \to \begin{cases} \varepsilon_2 \\ \varepsilon_2' \end{cases}, \omega_3 \to \begin{cases} \varepsilon_3 \\ \varepsilon_2' \end{cases}, \omega_4 \to \begin{cases} \varepsilon_4 \\ \varepsilon_3' \end{cases}.$$

$\Omega$ ist also gemeinsamer Operatorenbereich für die beiden Gruppen $\mathfrak{G}$ und $\mathfrak{G}'$.

3. Beispiel.

$\mathfrak{G}$ sei die additive Gruppe der ganzen Zahlen $0, \pm 1, \pm 2, \ldots, \pm n, \ldots$. Die Abbildung $n \to in$ liefert für $i = 0, 1, 2, \ldots$ eine unendliche Menge von Endomorphismen $\varepsilon_0$(Nullendomorphismus), $\varepsilon_1$(identischer Endomorphismus), $\varepsilon_2, \ldots$; dabei ist

$$\varepsilon_i \varepsilon_k = \varepsilon_{ik}. \tag{1}$$

$\mathfrak{G}'$ sei die Gruppe $\mathfrak{Z}_2$; Endomorphismen sind der Nullendomorphismus $\varepsilon_0'$ und der identische $\varepsilon_1'$. $\Omega$ sei die Menge $\omega_0, \omega_1, \omega_2, \ldots$. Die Zuordnung sei

$$\omega_i \to \varepsilon_i \quad \text{für } i = 0, 1, 2, \ldots;$$
$$\omega_0 \to \varepsilon_0', \omega_i \to \varepsilon_1' \text{ für } i = 1, 2, \ldots .$$

Wird die Multiplikation in $\Omega$ so erklärt, wie sie den $\varepsilon_i$ entspricht (Gesetz (1)), so ist die obige Bedingung 2 auch für die $\varepsilon_i'$ erfüllt $(\varepsilon_0'\varepsilon_1' = \varepsilon_1'\varepsilon_0' = \varepsilon_0', \varepsilon_1'\varepsilon_1' = \varepsilon_1')$, $\Omega$ ist gemeinsamer Operatorenbereich.

Aufgabe 125. Man stelle einen gemeinsamen Operatorenbereich für die Gruppen $\mathfrak{S}_3$ und $\mathfrak{Z}_6$ auf.

Aufgabe 126. Läßt sich ein gemeinsamer Operatorenbereich finden für die Gruppe $\mathfrak{G}$ des Beispiels 3 mit den dort angegebenen Endomorphismen und die Gruppe $\mathfrak{G}'$ des Beispiels 2 mit den dortigen 3 Endomorphismen und dem Endomorphismus

$$E, (56) \to E; (78), (56)(78) \to (56)?$$

[1]) Man beachte, daß hier den Symbolen $\omega_2$ und $\omega_3$ derselbe Endomorphismus $\varepsilon_2'$ zugeordnet ist.

## § 58. Die Operatorisomorphie und -homomorphie

Zwischen zwei Gruppen $\mathfrak{G}$, $\mathfrak{G}'$ mit gemeinsamem Operatorenbereich $\Omega$ bestehe eine Homomorphie (speziell Isomorphie). Sie wird mit $\varphi$ bezeichnet, d. h. jedem Element $G$ von $\mathfrak{G}$ entspricht vermöge der Homomorphie ein Element $G' = G_\varphi$ von $\mathfrak{G}'$. Die Homomorphie (Isomorphie) heißt dann „Operatorhomomorphie (-isomorphie)" für den gemeinsamen Operatorenbereich $\Omega$, wenn sie von folgender Art ist:

Zu 2 beliebigen bei der Homomorphie sich entsprechenden Elementen $G$ und $G_\varphi$ gehören für jedes $\omega$ von $\Omega$ auch 2 einander homomorph zugeordnete Elemente $G_\omega$ und $(G_\varphi)_\omega$, so daß also das zweite durch die Homomorphie aus dem ersten hervorgeht:

$$(G_\omega)_\varphi = (G_\varphi)_\omega \text{ für alle Gruppenelemente und alle } \omega \in \Omega .$$

1. Beispiel.

Im Beispiel 1 Seite 125 sind die Gruppen $\mathfrak{G}$ und $\mathfrak{G}'$ isomorph, und zwar ist die Isomorphie etwa durch die folgenden zwei Abbildungen gegeben, die mit $\varphi_1$ bzw. $\varphi_2$ bezeichnet werden:

$$\begin{array}{rllll}
\mathfrak{G}: & E, & (12)(34), & (13)(24), & (14)(23) \\
\mathfrak{G}_{\varphi_1}: & E, & (12)(34), & (12), & (34) \\
\mathfrak{G}_{\varphi_2}: & E, & (12), & (12)(34), & (34) .
\end{array}$$

Als Operatorenbereich nehmen wir den Seite 125 angegebenen $\Omega = [\omega_1, \omega_2, \omega_3]$. Im Falle $\varphi_1$ ist

$$\begin{array}{rllll}
\mathfrak{G}_{\omega_2}: & E, & E, & (12)(34), & (12)(34) \\
(\mathfrak{G}_{\omega_2})_{\varphi_1}: & E, & E, & (12)(34), & (12)(34) \\
(\mathfrak{G}_{\varphi_1})_{\omega_2}: & E, & E, & (12)(34), & (12)(34) .
\end{array}$$

Hier ist $(G_{\omega_2})_{\varphi_1} = (G_{\varphi_1})_{\omega_2}$ für alle $G \in \mathfrak{G}$; da dasselbe auch, wie leicht zu bestätigen, für $\omega_1$ und $\omega_3$ gilt, ist die Isomorphie $\varphi_1$ eine Operatorisomorphie für den Bereich $\Omega$.

Im Falle $\varphi_2$ ist

$$\begin{array}{rllll}
\mathfrak{G}_{\omega_2}: & E, & E, & (12)(34), & (12)(34) \\
(\mathfrak{G}_{\omega_2})_{\varphi_2}: & E, & E, & (12), & (12) \\
(\mathfrak{G}_{\varphi_2})_{\omega_2}: & E, & (12)(34), & E, & (12)(34) .
\end{array}$$

Hier gilt $(G_{\omega_2})_{\varphi_2} = (G_{\varphi_2})_{\omega_2}$ nicht für alle $G \in \mathfrak{G}$, die Isomorphie $\varphi_2$ ist keine Operatorisomorphie für den Bereich $\Omega$.

2. Beispiel.

Im Beispiel 2 Seite 125 ist $\mathfrak{G} \sim \mathfrak{G}'(\mathfrak{D}_4 \sim \mathfrak{V})$, die Homomorphie kann wieder in mehrfacher Weise bestimmt werden:

| | | | | | | | | |
|---|---|---|---|---|---|---|---|---|
| $\mathfrak{G}$: | $E$, | (13) (24), | (1234), | (1432), | (13), | (24), | (12) (34), | (14) (23) |
| $\mathfrak{G}_{\varphi_1}$: | $E$, | $E$, | (56), | (56), | (78), | (78), | (56) (78), | (56) (78) |
| $\mathfrak{G}_{\varphi_2}$: | $E$, | $E$, | (56) (78), | (56) (78), | (56), | (56), | (78), | (78), |

Operatorenbereich sei der Seite 126 angegebene.

| | | | | | | | | |
|---|---|---|---|---|---|---|---|---|
| $\mathfrak{G}_{\omega_2}$: | $E$, | $E$, | $E$, | $E$, | (13), | (13), | (13), | (13) |
| $(\mathfrak{G}_{\omega_2})_{\varphi_1}$: | $E$, | $E$, | $E$, | $E$, | (78), | (78), | (78), | (78) |
| $(\mathfrak{G}_{\varphi_1})_{\omega_2}$: | $E$, | $E$, | $E$, | $E$, | (78), | (78), | (78), | (78). |

Die beiden letzten Zeilen stimmen überein; für $\omega_1, \omega_3, \omega_4$ findet man dasselbe, $\varphi_1$ ist eine Operatorhomomorphie für den Bereich $\Omega$.

| | | | | | | | | |
|---|---|---|---|---|---|---|---|---|
| $(\mathfrak{G}_{\omega_2})_{\varphi_2}$: | $E$, | $E$, | $E$, | $E$, | (56), | (56), | (56), | (56) |
| $(\mathfrak{G}_{\varphi_2})_{\omega_2}$: | $E$, | $E$, | (78), | (78), | $E$, | $E$, | (78), | (78). |

Hier stimmen die letzten beiden Abbildungen nicht überein, $\varphi_2$ ist keine Operatorhomomorphie für den Bereich $\Omega$.

Aufgabe 127. Für die zyklischen Gruppen $\mathfrak{Z}_6 = \{A\}$ und $\mathfrak{Z}_3 = \{B\}$ ist die Abbildung $E, A^3 \to E$; $A, A^4 \to B$; $A^2, A^5 \to B^2$ eine Homomorphie $\varphi$. Ist sie eine Operatorhomomorphie für den Bereich $\Omega = [\omega_1, \omega_2]$, wenn $\omega_1$ den identischen Automorphismen, $\omega_2$ den Automorphismen $E, A, A^2, A^3, A^4, A^5$ bzw. $\to E, A^5, A^4, A^3, A^2, A$ und $E, B, B^2$ bzw. $\to E, B^2, B$ entspricht?

### § 59. Änderung des Gruppenbegriffs durch Einführung der Operatoren

In § 6 wurden isomorphe Gruppen als nicht verschieden bei gruppentheoretischen Untersuchungen erklärt. Als Aufgabe der Gruppentheorie ergab sich das Studium der Gruppen**operation**, nicht der Gruppen**elemente**. Die Einführung der Gruppen mit Operatoren ändert den Gruppenbegriff insofern, als nur noch operatorisomorphe Gruppen als identisch betrachtet werden, im alten Sinn isomorphe

Gruppen dagegen in verschiedene nicht operatorisomorphe Gruppen zerfallen können, und zwar für alle möglichen Operatorenbereiche.

Meistens aber können isomorphe Gruppen, die in einem Satz der Gruppentheorie vorkommen, auch als operatorisomorph angesehen werden und der Satz läßt sich dann auf Gruppen mit Operatoren übertragen. Das wird sich schon im nächsten Paragraphen bestätigen.

## § 60. Der Homomorphiesatz und Isomorphiesatz für Gruppen mit Operatoren

$\mathfrak{G}$, $\mathfrak{G}'$ seien zwei Gruppen mit gemeinsamem Operatorenbereich $\Omega$, ferner sei $\mathfrak{G} \sim \mathfrak{G}'$, und zwar sei die Homomorphie eine Operatorhomomorphie in bezug auf $\Omega$. Wenn also $G' \in \mathfrak{G}'$ das homomorphe Bild von $G \in \mathfrak{G}$ ist, ist auch $G'_\omega$ das homomorphe Bild von $G_\omega$ für alle $G \in \mathfrak{G}$ und alle $\omega \in \Omega$.

Nun sei (Satz 66) $\mathfrak{N}$ der Kern des Homomorphismus, d. h. der Normalteiler von $\mathfrak{G}$, der bei der Homomorphie auf die Einheit von $\mathfrak{G}'$ abgebildet wird. Dann können wir uns die Abbildungen durch das folgende Schema veranschaulichen:

Homomorphie $\varphi$

$$\left.\begin{array}{l} \mathfrak{G} = \mathfrak{N} + G_2\mathfrak{N} + G_3\mathfrak{N} + \dots \\ \mathfrak{G}_\omega = \mathfrak{N}_\omega + (G_2\mathfrak{N})_\omega + (G_3\mathfrak{N})_\omega + \dots \end{array}\right\} \begin{array}{c} \text{Ope-} \\ \text{rator } \omega \end{array} \left\{\begin{array}{l} \mathfrak{G}' = E' + G'_2 + G'_3 + \dots \\ \mathfrak{G}'_\omega = E'_\omega + (G'_2)_\omega + (G'_3)_\omega + \dots . \end{array}\right.$$

**Satz 112.** Ist eine Gruppe $\mathfrak{G}$ operatorhomomorph auf eine Gruppe $\mathfrak{G}'$ mit gleichem Operatorenbereich abgebildet, so ist der der Einheit von $\mathfrak{G}'$ entsprechende Normalteiler von $\mathfrak{G}$ ein zulässiger Normalteiler.

Ist nämlich $N$ ein beliebiges Element des Normalteilers $\mathfrak{N}$, also das homomorphe Bild von $N$ die Einheit $E'$ von $\mathfrak{G}'$, so ist wegen der Operatorhomomorphie für jedes $\omega$ von $\Omega$

$$N_\omega = E'_\omega = E'.$$

Da aber $\mathfrak{N}$ alle Elemente enthält, die bei der Homomorphie in $E'$ übergehen, folgt $\mathfrak{N}_\omega \subseteq \mathfrak{N}$, d. h. $\mathfrak{N}$ ist zulässig.

Beispiel: $\mathfrak{G}, \mathfrak{G}'$ seien die Gruppen $\mathfrak{D}_4$ bzw. $\mathfrak{V}$ des Beispiels 2 Seite 125, der Operatorenbereich der dortige, die Homomorphie die Operatorhomomorphie $\varphi_1$. $\mathfrak{N}$ ist der Normalteiler $E$, (13) (24). $\mathfrak{N}$ ist zulässig, da es durch jeden der den $\omega$ zugeordneten Endomorphismen auf sich oder $E$ abgebildet wird.

Aufgabe 128. Man bestätige Satz 112 an dem Beispiel der Aufgabe 127.

Wir gehen nun wieder von einer Gruppe $\mathfrak{G}$ mit Operatorenbereich $\Omega$ aus. Eine Gruppe $\mathfrak{G}'$ sei mit $\mathfrak{G}$ homomorph, wir setzen aber noch keine Operatorhomomorphie voraus. Doch sei der der Einheit von $\mathfrak{G}'$ entsprechende Normalteiler $\mathfrak{N}$ von $\mathfrak{G}$ zulässig bezüglich $\Omega$. Durch geeignete Übertragung der Operatoren von $\Omega$ auf $\mathfrak{G}'$ läßt sich dann die Homomorphie von $\mathfrak{G}$ und $\mathfrak{G}'$ zu einer Operatorhomomorphie machen. Das Beispiel Seite 125 wird in Klammern beigefügt:

Ist $G'$ ein beliebiges Element von $\mathfrak{G}'$((78)) und $\omega(\omega'')$ ein beliebiger Operator von $\Omega$, so nimmt man ein beliebiges der homomorphen Urbilder $G$ von $G'$ ((13) oder (24)), bildet $G_\omega$ ((24)), sucht dessen homomorphes Bild ((78)) und betrachtet dieses als das durch den Operator $\omega(\omega'')$ bestimmte endomorphe Bild $G'_\omega$ von $G'$.

Dabei ergibt sich wegen der Zulässigkeit des Normalteilers immer dasselbe $G'_\omega$, welches Urbild $G$ von $G'$ man auch wählt; denn

nimmt man die Einheit $E'$ als $G'$, so ist das Urbild $G \in \mathfrak{N}$, also wegen der Zulässigkeit von $\mathfrak{N}$ auch $G_\omega \in \mathfrak{N}$ und somit $G'_\omega = E'$;

nimmt man irgendein $G'$, so ist das Urbild ein Element $NG$ einer Restklasse $\mathfrak{N}G$ und wegen der Zulässigkeit von $\mathfrak{N}$

$$(NG)_\omega = N_\omega G_\omega = \overline{N} G_\omega;$$

das homomorphe Bild davon ist

$$\overline{N}' G'_\omega = E' G'_\omega = G'_\omega .$$

Damit ist bewiesen

**Satz 113.** Ist $\mathfrak{G}$ eine Gruppe mit Operatorenbereich $\Omega$ und $\mathfrak{G}' \sim \mathfrak{G}$, ferner der Kern $\mathfrak{N}$ von $\mathfrak{G}$ zulässiger Normalteiler, so läßt sich die Homomorphie von $\mathfrak{G}$ und $\mathfrak{G}'$ durch geeignete Erklärung von $\mathfrak{G}'_\omega$ für alle $\omega$ von $\Omega$ zu einer Operatorhomomorphie machen.

Ist speziell $\mathfrak{G}'$ die Faktorgruppe $\mathfrak{G}/\mathfrak{N}$, also $\mathfrak{G}/\mathfrak{N} \sim \mathfrak{G}$, so erhält man nach Satz 113 eine „natürliche Operatorhomomorphie" der Gruppe $\mathfrak{G}$ mit ihrer Faktorgruppe.

Betrachten wir nochmals das Schema Seite 129, das eine operatorhomomorphe Abbildung von $\mathfrak{G}$ auf $\mathfrak{G}'$ darstellt und fassen wir auf der linken Seite $\mathfrak{G}$ als Faktorgruppe $\mathfrak{G}/\mathfrak{N}$ auf, indem wir uns $\mathfrak{N}, G_2\mathfrak{N}, G_3\mathfrak{N}, \ldots$ je als **ein** Element vorstellen, so wird die Operatorhomomorphie von $\mathfrak{G}$ und $\mathfrak{G}'$ zur Operatorisomorphie von $\mathfrak{G}/\mathfrak{N}$ und $\mathfrak{G}'$, wir erhalten

**Satz 114** (Homomorphiesatz für Gruppen mit Operatoren). Bei jeder operatorhomomorphen Abbildung einer Gruppe $\mathfrak{G}$ auf eine Gruppe $\mathfrak{G}'$ ist, wenn $\mathfrak{N}$ der Kern der Homomorphie ist,

$$\mathfrak{G}/\mathfrak{N} \text{ operatorisomorph } \mathfrak{G}'.$$

Auch hier entspricht also jeder operatorhomomorphen Abbildung einer Gruppe auf eine andere Gruppe eine natürliche Operatorhomomorphie mit einer Faktorgruppe.

Aufgabe 129. Man bestätige Satz 114 an dem Beispiel der Aufgabe 127.

Auch der Isomorphiesatz überträgt sich ohne weiteres auf Gruppen mit Operatoren, wenn die Untergruppen als zulässig für den eingeführten Operatorenbereich vorausgesetzt werden.

Sind nämlich $\mathfrak{A}$ und $\mathfrak{B}$ zulässige Untergruppen einer Gruppe $\mathfrak{G}$ mit Operatoren, so ist (Satz 110) auch $\{\mathfrak{A}, \mathfrak{B}\}$ Untergruppe mit demselben Operatorenbereich. $\mathfrak{A}$ ist dann als zulässige Untergruppe von $\mathfrak{G}$ auch zulässige Untergruppe von $\{\mathfrak{A}, \mathfrak{B}\}$, also wenn es Normalteiler ist, zulässiger Normalteiler.

Nach Zerlegung (1) von § 37 ist dann im Falle 1 (nämlich $\mathfrak{A} \frown \mathfrak{B} = E$) nach Satz 113

$$\{\mathfrak{A}, \mathfrak{B}\} \text{ operatorhomomorph } \mathfrak{B}$$

und daher nach Satz 114

$$\{\mathfrak{A}, \mathfrak{B}\}/\mathfrak{A} \text{ operatorisomorph } \mathfrak{B}.$$

Im Falle 2 (nämlich $\mathfrak{A} \frown \mathfrak{B} = \mathfrak{D}$) ist entsprechend

$$\{\mathfrak{A}, \mathfrak{B}\}/\mathfrak{A} \text{ operatorisomorph } \mathfrak{B}/\mathfrak{D}, \text{ es gilt}$$

**Satz 115** (Isomorphiesatz für Gruppen mit Operatoren). Sind $\mathfrak{A}, \mathfrak{B}$ zulässige Untergruppen einer Gruppe mit Operatoren und ist $\mathfrak{A}$ Normalteiler der Gruppe $\{\mathfrak{A}, \mathfrak{B}\}$, so ist der Durchschnitt $\mathfrak{A} \frown \mathfrak{B}$ zulässiger Normalteiler von $\mathfrak{B}$ und es ist

$$\{\mathfrak{A}, \mathfrak{B}\}/\mathfrak{A} \text{ operatorisomorph } \mathfrak{B}/(\mathfrak{A} \frown \mathfrak{B}).$$

### § 61. Die Operatorautomorphie und Operatorendomorphie

Eine Operatorisomorphie einer Gruppe mit sich selbst ist eine „Operatorautomorphie“.

Beispiel (Automorphie mit $\alpha_1$ bzw. $\alpha_2$ bezeichnet).

$$\begin{array}{llllllllll}
\mathfrak{G} & : E, & (12)(34), & (12), & (34) & ; & \mathfrak{G}' = \mathfrak{G}_{\alpha_1} & : E, & (12)(34), & (34), & (12) \\
\mathfrak{G}_\omega & : E, & E, & (12)(34), & (12)(34); & & \mathfrak{G}'_\omega = (\mathfrak{G}_{\alpha_1})_\omega & : E, & E, & (12)(34), & (12)(34) \\
 & & & & & & (\mathfrak{G}_\omega)_{\alpha_1} & : E, & E, & (12)(34), & (12)(34)
\end{array}$$

$(\mathfrak{G}_{\alpha_1})_\omega = (\mathfrak{G}_\omega)_{\alpha_1}$, die Automorphie $\alpha_1$ ist eine Operatorautomorphie bezüglich $\omega$.

Dagegen:

$$\begin{array}{llllllllll}
\mathfrak{G} & : E, & (12)(34), & (12), & (34) & ; & \mathfrak{G}' = \mathfrak{G}_{\alpha_2} & : E, & (12), & (12)(34), & (34) \\
\mathfrak{G}_\omega & : E, & E, & (12)(34), & (12)(34); & & \mathfrak{G}'_\omega = (\mathfrak{G}_{\alpha_2})_\omega & : E, & (12)(34), & E, & (12)(34) \\
 & & & & & & (\mathfrak{G}_\omega)_{\alpha_2} & : E, & E, & (12), & (12)
\end{array}$$

$(\mathfrak{G}_{\alpha_2})_\omega \neq (\mathfrak{G}_\omega)_{\alpha_2}$, die Automorphie $\alpha_2$ ist keine Operatorautomorphie bezüglich $\omega$.

Eine Operatorhomomorphie einer Gruppe mit sich selbst ist eine „Operatorendomorphie“.

Beispiel (Endomorphie mit $\varepsilon_1$ bzw. $\varepsilon_2$ bezeichnet).

| $\mathfrak{G}$ : | $E$, | (13) (24), | (1234), | (1432), | (13), | (24), | (12) (34), | (14) (23) |
|---|---|---|---|---|---|---|---|---|
| $\mathfrak{G}_\omega$ : | $E$, | $E$, | $E$, | $E$, | (13), | (13), | (13), | (13) |
| $\mathfrak{G}_{\varepsilon_1}$ : | $E$, | $E$, | (13) (24), | (13) (24), | (13), | (13), | (24), | (24) |
| $(\mathfrak{G}_{\varepsilon_1})_\omega$ : | $E$, | $E$, | $E$, | $E$, | (13), | (13), | (13), | (13) |
| $(\mathfrak{G}_\omega)_{\varepsilon_1}$ : | $E$, | $E$, | $E$, | $E$, | (13), | (13), | (13), | (13) |

$(\mathfrak{G}_{\varepsilon_1})_\omega = (\mathfrak{G}_\omega)_{\varepsilon_1}$, $\varepsilon_1$ ist eine Operatorendomorphie bezüglich $\omega$.

Dagegen:

| $\mathfrak{G}_{\varepsilon_2}$ : | $E$, | $E$, | (13), | (13), | (24), | (24), | (13) (24), | (13) (24) |
|---|---|---|---|---|---|---|---|---|
| $(\mathfrak{G}_{\varepsilon_2})_\omega$ : | $E$, | $E$, | (13), | (13), | (13), | (13), | $E$, | $E$ |
| $(\mathfrak{G}_\omega)_{\varepsilon_2}$ : | $E$, | $E$, | $E$, | $E$, | (24), | (24), | (24), | (24) |

$(\mathfrak{G}_{\varepsilon_2})_\omega \neq (\mathfrak{G}_\omega)_{\varepsilon_2}$, $\varepsilon_2$ ist keine Operatorendomorphie bezüglich $\omega$.

Es ist dann und nur dann $(\mathfrak{G}_\varepsilon)_\omega = (\mathfrak{G}_\omega)_\varepsilon$, wenn $\varepsilon$ und $\omega$ oder $\varepsilon$ und der dem Symbol $\omega$ entsprechende Endomorphismus vertauschbar sind:

**Satz 116.** Ein Endomorphismus einer Gruppe mit Operatoren ist dann und nur dann ein Operatorendomorphismus, wenn er mit allen Endomorphismen, die den Operatoren zugeordnet sind, vertauschbar ist.

## XI. $p$-Gruppen und $p$-Sylow-Gruppen

### § 62. Für die Untersuchung von $p$-Gruppen notwendige Sätze

**Satz 117 (Poincaré).** Der Durchschnitt endlich vieler Untergruppen einer Gruppe $\mathfrak{G}$ hat endlichen Index, wenn die Untergruppen endlichen Index haben.

Man braucht den Satz nur für zwei Untergruppen zu beweisen; denn der Durchschnitt von drei Untergruppen ist der Durchschnitt von zweien mit der dritten usw.

Zwei Untergruppen von $\mathfrak{G}$ mit endlichem Index seien $\mathfrak{H}$ und $\mathfrak{K}$, ihr Durchschnitt $\mathfrak{D}$ (beachte Satz 15). Wir zerlegen $\mathfrak{G}$ nach $\mathfrak{D}$:

$$\mathfrak{G} = \mathfrak{D} + \mathfrak{D}G_2 + \mathfrak{D}G_3 + \ldots + \mathfrak{D}G_i + \ldots .$$

Ein Element $G$ ist dann und nur dann Element einer Restklasse $\mathfrak{D}G_i$, $G \in \mathfrak{D}G_i$, wenn $GG_i^{-1} \in \mathfrak{D}$, also $GG_i^{-1} \in \mathfrak{H}$ und $GG_i^{-1} \in \mathfrak{K}$ oder $G \in \mathfrak{H}G_i$ und $G \in \mathfrak{K}G_i$.

Jede Restklasse $\mathfrak{D}G_i$ ist also Durchschnitt einer Restklasse nach $\mathfrak{H}$ und einer Restklasse nach $\mathfrak{K}$. Da es wegen der endlichen Indizes von $\mathfrak{H}$ und $\mathfrak{K}$ nur endlich viele Möglichkeiten gibt, eine Restklasse nach $\mathfrak{H}$ mit einer solchen nach $\mathfrak{K}$ zu kombinieren, kann es nur endlich viele Restklassen nach $\mathfrak{D}$ geben, d. h. $\mathfrak{D}$ hat endlichen Index.

Beispiel: $\mathfrak{G}$ sei die additive Gruppe der ganzen Zahlen, $\mathfrak{H}$ und $\mathfrak{K}$ die Untergruppen der geraden bzw. der durch 3 teilbaren Zahlen. Ihr Index ist 2 bzw. 3. Durchschnitt ist die Gruppe der durch 6 teilbaren Zahlen mit Index 6.

**Satz 118.** Eine unendliche[1]) Gruppe $\mathfrak{G}$ mit Untergruppe $\mathfrak{H}$ von endlichem Index hat stets einen in $\mathfrak{H}$ enthaltenen Normalteiler von endlichem Index.

Die mit $\mathfrak{H}$ konjugierten Untergruppen sind nämlich, weil isomorph (Satz 44) ebenfalls von endlichem Index. Ihr Durchschnitt ist nach Satz 53 ein Normalteiler. Daß dieser auch endlichen Index hat, erkennt man so: Mit $\mathfrak{H}$ hat erst recht der Normalisator von $\mathfrak{H}$, der ja $\mathfrak{H}$ enthält, einen endlichen Index. Dieser ist aber nach Satz 45 gleich der Anzahl der konjugierten Untergruppen. Also ist auch diese endlich. Nach Satz 117 hat damit der Durchschnitt der konjugierten Untergruppen, d. h. der Normalteiler endlichen Index.

**Satz 119**[2]). Die von einer oder mehreren endlichen Klassen konjugierter Elemente einer Gruppe $\mathfrak{G}$ erzeugte Unter-

---

[1]) Bei einer endlichen Gruppe gilt der Satz ebenfalls, da hier der Normalteiler auch $\mathfrak{E}$ sein kann. Bei unendlichen Gruppen dagegen muß der Normalteiler stets ein echter sein, weil $\mathfrak{E}$ keinen endlichen Index hätte.

[2]) Der Satz stammt von A. P. Dietzmann.

gruppe $\mathfrak{H}$ ist endlich, wenn die konjugierten Elemente endliche Ordnung haben.

Sind nämlich die erzeugenden konjugierten Elemente

$$(1) \qquad G_1, G_2, \ldots, G_i, \ldots, G_n,$$

so ist jedes Element $H$ von $\mathfrak{H}$ ein Produkt aus Elementen $G_i$; dabei kann es für dasselbe Element mehrere Darstellungen geben. $m$ sei das kleinste gemeinsame Vielfache aller Ordnungen der Elemente (1). Es wird gezeigt, daß es für jedes Element von $\mathfrak{H}$ eine Darstellung gibt, die aus höchstens $n(m-1)$ Faktoren besteht. Da aus den $n$ Elementen $G_i$ nur eine endliche Anzahl solcher Darstellungen gebildet werden kann, muß somit $\mathfrak{H}$ von endlicher Ordnung sein.

$$(2) \qquad G = G_{i_1} G_{i_2} \ldots G_{i_s}$$

sei eine Darstellung aus mehr als $n(m-1)$ Faktoren, also

$$(3) \qquad s > n(m-1).$$

Käme in (2) jeder der $n$ Faktoren $G_i$ nur höchstens $(m-1)$-mal vor, so könnte $s$ höchstens $n(m-1)$ sein; es muß also wegen (3) wenigstens **ein** Faktor, etwa $G_i$, mindestens $m$-mal vorkommen. Ist $G_{i_k}$ das erste Element in (2), das gleich $G_i$ ist, so transformiert man folgendermaßen:

$$G = G_i(G_i^{-1} G_{i_1} G_i)(G_i^{-1} G_{i_2} G_i) \ldots (G_i^{-1} G_{i_{k-1}} G_i)\, G_{i_{k+1}} \ldots G_{i_s}.$$

Die Elemente in den Klammern gehören wieder der Menge (1) an. Auf dieselbe Weise bringt man das erste der Elemente $G_{i_{k+1}}, \ldots, G_{i_s}$, das gleich $G_i$ ist, nach vorn, so daß dort $G_i^2$ auftritt. Da $G_i$ mindestens $m$-mal als Faktor erscheint, erreicht man durch weitere Anwendung des Verfahrens, daß am Anfang $G_i^m = E$ entsteht. Damit hat die Darstellung um die $m$-Faktoren $G_i$ weniger, also nur noch $s-m$ Faktoren. Da man durch das angewandte Verfahren von den mindestens $m$-mal vorkommenden Faktoren je $m$ zusammen, und damit zum Verschwinden bringen kann, erreicht man, daß kein Element mehr öfter als $(m-1)$-mal vorkommt, die Gesamtzahl der Faktoren also höchstens $n(m-1)$ ist.

**Satz 120.** Ist $\mathfrak{H}$ Untergruppe einer Gruppe $\mathfrak{G}$ und $\mathfrak{N}$ Normalteiler von $\mathfrak{G}$, der in $\mathfrak{H}$ enthalten, also auch dort Normalteiler ist (Aufg. 71), so hat $\mathfrak{H}$ in $\mathfrak{G}$ denselben Index wie $\mathfrak{H}/\mathfrak{N}$ in $\mathfrak{G}/\mathfrak{N}$.

Der Index von $\mathfrak{H}$ in $\mathfrak{G}$ ist nämlich die Anzahl der Restklassen in der Zerlegung

(1) $\mathfrak{G} = \mathfrak{H} + \mathfrak{H}G_2 + \ldots,$ andererseits ist

$\mathfrak{H} = \mathfrak{N} + \mathfrak{N}H_2 + \ldots$ oder als Faktorgruppe aufgefaßt

$\mathfrak{H}/\mathfrak{N} = (\mathfrak{N}) + (\mathfrak{N}H_2) + \ldots,$ Zerlegung (1) wird also

$$\mathfrak{G} = (\mathfrak{N} + \mathfrak{N}H_2 + \ldots) + (\mathfrak{N} + \mathfrak{N}H_2 + \ldots)G_2 + \ldots,$$

$$\mathfrak{G}/\mathfrak{N} = \mathfrak{H}/\mathfrak{N} + \mathfrak{H}/\mathfrak{N} \cdot G_2 + \ldots;$$

die Anzahl der Restklassen ist dieselbe wie bei (1).

**Satz 121 (Cauchy).** Wenn die Ordnung einer endlichen Gruppe durch eine Primzahl $p$ teilbar ist, so enthält die Gruppe ein Element von der Ordnung $p$ und damit eine zyklische Untergruppe von der Ordnung $p$.

Der Satz folgt für abelsche Gruppen ohne weiteres aus Satz 104.

Er gilt, wenn die Ordnung $g$ der Gruppe $\mathfrak{G}$ selbst eine Primzahl $p$ ist. Wir nehmen nun an, der Satz gelte für Gruppen, deren Ordnung Produkt aus $n$ Primzahlen ist, und beweisen ihn dann für Gruppen $\mathfrak{G}$ mit Ordnung $g$, die Produkt ist aus $n + 1$ Primzahlen (worunter $p$).

1. Fall: $\mathfrak{G}$ besitzt eine echte Untergruppe, deren Index nicht durch $p$ teilbar ist. Dann ist die Ordnung der Untergruppe durch $p$ teilbar. Nach Annahme besitzt dann die Untergruppe, deren Ordnung ein Produkt aus weniger als $n + 1$ Primzahlen ist, ein Element der Ordnung $p$.

2. Fall: $\mathfrak{G}$ besitzt nur Untergruppen, deren Indizes durch $p$ teilbar sind. (Daß überhaupt keine echte Untergruppe existiert, ist nach Satz 12 nicht möglich.) $G$ sei ein Element, das nicht dem Zentrum angehört. (Bei nichtabelschen Gruppen stets vorhanden.) Der Normalisator $\mathfrak{N}$ von $\mathfrak{G}$ ist

eine echte Untergruppe, der Index von $\mathfrak{N}$ also durch $p$ teilbar. Nach Satz 42 ist daher auch die Anzahl $h_1$ der mit $G$ konjugierten Elemente durch $p$ teilbar, $h_1 = pq_1$; dasselbe gilt für alle Elemente, die nicht dem Zentrum angehören, man erhält ebenso, wenn man alle Klassen konjugierter Elemente betrachtet, $h_2 = pq_2, \ldots, h_s = pq_s$. Die Elemente des Zentrums bilden je eine Klasse konjugierter Elemente. Ist $k$ die Ordnung des Zentrums, so ist also

$$g = pq_1 + pq_2 + \ldots + pq_s + k.$$

Weil $g$ durch $p$ teilbar ist, muß auch $k$ durch $p$ teilbar sein. Als abelsche Gruppe enthält das Zentrum demnach ein Element der Ordnung $p$.

## § 63. Zerlegung einer Gruppe nach einem Doppelmodul und Folgerungen

Für die Untersuchung der $p$-Sylow-Gruppen (§ 66) ist die Zerlegung einer Gruppe nach einem Doppelmodul wichtig.

$\mathfrak{A}$ und $\mathfrak{B}$ seien zwei beliebige Untergruppen einer endlichen oder unendlichen Gruppe $\mathfrak{G}$. Wir betrachten die Komplexe $\mathfrak{A}G\mathfrak{B}$ für $G \in \mathfrak{G}$. Für ein festes $G$ heißt der Komplex $\mathfrak{A}G\mathfrak{B}$ „Restklasse nach dem Doppelmodul $(\mathfrak{A}, \mathfrak{B})$". Für verschiedene $G$ können solche Restklassen verschiedene Anzahlen von Elementen enthalten.

Beispiel: $\mathfrak{G} = \mathfrak{S}_4$, $\mathfrak{A} = [E, (12), (34), (12)(34)]$,
$\mathfrak{B} = [E, (12), (23), (13), (123), (132)]$.

Die Restklasse $\mathfrak{A}G\mathfrak{B}$ ist für

$$G = E\colon \mathfrak{A}\mathfrak{B} = E + (12) + (23) + (13) + (123) + (132) + (34) + (12)(34) + (234) + (134) + (1234) + (1342),$$

$$G = (14)\colon \mathfrak{A}(14)\mathfrak{B} = (14) + (142) + (14)(23) + (143) + (1423) + (1432) + (124) + (24) + (1324) + (1243) + (13)(24) + (243).$$

Diese zwei Komplexe enthalten bereits alle Elemente von $\mathfrak{G}$, es ergibt sich die Zerlegung nach dem Doppelmodul $(\mathfrak{A}, \mathfrak{B})$:

$$\mathfrak{G} = \mathfrak{A}\mathfrak{B} + \mathfrak{A}(14)\mathfrak{B}.$$

Aufgabe 130. Man zerlege $\mathfrak{S}_4$ nach dem Doppelmodul $(\mathfrak{A}, \mathfrak{A})$ für das obige $\mathfrak{A}$.

Aufgabe 131. Man bilde für die obigen Gruppen $\mathfrak{G}$, $\mathfrak{A}$, $\mathfrak{B}$ die Rechtszerlegung von $\mathfrak{G}$ nach $\mathfrak{A}$ und den Komplex $\mathfrak{A}G\mathfrak{B}$ für $G = (13)$ und stelle die Anzahl der **verschiedenen** Rechtsrestklassen von $\mathfrak{G}$ nach $\mathfrak{A}$ fest, die in dem Komplex enthalten sind.

**Satz 122.** Zwei Komplexe $\mathfrak{A}G_1\mathfrak{B}$ und $\mathfrak{A}G_2\mathfrak{B}$ haben entweder kein Element gemeinsam oder sie stimmen in allen Elementen überein.

Stimmen nämlich 2 Elemente überein, etwa

$$A_1G_1B_1 = A_2G_2B_2,$$

so ist

$$G_2 = A_2^{-1}A_1G_1B_1B_2^{-1} \text{ oder } G_2 \in \mathfrak{A}G_1\mathfrak{B}.$$

Dann ist jedes Element $AG_2B \in \mathfrak{A}G_1\mathfrak{B}$; ebenso ergibt sich, daß jedes Element $AG_1B \in \mathfrak{A}G_2\mathfrak{B}$.

Für jedes Element $B$ von $\mathfrak{B}$ liefert $\mathfrak{A}G\mathfrak{B}$ eine Rechtsrestklasse der Zerlegung von $\mathfrak{G}$ nach $\mathfrak{A}$. Es kann aber für verschiedene $B$ dieselbe Restklasse entstehen (vgl. letzte Aufgabe). Wir suchen allgemein festzustellen, wie viele verschiedene Rechtsrestklassen von $\mathfrak{G}$ nach $\mathfrak{A}$ in $\mathfrak{A}G\mathfrak{B}$ für ein festes $G$ enthalten sind. Es ist dann und nur dann

$$\mathfrak{A}GB_1 = \mathfrak{A}GB_2, \text{ wenn } GB_1B_2^{-1} \in \mathfrak{A}G \text{ oder } B_1B_2^{-1} \in G^{-1}\mathfrak{A}G.$$

Weil aber $B_1B_2^{-1} \in \mathfrak{B}$, wird diese Bedingung

$$B_1B_2^{-1} \in G^{-1}\mathfrak{A}G \cap \mathfrak{B} = \mathfrak{D} \text{ oder } B_1 \in \mathfrak{D}B_2.$$

Die Elemente $B_1$, die einer Restklasse der Zerlegung von $\mathfrak{B}$ nach $\mathfrak{D}$ angehören, und nur diese ergeben also lauter gleiche Restklassen von $\mathfrak{G}$ nach $\mathfrak{A}$. Es gibt so viele verschiedene, als der Index von $\mathfrak{D}$ in $\mathfrak{B}$ angibt:

**Satz 123.** Eine Restklasse $\mathfrak{A}G\mathfrak{B}$ der Zerlegung einer Gruppe $\mathfrak{G}$ nach einem Doppelmodul $(\mathfrak{A}, \mathfrak{B})$ enthält für ein festes $G$ so viele Rechtsrestklassen nach $\mathfrak{A}$ als der Index des Durchschnittes $\mathfrak{D} = G^{-1}\mathfrak{A}G \cap \mathfrak{B}$ in der Gruppe $\mathfrak{B}$ angibt.

Aufgabe 132. Man stelle ebenso fest, wie viele Linksrestklassen nach $\mathfrak{B}$ in einer Restklasse $\mathfrak{A}G\mathfrak{B}$ enthalten sind.

Aus den zwei letzten Sätzen folgt

**Satz 124.** Wenn der Index von $\mathfrak{A}$ in $\mathfrak{G}$ eine endliche Zahl $n$ und die Indizes der Durchschnitte $\mathfrak{D}_i = \mathfrak{B} \cap G_i^{-1}\,\mathfrak{A}G_i$ in $\mathfrak{B}$ endliche Zahlen $s_i$ sind, so ergibt die Abzählung der Rechtsrestklassen nach $\mathfrak{A}$ in der Zerlegung

$$\begin{aligned} \mathfrak{G} &= \mathfrak{A}\mathfrak{B} + \mathfrak{A}G_2\mathfrak{B} + \ldots + \mathfrak{A}G_i\mathfrak{B} + \ldots + \mathfrak{A}G_m\mathfrak{B} \\ n &= s_1 \quad + \quad s_2 \quad + \ldots + \quad s_i \quad + \quad s_m\,. \end{aligned}$$

Ist speziell $\mathfrak{B}$ Untergruppe von $\mathfrak{A}$ (auch $= \mathfrak{A}$), so ist $\mathfrak{A}\mathfrak{B} = \mathfrak{A}$ also $s_1 = 1$, daher

$$n = 1 + s_2 + \ldots + s_m\,.$$

Aufgabe 133. $\mathfrak{G} = \mathfrak{S}_4$, $\mathfrak{A} = [E, (13), (24), (13)(24)]$, $\mathfrak{B} = [E, (13)]$. Man zähle nach dem letzten Satz die Rechtsrestklassen von $\mathfrak{G}$ nach $\mathfrak{A}$ ab in der Zerlegung

$$\mathfrak{G} = \mathfrak{A}\mathfrak{B} + \mathfrak{A}(1234)\,\mathfrak{B} + \mathfrak{A}(123)\,\mathfrak{B} + \mathfrak{A}(34)\,\mathfrak{B}\,.$$

**Satz 125.** Ist der Index der Untergruppe $\mathfrak{A}$ in $\mathfrak{G}$ endlich und enthält $\mathfrak{A}G\mathfrak{A}$ nur eine einzige Rechtsrestklasse der Zerlegung von $\mathfrak{G}$ nach $\mathfrak{A}$, so gehört $G$ dem Normalisator von $\mathfrak{A}$ in $\mathfrak{G}$ an und umgekehrt.

Enthält nämlich $\mathfrak{A}G\mathfrak{A}$ nur eine einzige Restklasse, liefert also für alle $GA$ mit $A \in \mathfrak{A}$ dieselbe Restklasse, so ist

$$\mathfrak{A}G\mathfrak{A} = \mathfrak{A}G \text{ oder } G\mathfrak{A} = \mathfrak{A}G,$$

$G$ gehört dem Normalisator an.

Gehört umgekehrt $G$ dem Normalisator an, so ist

$$\mathfrak{A}G\mathfrak{A} = \mathfrak{A}\mathfrak{A}G = \mathfrak{A}G,$$

$\mathfrak{A}G\mathfrak{A}$ enthält nur eine einzige Restklasse nach $\mathfrak{A}$.

**Satz 126.** Ist der Index der Untergruppe $\mathfrak{A}$ in $\mathfrak{G}$ endlich, so besteht der Normalisator von $\mathfrak{A}$ in $\mathfrak{G}$ aus denjenigen Restklassen der Zerlegung von $\mathfrak{G}$ nach dem Doppelmodul $(\mathfrak{A}, \mathfrak{A})$, die nur eine einzige Rechtsrestklasse der Zerlegung von $\mathfrak{G}$ nach $\mathfrak{A}$ enthalten.

Nach dem vorigen Satz gehört nämlich jedes Element des Normalisators einer Restklasse $\mathfrak{A}G_i\mathfrak{A}$ an, die nur eine einzige Restklasse nach $\mathfrak{A}$ enthält. Andererseits ist jeder solche Komplex $\mathfrak{A}G_i\mathfrak{A} = \mathfrak{A}G_i$ im Normalisator enthalten.

Aufgabe 134. Man suche in der Zerlegung von $\mathfrak{S}_4$ nach dem Doppelmodul $(\mathfrak{A}, \mathfrak{A})$ mit $\mathfrak{A} = [E, (12), (34), (12)(34)]$ (vgl. Aufg. 130) diejenigen Restklassen, die nur eine einzige Restklasse der Zerlegung von $\mathfrak{S}_4$ nach $\mathfrak{A}$ enthalten und überzeuge sich, daß deren Elemente den Normalisator von $\mathfrak{A}$ in $\mathfrak{G}$ ergeben.

## § 64. $p$-Gruppen

Eine Gruppe, deren sämtliche Elemente von endlicher Ordnung sind, heißt „periodisch". Ein wichtiger Sonderfall der periodischen Gruppen sind die Gruppen, deren sämtliche Elemente als Ordnung eine Potenz einer und derselben Primzahl $p$ haben. Sie heißen „$p$-Gruppen".

Jede Untergruppe einer $p$-Gruppe ist offenbar wieder eine $p$-Gruppe; es gilt aber auch

**Satz 127.** Jede Faktorgruppe einer $p$-Gruppe ist wieder eine $p$-Gruppe.

Ist nämlich $\mathfrak{G}$ eine $p$-Gruppe mit Normalteiler $\mathfrak{N}$, also eine Faktorgruppe von $\mathfrak{G}$

$$\mathfrak{G}/\mathfrak{N} = \mathfrak{N} + \mathfrak{N}G_2 + \mathfrak{N}G_3 + \dots,$$

so ist die Ordnung eines Elements $\mathfrak{N}G_i$ der Faktorgruppe die kleinste Zahl $x$, für welche $(\mathfrak{N}G_i)^x = \mathfrak{N}$ wird.

$$(\mathfrak{N}G_i)^x = \mathfrak{N}^x G_i^x = \mathfrak{N}G_i^x = \mathfrak{N} \text{ für } G_i^x = E,$$

also wenn $x$ eine $p$-Potenz ist.

**Satz 128.** Die endlichen $p$-Gruppen decken sich genau mit den Gruppen, deren Ordnung eine Potenz von $p$ ist.

Enthielte nämlich die Ordnung der $p$-Gruppe einen von $p$ verschiedenen Primteiler $p'$, so gäbe es nach dem Satz 121 von Cauchy ein Element von der Ordnung $p'$ gegen die Erklärung der $p$-Gruppe.

Umgekehrt kann eine Gruppe mit Ordnung $p^n$ nach Satz 23 nur Elemente enthalten, deren Ordnung eine $p$-Potenz ist.

Beispiele endlicher $p$-Gruppen sind also alle Gruppen mit Ordnung $p, p^2, p^3, \ldots$, darunter die Vierergruppe, die Diedergruppe $\mathfrak{D}_4$, die beiden Gruppen 9ter Ordnung, die zahlreichen Gruppen 16ter Ordnung usw.

Beispiele unendlicher $p$-Gruppen:

1. Eine unendliche abelsche $p$-Gruppe mit lauter Elementen von der Ordnung $p$ (ausgenommen $E$) wird erzeugt von den zyklischen Permutationen von der Länge $p$

$$(1\,2 \ldots p),\ (p+1, p+2, \ldots, 2p), \ldots,$$
$$(np+1, np+2, \ldots, (n+1)\,p), \ldots, \quad n = 0, 1, 2, \ldots.$$

Die Permutationen haben keine gemeinsamen Zahlen, sie sind daher und ebenso ihre Potenzen beliebig vertauschbar. Jede von $E$ verschiedene Permutation oder Potenz einer Permutation ist von der Ordnung $p$, ebenso jedes Element der Gruppe als Produkt aus einer endlichen Menge solcher Permutationen oder Potenzen von Permutationen.

2. Eine unendliche abelsche $p$-Gruppe mit Elementen von der Ordnung $p^n$ ($n = 0, 1, 2, \ldots$) wird erzeugt von den Zyklen von der Länge $p, p^2, \ldots$

$$(1\,2 \ldots p), (p+1, p+2, \ldots, p+p^2), \ldots,$$
$$(p+p^2+\ldots+p^n+1, \ \ldots, p+p^2+\ldots+p^n+p^{n+1}), \ldots,$$

anders geschrieben, von den Zyklen

$$\left(\sum_{\nu=0}^{n} p^\nu, \left(\sum_{\nu=0}^{n} p^\nu\right)+1, \ldots, \left(\sum_{\nu=0}^{n} p^\nu\right)+p^{n+1}-1\right)$$
$$\text{für } n = 0, 1, 2, \ldots.$$

3. Eine unendliche nichtabelsche $p$-Gruppe (2-Gruppe) besteht aus Elementen, die die Form von zweireihigen quadratischen Matrizen $M_1 = \begin{pmatrix} a & 0 \\ 0 & b \end{pmatrix}$ und $M_2 = \begin{pmatrix} 0 & a \\ b & 0 \end{pmatrix}$ haben, wo $a$ und $b$ alle Elemente durchlaufen aus den in Beispiel 1 (oder 2) angegebenen abelschen $p$-Gruppen mit $p = 2$. Gruppenoperation ist die Matrizenmultiplikation. Produkte von Matrizen $M_1$ oder $M_2$ sind nämlich immer wieder von der Form $M_1$ oder $M_2$ (vgl. § 26).

Aufgabe 135. Man konstruiere weitere unendliche $p$-Gruppen.

Weil jede Untergruppe einer $p$-Gruppe wieder eine $p$-Gruppe ist, folgt aus dem letzten Satz, daß jede **endliche** Untergruppe einer $p$-Gruppe eine Potenz von $p$ als Ordnung hat. Eine **unendliche** Untergruppe einer $p$-Gruppe kann einen endlichen Index haben; dann gilt

**Satz 129.** Wenn eine Untergruppe einer $p$-Gruppe einen endlichen Index hat, ist dieser eine Potenz von $p$.

Ist nämlich $\mathfrak{P}$ eine $p$-Gruppe mit Untergruppe $\mathfrak{Q}$ von endlichem Index, so hat nach Satz 118 $\mathfrak{P}$ einen Normalteiler $\mathfrak{N}$ von endlichem Index, der in $\mathfrak{Q}$ enthalten ist. Die Faktorgruppe $\mathfrak{P}/\mathfrak{N}$ ist nach Satz 127 eine $p$-Gruppe. Ihre Ordnung ist als Index des Normalteilers (§ 32) endlich, also nach Satz 128 eine Potenz von $p$. Da $\mathfrak{N}$ auch in $\mathfrak{Q}$ enthalten und Normalteiler von $\mathfrak{Q}$ ist (Aufg. 71), gibt es eine Faktorgruppe $\mathfrak{Q}/\mathfrak{N}$. Sie ist Untergruppe der endlichen Gruppe $\mathfrak{P}/\mathfrak{N}$ und hat daher in dieser einen endlichen Index, der ein Teiler der Ordnung von $\mathfrak{P}/\mathfrak{N}$, also eine $p$-Potenz ist. Nach Satz 120 hat $\mathfrak{Q}$ in $\mathfrak{P}$ denselben Index.

**Satz 130.** Hat eine $p$-Gruppe $\mathfrak{P}$ eine echte Untergruppe $\mathfrak{Q}$ mit endlichem Index, so kann diese nicht mit ihrem Normalisator zusammenfallen.

Zum Beweis zerlegt man $\mathfrak{P}$ nach dem Doppelmodul $(\mathfrak{Q}, \mathfrak{Q})$:

$$(1) \qquad \mathfrak{P} = \mathfrak{Q}\mathfrak{Q} + \mathfrak{Q}P_2\mathfrak{Q} + \mathfrak{Q}P_3\mathfrak{Q} + \dots .$$

Die Anzahl der Rechtsrestklassen von $\mathfrak{P}$ nach $\mathfrak{Q}$, die in einer Restklasse $\mathfrak{Q}P_i\mathfrak{Q}$ enthalten sind, ist nach Satz 123 gleich dem Index des Durchschnitts $\mathfrak{D} = P_i^{-1}\mathfrak{Q}P_i \frown \mathfrak{Q}$ in $\mathfrak{Q}$, also entweder 1 oder eine davon verschiedene Potenz von $p$ (Satz 129). Da $\mathfrak{Q}\mathfrak{Q}$ nur **eine** Restklasse enthält, die Gesamtzahl der Rechtsrestklassen nach $\mathfrak{Q}$ aber ebenfalls eine Potenz von $p$ ist (Satz 129), muß es weitere Restklassen $\mathfrak{Q}P_i\mathfrak{Q}$ in (1) geben, die nur **eine** Rechtsrestklasse nach $\mathfrak{Q}$ enthalten. Nach Satz 125 muß also der Normalisator von $\mathfrak{Q}$ in $\mathfrak{P}$ von $\mathfrak{Q}$ verschieden sein.

Aufgabe 136. Man suche eine unendliche $p$-Gruppe, die eine Untergruppe mit endlichem Index hat, und bestätige die letzten beiden Sätze.

## § 65. Über die Zentren der $p$-Gruppen

**Satz 131.** Jede endliche von $\mathfrak{E}$ verschiedene $p$-Gruppe hat ein von $\mathfrak{E}$ verschiedenes Zentrum.

Nach § 25 kann man nämlich die sämtlichen Elemente der $p$-Gruppe in Klassen konjugierter einteilen. Die Elementezahlen in diesen Klassen sind Potenzen von $p$ (Satz 42), etwa $p^{\alpha_1}, p^{\alpha_2}, \ldots, p^{\alpha_s}$, so daß

$$p^{\alpha_1} + p^{\alpha_2} + \ldots + p^{\alpha_s} = p^n \text{ (Ordnung der Gruppe nach Satz 128).}$$

Da die Einheit eine Klasse für sich bildet, muß ein Summand der linken Seite gleich 1 sein. Dann kann die Gleichung nur bestehen, wenn noch weitere Summanden gleich 1 sind, also weitere invariante Elemente vorkommen.

Beispiel: $\mathfrak{D}_4$ (Taf. II) hat das Zentrum $E$, (13) (24).

Aufgabe 137. Man bestätige den letzten Satz an einer Gruppe 16ter Ordnung.

Der letzte Satz folgt auch als Sonderfall aus dem folgenden allgemeineren:

**Satz 132 (Dietzmann).** Jede $p$-Gruppe, die eine endliche von der Einheit verschiedene Klasse konjugierter Elemente besitzt, hat ein von $\mathfrak{E}$ verschiedenes Zentrum.

Die $p$-Gruppe sei $\mathfrak{P}$, die endliche Klasse konjugierter Elemente $\mathfrak{K}$, die von $\mathfrak{K}$ erzeugte Untergruppe $\{\mathfrak{K}\} = \mathfrak{N}$. $\mathfrak{N}$ ist Normalteiler nach Satz 51 und endlich nach Satz 119; seine Ordnung ist eine Potenz von $p$, etwa $p^n$ (s. Seite 142). Nach Satz 50 besteht $\mathfrak{N}$ aus endlich vielen, etwa $s$ endlichen Klassen konjugierter Elemente von $\mathfrak{P}$. Ein beliebiges Element $N$ von $\mathfrak{N}$ hat daher eine endliche Zahl von konjugierten Elementen, diese ist nach Satz 42 gleich dem Index des Normalisators von $N$ und dieser nach Satz 129 eine Potenz von $p$. Es ist also die Anzahl der Elemente in jeder Klasse konjugierter Elemente von $\mathfrak{P}$, aus denen $\mathfrak{N}$ besteht, eine Potenz von $p$, etwa $p^{\alpha_1}, p^{\alpha_2}, \ldots, p^{\alpha_s}$, somit

$$p^{\alpha_1} + p^{\alpha_2} + \ldots + p^{\alpha_s} = p^n.$$

Wie im Beweis des letzten Satzes folgt daraus die Existenz eines von $\mathfrak{E}$ verschiedenen Zentrums.

Ein Beispiel bietet die als Lösung der Aufgabe 135 angegebene unendliche $p$-Gruppe. Zu irgendeinem Element sind alle Elemente konjugiert, die dieselben Faktoren oder statt ihrer die konjugierten zu diesen Faktoren enthalten, also immer endlich viele. Zentrum ist die von den Elementen $(4n + 1, 4n + 3)(4n + 2, 4n + 4)$ für $n = 0, 1, 2, \ldots$ erzeugte Gruppe.

## § 66. $p$-Sylow-Gruppen

Eine Untergruppe einer beliebigen Gruppe $\mathfrak{G}$ heißt „$p$-Untergruppe", wenn sie eine $p$-Gruppe ist. Sie heißt „$p$-Sylow-Untergruppe" oder „$p$-Sylow-Gruppe", wenn sie in keiner anderen $p$-Untergruppe von $\mathfrak{G}$ enthalten ist[1]).

Eine Gruppe kann für dieselbe Zahl $p$ nicht nur eine, sondern eine beliebige Menge von $p$-Sylow-Gruppen besitzen. Die beiden folgenden Sätze sind für endliche $p$-Gruppen selbstverständlich, für unendliche können sie erst

[1]) Nach dieser Erklärung ist eine $p$-Gruppe ihre eigene $p$-Sylow-Gruppe. In der Regel betrachtet man $p$-Sylow-Gruppen nur von allgemeinen Gruppen, die nicht selbst $p$-Gruppen sind.

in Abschnitt XIII nach Einführung von „aufsteigenden Folgen von Gruppen" bewiesen werden (s. S. 159).

**Satz 133.** Jede Gruppe, die ein Element von der Ordnung $p$ und damit eine echte $p$-Untergruppe enthält, enthält auch eine echte $p$-Sylow-Gruppe.

**Satz 134.** Jede $p$-Untergruppe einer Gruppe ist in einer $p$-Sylow-Gruppe dieser Gruppe enthalten.

Als Beispiel nehmen wir die Gruppe $\mathfrak{S}_4$. Sie enthält für $p = 2$ drei mit $\mathfrak{D}_4$ isomorphe $p$-Sylow-Gruppen, z. B. $E$, (12), (34), (12) (34), (13) (24), (14) (23), (1324), (1423). Die Untergruppen 2ter und 4ter Ordnung (diese isomorph Vierergruppe oder $\mathfrak{Z}_4$) sind in den $p$-Sylow-Gruppen enthalten.

Aufgabe 138. Man suche $p$-Untergruppen und $p$-Sylow-Gruppen der Diedergruppe $\mathfrak{D}_6$ (Taf. III).

Eine Untergruppe $\mathfrak{H}$ einer Gruppe $\mathfrak{G}$ hat ebenfalls $p$-Sylow-Gruppen. Sie sind im allgemeinen Untergruppen von $p$-Untergruppen von $\mathfrak{G}$. Es gilt aber

**Satz 135.** Zwei verschiedene $p$-Sylow-Gruppen einer Untergruppe $\mathfrak{H}$ einer Gruppe $\mathfrak{G}$ können nicht in einer und derselben $p$-Untergruppe von $\mathfrak{G}$ enthalten sein.

Wären sie nämlich in einer $p$-Untergruppe $\mathfrak{P}$ von $\mathfrak{G}$ enthalten, so wären sie im Durchschnitt $\mathfrak{H} \frown \mathfrak{P}$, der ebenfalls eine $p$-Untergruppe von $\mathfrak{H}$ ist, enthalten. Sie könnten dann nur Sylow-Gruppen sein, wenn sie mit diesem Durchschnitt zusammenfielen, also nicht verschieden wären.

Beispiel: $\mathfrak{G} = \mathfrak{S}_4$, $\mathfrak{H} = \mathfrak{A}_4$ (Taf. III); $E$, (123), (132) und $E$, (124), (142) sind zwei verschiedene 3-Sylow-Gruppen von $\mathfrak{A}_4$; es gibt keine 3-Untergruppe von $\mathfrak{S}_4$, die die beiden enthielte.

Eine endliche Gruppe enthält nach dem Satz 121 von Cauchy zu jedem Primteiler $p$ ihrer Ordnung ein Element und damit eine zyklische Gruppe von der Ordnung $p$. Es fragt sich, ob Entsprechendes noch gilt, wenn eine

Primzahlpotenz $p^i$ $(i > 1)$ in der Ordnung der Gruppe enthalten ist. (Vgl. auch Aufg. 32.)

**Satz 136.** Eine endliche Gruppe $\mathfrak{G}$ enthält zu jeder in ihrer Ordnung aufgehenden Primzahlpotenz $p^i$ eine Untergruppe von der Ordnung $p^i$.

Die Ordnung von $\mathfrak{G}$ sei $g$ und $p^i \mid g$. Der Satz gilt für $i = 1$ (Satz 121 von Cauchy). Wir nehmen an, der Satz gelte für Gruppen von niedrigerer Ordnung als $g$ und beweisen ihn für die Gruppe $\mathfrak{G}$.

1. Fall: $\mathfrak{G}$ besitzt eine eigentliche Untergruppe $\mathfrak{H}$, deren Index mit $p$ teilerfremd ist. Die Ordnung von $\mathfrak{H}$ ist dann kleiner als $g$, aber noch durch $p^i$ teilbar. Nach Annahme besitzt also $\mathfrak{H}$ und damit auch $\mathfrak{G}$ eine Untergruppe von der Ordnung $p^i$.

2. Fall: $\mathfrak{G}$ besitzt keine solche Untergruppe $\mathfrak{H}$. Nach dem Satz 121 von Cauchy (und dessen Beweis) besitzt es aber eine Untergruppe $\mathfrak{P}$ von der Ordnung $p$, die im Zentrum enthalten und damit Normalteiler ist. $\mathfrak{G}/\mathfrak{P}$ hat eine Ordnung, die kleiner als $g$ und durch $p^{i-1}$ teilbar ist, besitzt also nach Annahme eine Untergruppe von der Ordnung $p^{i-1}$. $\mathfrak{G}$ hat daher eine Untergruppe von der Ordnung $p^{i-1} \cdot p = p^i$.

Der Satz sagt — genauer als Satz 133 —, daß es zu jeder höchsten Potenz $p^s$, die Teiler der Ordnung $g$ einer endlichen Gruppe $\mathfrak{G}$ ist, eine $p$-Sylow-Gruppe von $\mathfrak{G}$ gibt, deren Ordnung $p^s$ ist.

Beispiel: $\mathfrak{S}_4$ hat Untergruppen von den Ordnungen 2, 4, 8.

Aufgabe 139. Man bestätige den letzten Satz an der Gruppe der Aufgabe 137.

### § 67. Sätze über $p$-Sylow-Gruppen

Wir untersuchen wieder beliebige (endliche und unendliche) Gruppen.

**Satz 137.** Wenn eine $p$-Untergruppe $\mathfrak{N}$ einer Gruppe $\mathfrak{G}$ Normalteiler von $\mathfrak{G}$ ist, ist sie in jeder $p$-Sylow-Gruppe $\mathfrak{S}$ von $\mathfrak{G}$ enthalten.

Es wird gezeigt, daß das Produkt $\mathfrak{N}\mathfrak{S}$, das nach Satz 56 eine Gruppe ist, mit $\mathfrak{S}$ zusammenfällt, daß also $\mathfrak{N} \subseteq \mathfrak{S}$ ist.

Jedes Element $N$ von $\mathfrak{N}$ hat eine $p$-Potenz als Ordnung, etwa $p^\nu$, ebenso jedes Element $S$ von $\mathfrak{S}$ eine Ordnung $p^\sigma$. Daher ist

$$(NS)^{p^\sigma} = N'S^{p^\sigma} = N', \text{ also } (NS)^{p^{\sigma+\nu}} = N'^{p^\nu} = E.$$

Jedes Element der Gruppe $\mathfrak{N}\mathfrak{S}$ hat also eine $p$-Potenz als Ordnung, $\mathfrak{N}\mathfrak{S}$ ist eine $p$-Untergruppe von $\mathfrak{G}$. Da aber $\mathfrak{S}$ eine $p$-Sylow-Gruppe ist, kann zwischen $\mathfrak{S}$ und $\mathfrak{G}$ keine $p$-Untergruppe liegen, es muß $\mathfrak{N}\mathfrak{S} = \mathfrak{S}$ sein[1]).

Beispiel: $\mathfrak{G} = \mathfrak{A}_4$; die 2-Untergruppe $E$, (12) (34), (13) (24), (14) (23) ist Normalteiler und einzige 2-Sylow-Gruppe.

**Satz 138.** Wenn eine $p$-Sylow-Gruppe einer Gruppe $\mathfrak{G}$ Normalteiler von $\mathfrak{G}$ ist, ist sie die einzige $p$-Sylow-Gruppe von $\mathfrak{G}$.

Nach dem letzten Satz ist nämlich der Normalteiler in jeder $p$-Sylow-Gruppe von $\mathfrak{G}$ enthalten, kann also als $p$-Sylow-Gruppe nur mit jeder solchen zusammenfallen.

Vgl. das letzte Beispiel!

**Satz 139.** Jede $p$-Sylow-Gruppe einer Gruppe $\mathfrak{G}$ ist die einzige $p$-Sylow-Gruppe in ihrem Normalisator.

Sie ist nämlich Normalteiler in ihrem Normalisator, also nach dem letzten Satz dessen einzige $p$-Sylow-Gruppe.

**Satz 140.** Jede $p$-Sylow-Gruppe $\mathfrak{S}$ einer Gruppe $\mathfrak{G}$ enthält alle Elemente ihres Normalisators, die eine $p$-Potenz als Ordnung haben.

Enthielte nämlich die Gruppe $\mathfrak{S}$ ein Element $N$ ihres Normalisators, das eine Ordnung $p^\nu$ hat, nicht, so könnte man aus $\mathfrak{S}$ und $N$ eine von $\mathfrak{S}$ verschiedene $p$-Untergruppe von $\mathfrak{G}$ erzeugen, die $\mathfrak{S}$ enthielte, so daß $\mathfrak{S}$ keine $p$-Sylow-

[1]) Ist $\mathfrak{N}\mathfrak{S} = \mathfrak{G}$, also $\mathfrak{G}$ selbst eine $p$-Gruppe, so ist auch $\mathfrak{S} = \mathfrak{G}$ Fußnote S. 144), $\mathfrak{N} \subset \mathfrak{S}$, der Satz bleibt bestehen.

Gruppe sein könnte. Es hätte nämlich jedes Element $NS$ eine $p$-Potenz als Ordnung; denn wenn $S$ die Ordnung $p^\sigma$ hat, ist

$$(NS)^{p^\nu} = N^{p^\nu} S' = S', \text{ also } (NS)^{p^{\nu+\sigma}} = S'^{p^\sigma} = E.$$

**Satz 141.** Die konjugierten Gruppen einer $p$-Sylow-Gruppe $\mathfrak{S}$ einer Gruppe $\mathfrak{N}$ sind ebenfalls $p$-Sylow-Gruppen von $\mathfrak{G}$.

Es hat nämlich jedes konjugierte Element eines Elements $S$ von $\mathfrak{S}$ dieselbe Ordnung wie $S$ (Aufg. 58), die konjugierte Gruppe ist also wieder eine $p$-Untergruppe. Wäre sie keine $p$-Sylow-Gruppe, sondern in einer $p$-Untergruppe $\mathfrak{P}$ von $\mathfrak{G}$ enthalten, $G^{-1}\mathfrak{S}G < \mathfrak{P}$, so wäre $\mathfrak{S} < G\mathfrak{P}G^{-1}$, $\mathfrak{S}$ also keine $p$-Sylow-Gruppe.

**Satz 142.** Der Normalisator $\mathfrak{N}$ einer $p$-Sylow-Gruppe $\mathfrak{S}$ einer Gruppe $\mathfrak{G}$ ist sein eigener Normalisator in $\mathfrak{G}$.

Es wird gezeigt, daß ein Element $G$ außerhalb $\mathfrak{N}$ nicht mit $\mathfrak{N}$ vertauschbar ist, daß also außerhalb $\mathfrak{N}$ kein Element des Normalisators von $\mathfrak{N}$ liegen kann.

Da $G$ nicht mit $\mathfrak{S}$ vertauschbar ist, ist $G^{-1}\mathfrak{S}G \neq \mathfrak{S}$. Wegen $\mathfrak{S} < \mathfrak{N}$ ist $G^{-1}\mathfrak{S}G < G^{-1}\mathfrak{N}G$. Wäre $G^{-1}\mathfrak{N}G = \mathfrak{N}$, also $G$ mit $\mathfrak{N}$ vertauschbar, so wäre $G^{-1}\mathfrak{S}G < \mathfrak{N}$. Es gäbe eine zweite $p$-Sylow-Gruppe in $\mathfrak{N}$ im Widerspruch mit Satz 139.

Aufgabe 140. Man bestätige die letzten Sätze an Beispielen.

## § 68. Der Satz von Sylow

Die sämtlichen $p$-Sylow-Gruppen einer beliebigen Gruppe sind im allgemeinen nicht konjugiert, sondern sie bilden mehrere Klassen konjugierter Untergruppen. Der folgende Satz gibt eine Bedingung an, unter welcher die sämtlichen $p$-Sylow-Gruppen einer Gruppe untereinander konjugiert sind.

**Satz 143** (Sylow[1]). Hat eine $p$-Sylow-Gruppe $\mathfrak{S}$ einer Gruppe $\mathfrak{G}$ endlich viele, etwa $n$ konjugierte Gruppen, so erschöpfen diese alle $p$-Sylow-Gruppen von $\mathfrak{G}$ und es ist ihre Anzahl $n \equiv 1 \bmod p$.

Zum Beweis stellen wir zunächst fest, daß die Anzahl $n$ der zu $\mathfrak{S}$ konjugierten Gruppen gleich der Anzahl der Rechtsrestklassen in der Zerlegung von $\mathfrak{G}$ nach dem Normalisator $\mathfrak{N}$ von $\mathfrak{S}$ in $\mathfrak{G}$, also gleich dem Index dieses Normalisators und damit auch dieser Index endlich ist (Satz 45). Man zerlegt nun $\mathfrak{G}$ nach dem Doppelmodul $(\mathfrak{N}, \mathfrak{S})$:

$$\mathfrak{G} = \mathfrak{N}\mathfrak{S} + \mathfrak{N}G_2\mathfrak{S} + \ldots + \mathfrak{N}G_i\mathfrak{S} + \ldots + \mathfrak{N}G_m\mathfrak{S}.$$

Da $\mathfrak{S} < \mathfrak{N}$ ist $\mathfrak{N}\mathfrak{S} = \mathfrak{N}$. In jeder von $\mathfrak{N}\mathfrak{S}$ verschiedenen Restklasse $\mathfrak{N}G_i\mathfrak{S}$ ist $G_i$ kein Element von $\mathfrak{N}$. Die Anzahl $s_i$ der in einer Restklasse $\mathfrak{N}G_i\mathfrak{S}$ enthaltenen Restklassen nach $\mathfrak{N}$ ist endlich, weil nach Voraussetzung die Zahl aller Restklassen nach $\mathfrak{N}$ in $\mathfrak{G}$ endlich ist.

Nach Satz 123 ist $s_i$ gleich dem Index des Durchschnitts $\mathfrak{D} = G_i^{-1}\mathfrak{N}G_i \frown \mathfrak{S}$ in $\mathfrak{S}$. Es ist also nach Satz 124

$$n = s_1 + s_2 + \ldots + s_m. \tag{1}$$

Die Zahlen $s_i$ sind Potenzen von $p$, weil sie Indizes von Untergruppen $\mathfrak{D}_i$ der $p$-Gruppe $\mathfrak{S}$ sind (Satz 129).

$s_1 = 1$, weil $\mathfrak{N}\mathfrak{S} = \mathfrak{N}$. Es wird gezeigt, daß alle weiteren $s_i$ von 1 verschiedene $p$-Potenzen sind, so daß aus (1) $n \equiv 1 \bmod p$ folgt.

Nach Satz 139 ist $\mathfrak{S}$ die einzige $p$-Sylow-Gruppe in ihrem Normalisator $\mathfrak{N}$, ebenso $G_i^{-1}\mathfrak{S}G_i$ die einzige $p$-Sylow-Gruppe in ihrem Normalisator $G_i^{-1}\mathfrak{N}G_i$. $\mathfrak{D}_i = G_i^{-1}\mathfrak{N}G_i \frown \mathfrak{S}$ ist (weil $< \mathfrak{S}$) eine $p$-Gruppe und Untergruppe von $G_i^{-1}\mathfrak{N}\mathfrak{G}_i$. $\mathfrak{D}_i$ muß also in der einzigen $p$-Sylow-Gruppe $G_i^{-1}\mathfrak{S}G_i$ von

[1]) Der Beweis dieses auf unendliche Gruppen ausgedehnten Satzes von Sylow stammt von A. P. Dietzmann, A. G. Kurosch und A. I. Uskow (Mat. Sbornik N. S. 1938 oder Kurosch, Gruppentheorie, § 32).

$G_i^{-1}\mathfrak{N}G_i$ enthalten sein, weil es sonst eine weitere $p$-Sylow-Gruppe in $G_i^{-1}\mathfrak{N}G_i$ gäbe. Aus $\mathfrak{D}_i < G_i^{-1}\mathfrak{S}G_i$ und $\mathfrak{D}_i < \mathfrak{S}$ folgt aber $\mathfrak{D}_i \subseteq G_i^{-1}\mathfrak{S}G_i \frown \mathfrak{S}$ oder weil $\mathfrak{D}_i = G_i^{-1}\mathfrak{N}G_i \frown \mathfrak{S}$ und $\mathfrak{S} < \mathfrak{N}$, $\mathfrak{D}_i = G_i^{-1}\mathfrak{S}G_i \frown \mathfrak{S}$. Da $G_i^{-1}\mathfrak{S}G_i \neq \mathfrak{S}$, ist auch $\mathfrak{D}_i \neq \mathfrak{S}$, also der Index $s_i$ von $\mathfrak{D}_i$ in $\mathfrak{S}$ von 1 verschieden.

Es ist noch zu beweisen, daß es außer den zu $\mathfrak{S}$ konjugierten Untergruppen keine $p$-Sylow-Gruppen in $\mathfrak{G}$ gibt. Dazu wird gezeigt, daß jede $p$-Untergruppe $\mathfrak{P}$ von $\mathfrak{G}$ in einer zu $\mathfrak{S}$ konjugierten Gruppe enthalten ist, also mit ihr zusammenfallen muß, wenn sie $p$-Sylow-Gruppe sein soll. Man zerlegt $\mathfrak{G}$ nach dem Doppelmodul $(\mathfrak{N}, \mathfrak{P})$. Weil die Gesamtzahl der Rechtsrestklassen nach $\mathfrak{N}$ in $\mathfrak{G}$ endlich ist, ist die Anzahl dieser Restklassen in jeder Restklasse $\mathfrak{N}G\mathfrak{P}$ endlich. Sie ist eine Potenz von $p$, weil sie nach Satz 123 gleich dem Index eines Durchschnitts $\mathfrak{D}'$ ist, der eine Untergruppe der $p$-Gruppe $\mathfrak{P}$ ist.

Weil der Index von $\mathfrak{N}$ in $\mathfrak{G}$ $n \equiv 1 \bmod p$ ist, muß es wenigstens **eine** Restklasse $\mathfrak{N}\bar{G}\mathfrak{P}$ geben, die eine einzige Restklasse $\mathfrak{N}\bar{G}$ enthält, also mit ihr zusammenfällt:

$$\mathfrak{N}\bar{G}\mathfrak{P} = \mathfrak{N}\bar{G} \quad \text{oder} \quad \mathfrak{P} < \bar{G}^{-1}\mathfrak{N}\bar{G}.$$

Daraus folgt, da $\bar{G}^{-1}\mathfrak{S}\bar{G}$ die einzige $p$-Sylow-Gruppe in $\bar{G}^{-1}\mathfrak{N}\bar{G}$ ist,

$$\mathfrak{P} < \bar{G}^{-1}\mathfrak{S}\bar{G}.$$

Bei **endlichen** Gruppen ist die Bedingung des Satzes stets erfüllt, alle $p$-Sylow-Gruppen einer endlichen Gruppe sind also konjugiert.

Beispiel: $\mathfrak{S}_4$ hat die 2-Sylow-Gruppen $\mathfrak{S} =$
$[E, (12), (34), (12)\,(34), (13)\,(24), (14)\,(23), (1324), (1423)]$; $(23)\,\mathfrak{S}\,(23)$; $(24)\,\mathfrak{S}\,(24)$ und nur diese; sie sind konjugiert und ihre Anzahl ist $3 \equiv 1 \bmod 2$.

Aufgabe 141. Man bestätige den Satz von Sylow an den Gruppen $\mathfrak{A}_4$ u. $\mathfrak{D}_6$ (Taf. III).

## II. Freie Gruppen und Gruppen mit Beziehungen zwischen den Elementen

### § 69. Das Kurzwort

Bei fast allen bisher betrachteten Gruppen waren die Elemente durch eine oder mehrere Beziehungen voneinander abhängig. Diese Beziehungen bedeuteten Eigenschaften der Elemente und ließen sich durch Gleichungen ausdrücken. Z. B. genügen

die Elemente $A$ und $E$ einer zyklischen Gruppe $n^{\text{ter}}$ Ordnung der Gleichung $A^n = E$,

die Elemente $E$, $A$, $B$, $C$ der Vierergruppe u. a. den Gleichungen $A^2 = E$, $B^2 = E$, $AB = C$,

jedes Element $G$ einer endlichen Gruppe der Ordnung $g$ der Gleichung $G^g = E$.

Dagegen genügen die Elemente der unendlichen zyklischen Gruppe keiner derartigen Gleichung; denn die Gleichungen

$$AA^{-1} = A^{-1}A = A^0 = E \tag{1}$$

oder allgemein $A^n A^m = A^{n+m}$ ($n$, $m$ ganze Zahlen) definieren ja erst die Elemente $A^{-1}$ bzw. $A^{n+m}$, können also nicht als Beziehungen im obigen Sinne gewertet werden, die den Elementen besondere Eigenschaften beilegen.

Man kann außer der unendlichen zyklischen Gruppe weitere Gruppen einführen, für deren Elemente keine Gleichungen gelten. Sie sind, wie oben gezeigt, notwendig unendlich. Man nennt sie „freie Gruppen".

Wie die unendliche zyklische Gruppe aus **einem** erzeugenden Element, etwa $V$, durch Multiplikation und Bildung der Inversen ohne Einführung einer Beziehung aufgebaut wird, kann man auch 2 Erzeugende $V_1$, $V_2$ benützen, für die keine Beziehung gelten soll außer den obigen Gleichungen (1). Irgendein Produkt aus beliebig, aber endlich vielen Faktoren, die $V_1$ oder $V_2$ oder Potenzen dieser beiden sind, heißt ein „Wort", z. B.

$$W = V_2 V_2^{-1} V_1^i V_1^k V_2^l V_1^m V_1^n V_2^p$$

($i$, $k$, ... ganze Zahlen).

Lediglich mittels der Gleichungen (1) können wir unter Umständen ein Wort noch kürzen, z. B. schreiben

$$W = V_1^{i+k} V_2^l V_1^{m+n} V_2^p.$$

Sind alle möglichen Kürzungen durchgeführt, so spricht man von einem „Kurzwort". Dabei können vielleicht auch alle $V_1$, $V_2$ verschwinden, z. B. bei dem Wort $V_1^k V_1^{-k}$. Das Ergebnis soll noch als Kurzwort gelten, und zwar als „leeres Wort" $W_0$. Die allgemeine Form eines Kurzwortes ist $W = V_1^{\alpha_1} V_2^{\beta_1} V_1^{\alpha_2} V_2^{\beta_2} \ldots V_1^{\alpha_n} V_2^{\beta_n}$, wo $\alpha_i$, $\beta_i$ ganze Zahlen $\gtrless 0$, $\alpha_1$, $\beta_n$ auch $= 0$ sein können.

Die Anzahl der einzeln gezählten Faktoren $V_1$, $V_1^{-1}$, $V_2$, $V_2^{-1}$, die in dem Kurzwort vorkommen, heißt „Länge" des Kurzwortes; z. B. ist $V_1^{-3} V_2^5 V_1$ von der Länge 9, das allgemeine Kurzwort von der Länge $|\alpha_1| + |\beta_1| + \ldots + |\beta_n|$. Die Menge aller möglichen Kurzwörter, die sich mit den Erzeugenden $V_1$, $V_2$ bilden lassen, ist abzählbar unendlich, jedes Kurzwort, ausgenommen das leere Wort, ist von unendlicher Ordnung und 2 Kurzwörter sind im allgemeinen nicht vertauschbar.

## § 70. Die freie Gruppe

**Satz 144.** Die Menge aller aus 2 Erzeugenden gebildeten Kurzwörter bildet eine Gruppe bei folgender Gruppenoperation: Das Produkt $W_1 W_2$ zweier Kurzwörter $W_1$, $W_2$ wird gebildet, indem man das zweite Kurzwort hinter das erste setzt und möglichst weitgehend kürzt.

Der Beweis beruht im wesentlichen auf dem Nachweis der Assoziativität

$$(1) \qquad (W_1 W_2) W_3 = W_1 (W_2 W_3);$$

denn die Existenz eines Einselements, nämlich des leeren Wortes, und eines inversen zu jedem Element, nämlich zu dem angegebenen Kurzwort $W$

$$W^{-1} = V_2^{-\beta_n} V_1^{-\alpha_n} \ldots V_2^{-\beta_1} V_1^{-\alpha_1}$$

ist unmittelbar ersichtlich.

Um Gleichung (1) zu beweisen, nehmen wir zunächst das mittlere Kurzwort $W_2$ von der Länge 1 an, setzen etwa $W_2 = V$, wo $V$ einen der Werte $V_1^{\pm 1}$, $V_2^{\pm 1}$ hat. Wenn nun weder $W_1$ mit $V^{-1}$ endigt, noch $W_3$ damit beginnt, gilt Gleichung (1), weil keine Faktoren durch Kürzung verschwinden. Wenn $W_1$ mit $V^{-1}$ endigt, aber $W_3$ nicht damit beginnt, gilt Gl. (1) ebenfalls, weil sich auf der rechten Seite $W_1$ mit $W_2 W_3$ ebenso verbindet, wie auf der linken Seite $W_1$ mit $W_2$. Entsprechendes gilt, wenn $W_3$ mit $V^{-1}$ beginnt, aber $W_1$ nicht damit endigt. Wenn endlich $W_1$ mit $V^{-1}$ endet und $W_3$ damit beginnt, also links

$$(\ldots V^{-1}V)\,(V^{-1}\ldots) \text{ steht und rechts } (\ldots V^{-1})\,(V V^{-1}\ldots),$$

bleibt in beiden Fällen $V^{-1}$ übrig und die weiteren Faktoren stimmen überein.

Ist $W_2$ von einer Länge $> 1$, so nehmen wir an, Gl. (1) gelte für Längen $\leqq n$ und beweisen sie für $n + 1$. $W_2$ von der Länge $n + 1$ zerlegen wir in 2 Faktoren $W_2' W_2''$, deren Längen $< n + 1$ sind, so daß für sie nach Annahme Gl. (1) gilt. Dann ist

$$\begin{aligned}(W_1 W_2)\,W_3 &= (W_1(W_2' W_2''))\,W_3 = ((W_1 W_2')\,W_2'')\,W_3 = \\ &= (W_1 W_2')\,(W_2'' W_3) = W_1(W_2'(W_2'' W_3)) = \\ &= W_1((W_2' W_2'')\,W_3) = W_1(W_2 W_3).\end{aligned}$$

Damit ist unser Satz bewiesen.

Statt zweier Erzeugender $V_1$, $V_2$ können wir 3, 4, ..., jede endliche, ja sogar jede unendliche Menge von Erzeugenden wählen und daraus alle möglichen Kurzwörter bilden. Unser Satz bleibt gültig, da der Beweis von der Menge der Erzeugenden unabhängig ist. Wir haben die allgemeine freie Gruppe aufgestellt. Für sie läßt sich ein Satz von großer Allgemeinheit beweisen:

**Satz 145.** Jede (endliche oder unendliche) Gruppe ist einer Faktorgruppe einer freien Gruppe isomorph.

Es sei nämlich $\mathfrak{G}$ eine beliebige Gruppe und (§ 11) $A_1$, $A_2$, $A_3$, ... eine Menge von Erzeugenden der Gruppe $\mathfrak{G}$. Dann bilden wir eine freie Gruppe $\mathfrak{W}$ mit Erzeugenden $V_1$, $V_2$, $V_3, \ldots$, und zwar sei die Menge der $V_i$ äquivalent der Menge der $A_i$, so daß $V_i \to A_i$ eine eineindeutige Abbildung vorstellt. Damit wird auch jedes Element

(2) $$V_i^{\alpha i} V_k^{\alpha k} \ldots V_s^{\alpha s} \text{ auf ein Element}$$

(3) $$A_i^{\alpha i} A_k^{\alpha k} \ldots A_s^{\alpha s},$$

also die Gruppe $\mathfrak{W}$ auf die Gruppe $\mathfrak{G}$ abgebildet. Die Abbildung ist homomorph, da offenbar das Isomorphiegesetz gilt. Verschiedenen Elementen von $\mathfrak{W}$ können natürlich gleiche Elemente von $\mathfrak{G}$ entsprechen. Das ist immer der Fall, wenn $\mathfrak{G}$ nicht ebenfalls eine freie Gruppe ist, sondern Beziehungen zwischen den Elementen bestehen. Insbesondere wird dann verschiedenen Elementen (2) ein Element (3) entsprechen, das sich auf die Einheit reduziert. Bezeichnen wir die Untergruppe von $\mathfrak{W}$ (Satz 65), die sich auf das Element $E$ von $\mathfrak{G}$ abbildet, mit $\mathfrak{N}$, so ist nach Satz 66 u. 69 $\mathfrak{N}$ Normalteiler von $\mathfrak{W}$ und $\mathfrak{G} \cong \mathfrak{W}/\mathfrak{N}$.

1. Beispiel: $\mathfrak{G} = \mathfrak{Z}_n$, erzeugt von Element $A$, $A^n = E$.

Wir bilden die freie Gruppe $\mathfrak{W}$ mit ebenfalls **einer** Erzeugenden $V$ (unendliche zyklische Gruppe) auf $\mathfrak{G}$ homomorph ab: $V \to A$. Jedes Kurzwort von $\mathfrak{W}$, nämlich $V^\nu (\nu = 0, \pm 1, \pm 2, \ldots)$ wird abgebildet auf ein Element von $\mathfrak{G}$, und zwar

$$\begin{array}{l} \ldots V^{-2n}, \quad V^{-n}, \quad E, \quad V^n, \quad V^{2n}, \ldots \to E \\ \ldots V^{-2n+1}, \quad V^{-n+1}, \quad V, \quad V^{n+1}, \quad V^{2n+1}, \ldots \to A \\ \ldots\ldots\ldots\ldots\ldots\ldots\ldots\ldots\ldots\ldots\ldots\ldots \\ \ldots V^{-n-1}, \quad V^{-1}, \quad V^{n-1}, \quad V^{2n-1}, \quad V^{3n-1}, \ldots \to A^{n-1}. \end{array}$$

Die auf $E$ abgebildeten Kurzwörter bilden einen Normalteiler $\mathfrak{N}$ von $\mathfrak{W}$ und es ist

$$\mathfrak{W}/\mathfrak{N} = (\mathfrak{N}) + (\mathfrak{N}V) + (\mathfrak{N}V^2) + \ldots + (\mathfrak{N}V^{n-1}) \cong \mathfrak{G}.$$

2. Beispiel: $\mathfrak{G} = \mathfrak{D}_4$ (Tafel II); Erzeugende etwa $A = (1234)$, $B = (13)$.

Gleichungen: (1) $A^4 = E$, (2) $B^2 = E$, (3) $BA = A^3 B$ oder $A^3 B A^{-1} B^{-1} = E$.

Wir bilden die freie Gruppe $\mathfrak{W}$ mit ebenfalls 2 Erzeugenden $V_1, V_2$ auf $\mathfrak{G}$ homomorph ab: $V_1 \to A$, $V_2 \to B$. Jedem Kurzwort von $\mathfrak{W}$ entspricht dann ein Element von $\mathfrak{D}_4$, dabei vielen Kurzwörtern dasselbe Element, z. B. $V_1 \to A$, $V_1^{-1} V_2^2 V_1^2 \to A^{-1} B^2 A^2 = A$ (Gl. (2)), $V_2 V_1 V_2^{-1} V_1^2 \to BAB^{-1} A^2 = A$ (Gl. (3) u. (1)), $V_2 \to B$, $V_1 V_2 \to AB$, $V_2 V_1 \to BA = A^3 B$, $V_1^4 \to E$, $V_2^2 \to E$, $V_1^3 V_2^4 V_1^5 \to E$ usw. Die unendliche Menge der Kurzwörter, welche auf $E$ abgebildet werden, bildet einen Normalteiler $\mathfrak{N}$ von $\mathfrak{W}$, auf $A$ wird $\mathfrak{N} V_1$ abgebildet, auf $A^2 \mathfrak{N} V_1^2$ usw., auf jedes Element von $\mathfrak{D}_4$ eine Restklasse der Zerlegung von $\mathfrak{W}$ nach $\mathfrak{N}$; es ist $\mathfrak{W}/\mathfrak{N} \cong \mathfrak{D}_4$.

Aufgabe 142. Man behandle als weiteres Beispiel die Gruppe $\mathfrak{G} = \mathfrak{S}_3$.

## § 71. Bestimmung von Gruppen durch Beziehungen zwischen erzeugenden Elementen

Wir kehren nochmals zurück zu der im Beweis des Satzes 145 erklärten Abbildung einer freien Gruppe $\mathfrak{W}$ auf eine beliebige Gruppe $\mathfrak{G}$. Dabei wird ein Normalteiler $\mathfrak{N}$ von $\mathfrak{W}$ auf die Einheit von $\mathfrak{G}$ abgebildet. Jedem Kurzwort von $\mathfrak{N}$ von der Form § 70, (2) entspricht ein Element der Form (3) von $\mathfrak{G}$, das gleich $E$ ist. Wir erhalten ebenso viele Gleichungen

$$(1) \qquad A_i^{\alpha i} A_k^{\alpha k} \ldots A_s^{\alpha s} = E$$

als $\mathfrak{N}$ Elemente enthält. Diese Gleichungen sind im allgemeinen nicht unabhängig, sondern folgen teilweise auseinander. Wir wählen aber ein System unabhängiger Gleichungen aus, wenn wir nicht alle Elemente von $\mathfrak{N}$ benützen, sondern nur eine Teilmenge, die gerade alle Elemente von $\mathfrak{N}$ erzeugt (ein System unabhängiger Erzeugender). Im obigen Beispiel 1 etwa nur das Element $V^n$; es erzeugt $\mathfrak{N}$ und liefert die Gleichung $A^n = E$. Nur wenn $\mathfrak{G}$ selbst eine freie Gruppe ist, wird $\mathfrak{N} = \mathfrak{E}$, und wir erhalten keine Gleichung. Damit ist bewiesen

**Satz 146.** Jede Gruppe, die keine freie ist, kann durch Gleichungen zwischen Erzeugenden bestimmt werden.

Auch die Umkehrung dieses Satzes gilt:

**Satz 147.** Zu jeder Menge $\mathfrak{M}$ von Erzeugenden $A_1, A_2, \ldots$ und einem daraus gebildeten System von Gleichungen der Form (1) gibt es eine Gruppe, die durch diese Gleichungen bestimmt wird.

Bildet man nämlich mittels einer mit $\mathfrak{M}$ äquivalenten Menge von Elementen $V_1, V_2, \ldots$ die freie Gruppe $\mathfrak{W}$, stellt die den linken Seiten der Gleichungen (1) entsprechenden Kurzwörter her und den durch sie erzeugten Normalteiler[1]) $\mathfrak{N}$ von $\mathfrak{W}$, so ist die gesuchte Gruppe $\mathfrak{G}$ isomorph zur Faktorgruppe $\mathfrak{W}/\mathfrak{N}$.

1. Beispiel: 2 Erzeugende $A$, $B$[2]); 3 Gleichungen: $A^2 = E$, $B^2 = E$, $AB = BA$[3]). $\mathfrak{W}$ besteht aus den Kurzwörtern der Länge 0: $W_0$, der Länge 1: $U$, $V$, $U^{-1}$, $V^{-1}$, der Länge 2: $U^2$, $V^2$, $U^{-2}$, $V^{-2}$, $UV$, $UV^{-1}$, $U^{-1}V$, $U^{-1}V^{-1}$, $VU, \ldots$, der Länge 3: $U^3$, $V^3$, $U^2V \ldots, \ldots$, der Länge $n$: $U^n, \ldots$.

Die entsprechenden aus $A$, $B$ gebildeten Produkte reduzieren sich vermöge der 3 vorgeschriebenen Gleichungen auf $E$, $A$, $B$, $AB$. Die $E$ entsprechenden Kurzwörter bilden einen Normalteiler $\mathfrak{N}$ von $\mathfrak{W}$, die $A$ entsprechenden die Restklasse $\mathfrak{N}U$ der Zerlegung von $\mathfrak{W}$ nach $\mathfrak{N}$, die $B$ und $AB$ entsprechenden die Restklassen $\mathfrak{N}V$ bzw. $\mathfrak{N}UV$. Es ist

$$\mathfrak{G} \cong \mathfrak{W}/\mathfrak{N} = \mathfrak{N} + \mathfrak{N}U + \mathfrak{N}V + \mathfrak{N}UV;$$

$$\mathfrak{G} = [E, A, B, AB] = \text{Vierergruppe}.$$

2. Beispiel: 2 Erzeugende $A$, $B$; 2 Gleichungen $A^2 = E$, $B^2 = E$.

$\mathfrak{W}$ ist dieselbe Gruppe wie im Beispiel 1. Aber weil die dritte Gleichung fehlt, reduzieren sich die den Kurzwörtern entsprechenden Produkte aus Faktoren $A$, $B$ in viel geringerem Maße, es ist

---

[1]) Es gibt immer einen solchen, im äußersten Fall ist er $\mathfrak{W}$ selbst, also $\mathfrak{G} = \mathfrak{E}$.

[2]) Statt $A_1$, $A_2$, $V_1$, $V_2$ wird hier bzw. $A$, $B$, $U$, $V$ geschrieben.

[3]) Statt $ABA^{-1}B^{-1} = E$ wird kürzer $AB = BA$ geschrieben.

$$\begin{array}{lll}
\mathfrak{N} & = [W_0, U^2, V^2, U^{-2}, V^{-2}, UV^2U, \ldots] & \to E \\
\mathfrak{N}U & = [U, U^3, V^2U, \ldots] & \to A \\
\mathfrak{N}V & = [V, U^2V, \ldots] & \to B \\
\mathfrak{N}UV & = [UV, U^3V, \ldots] & \to AB \\
\mathfrak{N}UVU & = [UVU, U^3VU, \ldots] & \to ABA \\
\ldots & \ldots & \ldots
\end{array}$$

$\mathfrak{G} \cong \mathfrak{W}/\mathfrak{N}$ ist unendlich, die Elemente mit ungerader Zahl von Faktoren ($A$, $B$, $ABA$, $BAB$, $ABABA, \ldots$) sind von der Ordnung 2, die übrigen ($AB$, $BA$, $ABAB$, $BABA, \ldots$) von unendlicher Ordnung.

3. Beispiel: 2 Erzeugende $A, B$; 3 Gleichungen: (1) $A^5 = E$, (2) $B^3 = E$, (3) $AB^2 = BA^3$. Hier folgt aus den 3 Gleichungen[1]) $A = B = E$, alle Elemente von $\mathfrak{W}$ werden auf $E$ abgebildet, $\mathfrak{N} = \mathfrak{W}$, $\mathfrak{G} \cong \mathfrak{W}/\mathfrak{N} \cong \mathfrak{E}$.

4. Beispiel: 3 Erzeugende $A, B, C$; 6 Gleichungen: $A^3 = E$, $B^2 = E$, $C^2 = E$, $ABAB = E$, $ACAC = E$, $BCBC = E$.

Mittels der Gleichungen reduzieren sich alle aus $A$, $B$, $C$ gebildeten Produkte auf 12 Formen, etwa

$$E, A, A^2, B, AB, BA, C, AC, CA, BC, ABC, BAC;$$

$\mathfrak{G}$ ist eine Gruppe von der Ordnung $12 \cong \mathfrak{D}_6$.

Aufgabe 143. Welche Gruppe erzeugen 2 Elemente $A$, $B$, für die die Gleichungen gelten: $A^3 = E$, $B = E$, $AB^2 = B^2A$, $BA = A^2B$?

Aufgabe 144. Man versuche aus Erzeugenden und Gleichungen die Gruppen 8ter Ordnung aufzubauen durch Behandlung folgender Fälle:

1. $A^8 = E$; 2. $A^4 = E$, $B^2 = E$ und entweder a) $BA = AB$ oder b) $BA = A^2B$ oder c) $BA = A^3B$;

3. $A^4 = E$, $B^2 = A^2$ und entweder a) $BA = AB$ oder b) $BA = A^2B$ oder c) $BA = A^3B$;

4. $A^2 = E$, $B^2 = E$, $C^2 = E$ und
entweder a) $BA = AB$, $CA = AC$, $CB = BC$
oder b) $BA = AB$, $CA = AC$, $CB = ABC$
oder c) $BA = AB$, $CA = BC$, $CB = AC$
oder d) $BA = AC = CB$.

---

[1]) Aus (3) $AB^2 \cdot BA^3 \cdot AB^2 = BA^3 \cdot AB^2 \cdot BA^3$ oder nach (1), (2) $B^2 = BA^2$, $B = A^2$, daraus mittels (1), (2) $A = B = E$.

Aufgabe 145. Man baue in ähnlicher Weise Gruppen 12ter Ordnung auf. Vgl. die Gruppen $\mathfrak{A}_4$, $\mathfrak{D}_6$, Beispiel § 22, Beispiel 4 dieses Paragraphen.

# XIII. Folgen und Reihen von Gruppen

## § 72. Aufsteigende Folgen

Eine (endliche oder unendliche) Gruppe $\mathfrak{G}$ besitze eine Menge von Untergruppen $\mathfrak{G}_i$ $(i = 1, 2, \ldots)$[1]. Die Vereinigungsmenge $\mathfrak{M}$ dieser Untergruppen ist im allgemeinen keine Gruppe, erzeugt aber eine Gruppe $\{\mathfrak{M}\}$.

Beispiel: Die Vierergruppe $\mathfrak{B} = [E, (12), (34), (12)(34)]$ hat die Untergruppen $E, (12)$ und $E, (34)$; deren Vereinigungsmenge $E, (12), (34)$ ist keine Gruppe, erzeugt aber die Gruppe $\mathfrak{B}$.

Wir nehmen nun an, daß die Menge der Untergruppen $\mathfrak{G}_i$ eine „aufsteigende Folge" bildet, d. h. daß jedes $\mathfrak{G}_i$ in $\mathfrak{G}_{i+1}$ $(i = 1, 2, \ldots)$ enthalten ist; dann gilt

**Satz 148.** Die Vereinigungsmenge $\mathfrak{M}$ einer aufsteigenden Folge von Untergruppen $\mathfrak{G}_i$ einer Gruppe $\mathfrak{G}$ ist eine Gruppe.

Sind nämlich $M_1$, $M_2$ zwei beliebige Elemente aus $\mathfrak{M}$, so kommt jedes in einer Untergruppe $\mathfrak{G}_i$ vor, etwa $M_1 \in \mathfrak{G}_i$, $M_2 \in \mathfrak{G}_k$, wobei $i \leqq k$ sei. Wegen $\mathfrak{G}_i \subseteq \mathfrak{G}_k$ kommen dann beide in $\mathfrak{G}_k$ vor, also auch das Produkt $M_1 M_2$ in $\mathfrak{G}_k$ und damit in $\mathfrak{M}$. $\mathfrak{M}$ enthält ferner ein Einselement und zu jedem Element, das ja in einem $\mathfrak{G}_i$ vorkommt, das inverse.

Die von einer Menge $\mathfrak{M}$ von Untergruppen einer Gruppe $\mathfrak{G}$ erzeugte Gruppe $\{\mathfrak{M}\}$ kann die Gruppe $\mathfrak{G}$ selbst sein; im allgemeinen ist sie eine echte Untergruppe von $\mathfrak{G}$, auch dann, wenn $\mathfrak{M}$ eine aufsteigende Folge von Untergruppen ist.

Beispiel: $\mathfrak{G}$ = Gruppe der positiven rationalen Zahlen mit Multiplikation als Operation; $\mathfrak{G}_1$ = Gruppe der Potenzen von 3, Elemente $3^n$ für $n = 0, \pm 1, \pm 2, \ldots$; $\mathfrak{G}_2$ = Gruppe der Potenzen von 3 und 5, Elemente $3^n 5^m$ für $n, m = 0, \pm 1, \pm 2, \ldots$; $\mathfrak{G}_3$ = Gruppe der Potenzen von 3, 5, 7, Elemente $3^n 5^m 7^r$ für $n, m, r = 0, \pm 1, \pm 2, \ldots$

[1]) Man beachte dabei die Fußnote in § 12.

usw. Die $\mathfrak{G}_i$ bilden eine aufsteigende Folge, aber ihre Vereinigungsmenge fällt nicht mit $\mathfrak{G}$ zusammen, weil sie die mit 2 gebildeten Rationalzahlen nicht enthält.

Wir können jetzt die Beweise der Sätze 133 und 134 über $p$-Sylow-Gruppen (§ 66) nachholen.

Hat eine Gruppe eine endliche Anzahl von $p$-Gruppen für ein festes $p$, so ist darunter mindestens eine $p$-Sylow-Gruppe. Sind unendlich viele $p$-Gruppen vorhanden, so gibt es darunter entweder eine, die in keiner anderen enthalten, also $p$-Sylow-Gruppe ist, oder man kann eine aufsteigende Folge von $p$-Gruppen bilden; deren Vereinigungsmenge ist wieder eine $p$-Gruppe. Ist sie noch keine $p$-Sylow-Gruppe, sondern noch in einer $p$-Gruppe enthalten, so kann man wieder eine aufsteigende Folge und ihre Vereinigungsmenge bilden usw. Durch die Mächtigkeit der Gruppenordnung ist dieser Prozeß begrenzt, so daß man zu einer $p$-Sylow-Gruppe kommen muß.

Der zweite Satz folgt daraus, daß man bei der angegebenen Konstruktion der $p$-Sylow-Gruppe mit jeder $p$-Gruppe anfangen kann.

Man kann eine aufsteigende Folge von Gruppen $\mathfrak{G}_i$ $(i = 1, 2, \ldots)$ allgemeiner auch für den Fall erklären, daß diese Gruppen $\mathfrak{G}_i$ nicht Untergruppen einer Gruppe sind. Vorausgesetzt wird dann, daß jede Gruppe $\mathfrak{G}_i$ mit einer Untergruppe von $\mathfrak{G}_{i+1}$ isomorph ist. Als Vereinigungsmenge der aufsteigenden Folge kann eine Gruppe aus Elementen, die in geeigneter Weise aus Elementen der $\mathfrak{G}_i$ gebildet sind, erklärt werden[1]). Sie wird auch „Grenzgruppe" genannt, hängt aber nicht nur von der gegebenen aufsteigenden Folge der Gruppen $\mathfrak{G}_i$ ab, sondern auch von der Art, wie jedes $\mathfrak{G}_i$ in $\mathfrak{G}_{i+1}$ durch den Isomorphismus „eingebettet" ist.

## § 73. Aufsteigende Zentralreihen

Wir betrachten noch eine besondere aufsteigende Folge von Untergruppen einer Gruppe $\mathfrak{G}$, die „aufsteigende Zentralreihe" von $\mathfrak{G}$:

---

[1]) Genaueres in Kurosch, Gruppentheorie, § 12.

$$\mathfrak{Z}_0 = \mathfrak{E} \leq \mathfrak{Z}_1 \leq \ldots \leq \mathfrak{Z}_i \leq \mathfrak{Z}_{i+1} \leq \ldots.$$

Die Gruppen $\mathfrak{Z}_i$ sind lauter charakteristische Untergruppen von $\mathfrak{G}$ und werden so erklärt:

$\mathfrak{Z}_1$ ist das Zentrum von $\mathfrak{G}$, $\mathfrak{Z}_2/\mathfrak{Z}_1$ das Zentrum von $\mathfrak{G}/\mathfrak{Z}_1, \ldots, \mathfrak{Z}_{i+1}/\mathfrak{Z}_i$ das Zentrum von $\mathfrak{G}/\mathfrak{Z}_i$.

Eine aufsteigende Zentralreihe kann unendlich oder endlich sein. Im letzten Fall, der stets bei endlichen Gruppen eintritt, sind die Untergruppen von einem gewissen $\mathfrak{Z}_i$ ab alle gleich. Dabei kann die Gruppe $\mathfrak{G}$ selbst erreicht werden oder nicht.

1. Beispiel: $\mathfrak{G} = \mathfrak{D}_4$ (Taf. II); $\mathfrak{Z}_1 = [E, (13)\,(24)]$; $\mathfrak{D}_4/\mathfrak{Z}_1 = \mathfrak{Z}_1 + \mathfrak{Z}_1\,(12)\,(34) + \mathfrak{Z}_1\,(13) + \mathfrak{Z}_1\,(1234)$. Die Gruppe ist abelsch, daher ihr eigenes Zentrum: $\mathfrak{Z}_2/\mathfrak{Z}_1 = \mathfrak{D}_4/\mathfrak{Z}_1$; aufsteigende Zentralreihe: $\mathfrak{E} < \mathfrak{Z}_1 < \mathfrak{D}_4$.

2. Beispiel: $\mathfrak{G} = \mathfrak{D}_8$ (Diedergruppe, Drehungen und Umklappungen eines regulären Achtecks) definiert durch die Gleichungen $A^8 = E$, $B^2 = E$, $BA = A^7B$. $\mathfrak{Z}_1 = [E, A^4]$; $\mathfrak{D}_8/\mathfrak{Z}_1 = \mathfrak{Z}_1 + \mathfrak{Z}_1A + \mathfrak{Z}_1A^2 + \mathfrak{Z}_1A^3 + \mathfrak{Z}_1B + \mathfrak{Z}_1AB + \mathfrak{Z}_1A^2B + \mathfrak{Z}_1A^3B$; $\mathfrak{Z}_2/\mathfrak{Z}_1 =$ Zentrum von $\mathfrak{D}_8/\mathfrak{Z}_1 = \mathfrak{Z}_1 + \mathfrak{Z}_1A^2$; $\mathfrak{Z}_2 = [E, A^4, A^2, A^6]$; $\mathfrak{D}_8/\mathfrak{Z}_2 = \mathfrak{Z}_2 + \mathfrak{Z}_2A + \mathfrak{Z}_2B + \mathfrak{Z}_2AB$, abelsch, daher $\mathfrak{Z}_3/\mathfrak{Z}_2 = \mathfrak{D}_8/\mathfrak{Z}_2$, $\mathfrak{Z}_3 = \mathfrak{D}_8$; aufsteigende Zentralreihe: $\mathfrak{E} < \mathfrak{Z}_1 < \mathfrak{Z}_2 < \mathfrak{D}_8$.

Aufgabe 146. Man stelle die aufsteigende Zentralreihe der Gruppe $\mathfrak{D}_6$ (Taf. III) auf.

## § 74. Normalreihen

Wie eine aufsteigende kann man auch eine „absteigende Folge von Untergruppen" einer Gruppe $\mathfrak{G}$ betrachten, d. h. eine Folge von Untergruppen $\mathfrak{G}_i (i = 1, 2, \ldots)$, von denen jede in der vorhergehenden enthalten ist, $\mathfrak{G}_i \leq \mathfrak{G}_{i-1}$ $(i = 1, 2, \ldots)$:

$$\mathfrak{G} = \mathfrak{G}_0 \geq \mathfrak{G}_1 \geq \mathfrak{G}_2 \geq \mathfrak{G}_3 \geq \ldots.$$

Eine solche absteigende Folge wurde bereits in § 44 erwähnt, nämlich eine Gruppe $\mathfrak{G}$, ihre Kommutatorgruppe

$\mathfrak{K}_1$ (1. Ableitung), deren Kommutatorgruppe $\mathfrak{K}_2$ (2. Ableitung) usw. „Absteigende Kommutatorreihe“:

$$\mathfrak{G} \geq \mathfrak{K}_1 \geq \mathfrak{K}_2 \geq \dots.$$

Weitere Beispiele: $\mathfrak{S}_4 > \mathfrak{A}_4 > \mathfrak{V} > \mathfrak{Z}_2 > \mathfrak{E}$.

Bezeichnet man die unendliche zyklische Gruppe mit $\{A\}$, so hat man z. B. die unendliche absteigende Folge

$$\{A\} > \{A^2\} > \{A^4\} > \{A^8\} > \dots.$$

Zu interessanten Ergebnissen führt der Fall, daß die Untergruppen durchweg Normalteiler sind. Eine **endliche** Anzahl $n + 1$ von Untergruppen einer beliebigen Gruppe $\mathfrak{G}$, die mit $\mathfrak{G}$ beginnt und mit $\mathfrak{E}$ endigt und bei der jede Untergruppe außer $\mathfrak{G}$ und $\mathfrak{E}$ echter Normalteiler der vorhergehenden ist, heißt „Normalreihe“ der Gruppe $\mathfrak{G}$[1]):

$$(1) \qquad \mathfrak{G} = \mathfrak{G}_0 > \mathfrak{G}_1 > \mathfrak{G}_2 > \dots > G_n = \mathfrak{E}.$$

Die Faktorgruppen $\mathfrak{G}_0/\mathfrak{G}_1, \mathfrak{G}_1/\mathfrak{G}_2, \dots \mathfrak{G}_{n-1}/\mathfrak{G}_n$ heißen „die Faktoren der Normalreihe“, ihre Anzahl $n$ heißt „Länge der Normalreihe“.

Bildet man zur Normalreihe (1) eine neue, die sämtliche Glieder von (1) enthält, im allgemeinen aber noch weitere, so nennt man diese eine „Verfeinerung“ der Normalreihe (1), und zwar eine „echte Verfeinerung“, wenn sie mindestens **ein** neues Glied enthält.

Unser Ziel ist zu zeigen, daß zwei beliebige Normalreihen derselben Gruppe sich so verfeinern lassen, daß ihre Längen gleich werden und eine gewisse Übereinstimmung der Faktoren erzielt wird. Zu diesem Zweck wird zunächst eine Verallgemeinerung des Isomorphiesatzes (S. 71) abgeleitet.

## § 75. Der Satz von Zassenhaus

Bei der Herleitung des Isomorphiesatzes wurden zwei Untergruppen $\mathfrak{A}$, $\mathfrak{B}$ einer Gruppe $\mathfrak{G}$ zugrunde gelegt und

[1]) Die Bezeichnung ist nicht einheitlich. Die oben definierte Normalreihe wird auch „Normalkette“ genannt, während andrerseits unter Normalkette eine endliche oder unendliche Folge von Normalteilern verstanden wird, die nicht notwendig mit $\mathfrak{E}$ endigen muß.

$\mathfrak{A}$ als Normalteiler von $\{\mathfrak{A}, \mathfrak{B}\} = \mathfrak{A} \cdot \mathfrak{B}$ (Satz 56) vorausgesetzt. Dieser Satz wurde von H. Zassenhaus auf 4 Untergruppen erweitert und in eine symmetrische Form gebracht. Zu seinem Beweis dienen folgende zwei Hilfssätze:

**Satz 149.** Das Produkt zweier Untergruppen einer Gruppe ist eine Gruppe, wenn eine der Untergruppen Normalteiler ist, es ist Normalteiler, wenn beide Untergruppen Normalteiler sind.

Ist nämlich $\mathfrak{N}$ Normalteiler einer Gruppe $\mathfrak{G}$, $\mathfrak{M}$ beliebige Untergruppe, so ist $\mathfrak{M}\mathfrak{N} = \mathfrak{N}\mathfrak{M}$ (weil $\mathfrak{N}$ als Normalteiler mit allen Elementen von $\mathfrak{G}$ vertauschbar ist) und damit nach Satz 56 $\mathfrak{M}\mathfrak{N}$ eine Gruppe. Ist auch $\mathfrak{M}$ Normalteiler, so ist $\mathfrak{M}\mathfrak{N}$ Normalteiler nach Satz 48.

Aufgabe 147. Gruppe $\mathfrak{D}_6$ (Tafel III) hat die Untergruppe $\mathfrak{A}_1 = [E, 12)]$, die Normalteiler $\mathfrak{A}_2 = [E, (45)]$ und $\mathfrak{A}_3 = [E, (123), (132)]$; man untersuche $\mathfrak{A}_1\mathfrak{A}_2$ und $\mathfrak{A}_2\mathfrak{A}_3$.

**Satz 150.** Hat eine Gruppe $\mathfrak{G}$ die Untergruppen $\mathfrak{A}_1$ mit Normalteiler $\mathfrak{A}_2$ und $\mathfrak{B}_1$ mit Normalteiler $\mathfrak{B}_2$, so sind die Durchschnitte (Satz 15) $\mathfrak{A}_1 \frown \mathfrak{B}_2$ und $\mathfrak{B}_1 \frown \mathfrak{A}_2$ sowie ihr Produkt $(\mathfrak{A}_1 \frown \mathfrak{B}_2)(\mathfrak{B}_1 \frown \mathfrak{A}_2)$ Normalteiler von $\mathfrak{A}_1 \frown \mathfrak{B}_1$.

Zum Beweis führt man das Produkt $\mathfrak{A}_2(\mathfrak{A}_1 \frown \mathfrak{B}_1)$ ein. Es ist eine Gruppe nach Satz 149, und es ist

$$(1) \qquad \mathfrak{A}_1 \geq \mathfrak{A}_2(\mathfrak{A}_1 \frown \mathfrak{B}_1) \geq \begin{cases} \mathfrak{A}_2 \\ \mathfrak{A}_1 \frown \mathfrak{B}_1. \end{cases}$$

Auf dieses Produkt läßt sich Satz 71 anwenden, da $\mathfrak{A}_2$ Normalteiler von $\mathfrak{A}_1$ und damit auch von dessen Untergruppe ist (Aufg. 71). Der Satz sagt, daß der Durchschnitt $\mathfrak{A}_2 \frown (\mathfrak{A}_1 \frown \mathfrak{B}_1) = \mathfrak{A}_2 \frown \mathfrak{A}_1 \frown \mathfrak{B}_1 = \mathfrak{A}_2 \frown \mathfrak{B}_1$ Normalteiler von $\mathfrak{A}_1 \frown \mathfrak{B}_1$ ist. Dieselbe Betrachtung mit vertauschten Rollen von $\mathfrak{A}$ und $\mathfrak{B}$ ergibt, daß $\mathfrak{A}_1 \frown \mathfrak{B}_2$ ebenfalls Normalteiler von $\mathfrak{A}_1 \frown \mathfrak{B}_1$ ist. Nach Satz 149 gilt nun dasselbe auch für das Produkt $(\mathfrak{A}_1 \frown \mathfrak{B}_2)(\mathfrak{B}_1 \frown \mathfrak{A}_2)$.

Die angekündigte Verallgemeinerung des Isomorphiesatzes lautet nun:

**Satz 151 (Zassenhaus).** Hat eine Gruppe $\mathfrak{G}$ die Untergruppen $\mathfrak{A}_1$ mit Normalteiler $\mathfrak{A}_2$ und $\mathfrak{B}_1$ mit Normalteiler $\mathfrak{B}_2$, so ist $\mathfrak{A}_2(\mathfrak{A}_1 \cap \mathfrak{B}_2)$ Normalteiler von $\mathfrak{A}_2(\mathfrak{A}_1 \cap \mathfrak{B}_1)$ und $\mathfrak{B}_2(\mathfrak{B}_1 \cap \mathfrak{A}_2)$ Normalteiler von $\mathfrak{B}_2(\mathfrak{B}_1 \cap \mathfrak{A}_1)$ und $\mathfrak{A}_2(\mathfrak{A}_1 \cap \mathfrak{B}_1)/\mathfrak{A}_2(\mathfrak{A}_1 \cap \mathfrak{B}_2) \cong \mathfrak{B}_2(\mathfrak{B}_1 \cap \mathfrak{A}_1)/\mathfrak{B}_2(\mathfrak{B}_1 \cap \mathfrak{A}_2)$[1].

Zum Beweis[2]) betrachtet man die homomorphe Abbildung der Gruppe $\mathfrak{A}_2(\mathfrak{A}_1 \cap \mathfrak{B}_1)$ auf die Faktorgruppe $\mathfrak{A}_2(\mathfrak{A}_1 \cap \mathfrak{B}_1)/\mathfrak{A}_2$. Weil $\mathfrak{A}_2$ Normalteiler von $\mathfrak{A}_2(\mathfrak{A}_1 \cap \mathfrak{B}_1)$ ist, wird dabei (vgl. Beweis des Satzes 71)

$(\mathfrak{A}_1 \cap \mathfrak{B}_1)$ auf die ganze Faktorgruppe $\mathfrak{A}_2(\mathfrak{A}_1 \cap \mathfrak{B}_1)/\mathfrak{A}_2$ abgebildet und (Satz 150) der Normalteiler

$(\mathfrak{A}_1 \cap \mathfrak{B}_2)\,(\mathfrak{B}_1 \cap \mathfrak{A}_2)$ von $(\mathfrak{A}_1 \cap \mathfrak{B}_1)$ auf die Untergruppe der Faktorgruppe $\mathfrak{A}_2(\mathfrak{A}_1 \cap \mathfrak{B}_2)\,(\mathfrak{B}_1 \cap \mathfrak{A}_2)/\mathfrak{A}_2 = \mathfrak{A}_2(\mathfrak{A}_1 \cap \mathfrak{B}_2)/\mathfrak{A}_2$.

Wegen der Homomorphie u. Satz 61 ist also auch

$$\mathfrak{A}_2(\mathfrak{A}_1 \cap \mathfrak{B}_2) \text{ Normalteiler von } \mathfrak{A}_2(\mathfrak{A}_1 \cap \mathfrak{B}_1)$$

und nach Satz 63

$$(2) \qquad (\mathfrak{A}_1 \cap \mathfrak{B}_1)/(\mathfrak{A}_1 \cap \mathfrak{B}_2)\,(\mathfrak{B}_1 \cap \mathfrak{A}_2) \cong \mathfrak{A}_2(\mathfrak{A}_1 \cap \mathfrak{B}_1)/\mathfrak{A}_2(\mathfrak{A}_1 \cap \mathfrak{B}_2).$$

Hier ist die linke Seite symmetrisch in $\mathfrak{A}, \mathfrak{B}$; wir erhalten die gleiche linke Seite, wenn wir in der Ableitung die Rollen von $\mathfrak{A}$ und $\mathfrak{B}$ vertauschen:

$$(3) \qquad (\mathfrak{A}_1 \cap \mathfrak{B}_1)/(\mathfrak{A}_1 \cap \mathfrak{B}_2)\,(\mathfrak{B}_1 \cap \mathfrak{A}_2) \cong \mathfrak{B}_2(\mathfrak{B}_1 \cap \mathfrak{A}_1)/\mathfrak{B}_2(\mathfrak{B}_1 \cap \mathfrak{A}_2).$$

Aus (2) und (3) folgt die Behauptung.

Aufgabe 148. Man bestätige Satz 151 an dem Beispiel: $\mathfrak{A}_1 = \{A^2\}$, $\mathfrak{B}_1 = \{A^3\}$, $\mathfrak{A}_2 = \{A^4\}$, $\mathfrak{B}_2 = \{A^{12}\}$, wobei $A^{24} = E$.

## § 76. Der Satz von Schreier

Zwei beliebige Normalreihen derselben Gruppe $\mathfrak{G}$ seien

$$(1) \qquad \mathfrak{G} = \mathfrak{A}_0 > \mathfrak{A}_1 > \mathfrak{A}_2 > \dots > \mathfrak{A}_n = \mathfrak{E}$$

$$(2) \qquad \mathfrak{G} = \mathfrak{B}_0 > \mathfrak{B}_1 > \mathfrak{B}_2 > \dots > \mathfrak{B}_m = \mathfrak{E}.$$

[1]) Nimmt man speziell $\mathfrak{A}_1, \mathfrak{A}_2, \mathfrak{B}_1, \mathfrak{B}_2$ bzw. gleich $\mathfrak{A}\mathfrak{B}, \mathfrak{A}, \mathfrak{B}, \mathfrak{E}$, so ergibt sich Satz 71.

[2]) Durchführung nach Kurosch, Gruppentheorie.

Für jedes Paar benachbarter Gruppen $\mathfrak{A}_{i-1}$, $\mathfrak{A}_i$ und $\mathfrak{B}_{k-1}$, $\mathfrak{B}_k$ sind die Voraussetzungen des Satzes 150 erfüllt, und wir können die im Beweis dieses Satzes benützte Gruppe $\mathfrak{A}_i(\mathfrak{A}_{i-1} \cap \mathfrak{B}_k)$ bilden, und zwar bei zunächst festgehaltenem $i$ für $k = 0, 1, \ldots m$, dann aber für alle $i = 1, 2, \ldots n$. Wird diese Gruppe mit $\mathfrak{A}_{ik}$ bezeichnet, so ist

$$\mathfrak{A}_{io} = \mathfrak{A}_i(\mathfrak{A}_{i-1} \cap \mathfrak{G}) = \mathfrak{A}_i\mathfrak{A}_{i-1} = \mathfrak{A}_{i-1};$$
$$\mathfrak{A}_{im} = \mathfrak{A}_i(\mathfrak{A}_{i-1} \cap \mathfrak{E}) = \mathfrak{A}_i\mathfrak{E} = \mathfrak{A}_i \text{ und}$$
$$\mathfrak{A}_{ik} \geq \mathfrak{A}_{i,\,k+1}, \text{ weil } \mathfrak{B}_k > \mathfrak{B}_{k+1}.$$

Man erhält also zwischen $\mathfrak{A}_{i-1}$ und $\mathfrak{A}_i$ folgende Einschaltungen:

$$(3) \quad \mathfrak{A}_{i-1} = \mathfrak{A}_{io} > \mathfrak{A}_{i1} \geq \mathfrak{A}_{i2} \ldots \geq \mathfrak{A}_{ik} \ldots \geq \mathfrak{A}_{im} = \mathfrak{A}_i,$$

wobei auch 2 oder mehr aufeinanderfolgende Glieder gleich sein können.

Nun kann man die Rollen von $\mathfrak{A}$ und $\mathfrak{B}$ wieder tauschen. also zwischen $\mathfrak{B}_{k-1}$ und $\mathfrak{B}_k$ Gruppen einschalten

$$\mathfrak{B}_k(\mathfrak{B}_{k-1} \cap \mathfrak{A}_i) = \mathfrak{B}_{ik}, \quad i = 0, 1, \ldots n, k = 1, 2, \ldots m,$$

wobei

$$\mathfrak{B}_{ok} = \mathfrak{B}_{k-1}, \mathfrak{B}_{nk} = \mathfrak{B}_k, \mathfrak{B}_{ik} \geq \mathfrak{B}_{i+1,k}; \text{ man erhält}$$
$$(4) \quad \mathfrak{B}_{k-1} = \mathfrak{B}_{ok} \geq \mathfrak{B}_{1k} \geq \mathfrak{B}_{2k} \ldots \geq \mathfrak{B}_{ik} \ldots \geq \mathfrak{B}_{nk} = \mathfrak{B}_k.$$

Je zwei aufeinanderfolgende Glieder in den Reihen (3) und (4), nämlich

$$\mathfrak{A}_i(\mathfrak{A}_{i-1} \cap \mathfrak{B}_k), \mathfrak{A}_i(\mathfrak{A}_{i-1} \cap \mathfrak{B}_{k-1}) \text{ und}$$
$$\mathfrak{B}_k(\mathfrak{B}_{k-1} \cap \mathfrak{A}_i), \mathfrak{B}_k(\mathfrak{B}_{k-1} \cap \mathfrak{A}_{i-1})$$

sind nun gerade die Gruppenpaare, von denen Satz 151 ausspricht, daß die erste Gruppe Normalteiler der zweiten ist. Wenn also in (1) und (2) zwischen je zwei benachbarte Glieder die in (3) bzw. (4) angegebenen Gruppen eingeschaltet werden, so entstehen Verfeinerungen (allerdings im allgemeinen „mit Wiederholungen", d. h. mit nebeneinander stehenden gleichen Gliedern), und die neuen Normalreihen erhalten gleich viele Glieder. Denn in die $n$ Zwischenräume von (1) werden nach (3) je $m-1$ neue Gruppen eingeschaltet, zu den ursprünglichen $n+1$ Gliedern kommen also $n(m-1)$

hinzu, die Gesamtzahl wird $n + 1 + n(m - 1) = nm + 1$; bei (2) ergibt sich die gleiche Zahl $m + 1 + m(n - 1) = nm + 1$.

Wieder nach Satz 151 sind nun zwei entsprechende, d. h. mit denselben $\mathfrak{A}_i$, $\mathfrak{A}_{i-1}$, $\mathfrak{B}_k$, $\mathfrak{B}_{k-1}$ gebildete Faktoren isomorph:

$$\mathfrak{A}_{i,\,k-1} / \mathfrak{A}_{ik} \cong \mathfrak{B}_{i-1,\,k} / \mathfrak{B}_{ik}.$$

Sind in der verfeinerten Normalreihe zwei benachbarte Glieder gleich, $\mathfrak{A}_{i,\,k-1} = \mathfrak{A}_{ik}$, also der betreffende Faktor gleich der Einheit, so sagt die Isomorphie, daß auch der zugeordnete Faktor in der zweiten Reihe gleich der Einheit ist, die beiden Glieder also ebenfalls gleich sind. So gehört zu jeder Wiederholung in der einen Reihe eine solche in der anderen, und man kann die Wiederholungen beseitigen ohne Beeinträchtigung der Gleichheit der Länge und der Isomorphie. Damit ist bewiesen

**Satz 152 (Schreier).** Zwei beliebige Normalreihen derselben Gruppe kann man so verfeinern, daß ihre Längen gleich werden und je ein Faktor der einen Reihe zu einem Faktor der anderen isomorph ist.

Aufgabe 149. Nach dem angegebenen Verfahren sollen die folgenden Normalreihen verfeinert, Wiederholungen beseitigt und der Satz von Schreier bestätigt werden:

$$\{A\} > \{A^5\} > \{A^{70}\} > \{A^{210}\} = \mathfrak{E}$$
$$\{A\} > \{A^2\} > \{A^{30}\} > \{A^{210}\} = \mathfrak{E}.$$

## § 77. Kompositionsreihen

Ein echter Normalteiler $\mathfrak{N}$ einer Gruppe $\mathfrak{G}$ heißt „größter oder maximaler Normalteiler" von $\mathfrak{G}$, wenn es keinen echten Normalteiler von $\mathfrak{G}$ gibt, der $\mathfrak{N}$ als echte Untergruppe enthält. Eine Gruppe hat im allgemeinen nicht nur **einen** größten Normalteiler. Z. B. hat die zyklische Gruppe $\{A\}$ mit $A^{pq} = E$, wenn $p$ und $q$ verschiedene Primzahlen sind, die größten Normalteiler $\{A^p\}$ und $\{A^q\}$, die Diedergruppe $\mathfrak{D}_4$ einen zur Gruppe $\mathfrak{Z}_4$ und einen zur Vierergruppe isomorphen größten Normalteiler.

Eine Normalreihe von der Form § 74, (1) soll nun die Eigenschaft haben, daß jede Untergruppe $\mathfrak{G}_i$ für $i = 1, 2, \ldots n$ größter Normalteiler von $\mathfrak{G}_{i-1}$ ist. Die Normalreihe heißt dann „Kompositionsreihe", ihre Faktoren „Kompositionsfaktoren". Eine Kompositionsreihe besitzt offenbar keine echte Verfeinerung.

**Satz 153.** Alle Kompositionsfaktoren sind einfache Gruppen, und umgekehrt ist eine Normalreihe mit lauter einfachen Faktoren eine Kompositionsreihe.

Hätte nämlich ein Kompositionsfaktor $\mathfrak{G}_{i-1}/\mathfrak{G}_i$ einen echten Normalteiler $\mathfrak{N}/\mathfrak{G}_i$, so hätte nach Satz 61 $\mathfrak{G}_{i-1}$ einen echten, von $\mathfrak{G}_i$ verschiedenen Normalteiler $\mathfrak{N}$, die Reihe wäre keine Kompositionsreihe.

Hätte umgekehrt in einer Normalreihe mit lauter einfachen Faktoren eine Untergruppe $\mathfrak{G}_{i-1}$ einen echten Normalteiler $\mathfrak{M}$, so daß $\mathfrak{G}_{i-1} > \mathfrak{M} > \mathfrak{G}_i$, so hätte nach Satz 62 der Faktor $\mathfrak{G}_{i-1}/\mathfrak{G}_i$ einen echten Normalteiler $\mathfrak{M}/\mathfrak{G}_i$, wäre also nicht einfach.

Eine unendliche Gruppe braucht nicht immer eine Kompositionsreihe zu besitzen, wie das Beispiel der unendlichen zyklischen Gruppe zeigt. Jede Normalreihe dieser Gruppe hat die Form

$$\{A\} > \{A^{a_1}\} > \{A^{a_2}\} > \ldots > \{A^{a_n}\} > \mathfrak{E},$$

wobei jeder Exponent $a_i$ Teiler von $a_{i+1}$ ist $(i = 1, 2, \ldots n-1)$. Zwischen die beiden letzten Glieder lassen sich stets weitere Normalteiler einschalten.

Wendet man den Satz 152 von Schreier auf Kompositionsreihen an, so liefert er einen Satz, den für endliche Gruppen zum Teil (gleiche Ordnung der Faktoren) bereits C. Jordan und vollständig (Isomorphie der Faktoren) O. Hölder bewiesen hat:

**Satz 154 (Jordan-Hölder).** Zwei beliebige Kompositionsreihen derselben Gruppe haben gleiche Länge, und die Kompositionsfaktoren beider Reihen lassen sich einander so zuordnen, daß sie paarweise isomorph sind.

Da nämlich die Kompositionsreihen keine echten Verfeinerungen besitzen, also die im Beweis des Satzes 152 eingeführten Verfeinerungen durchweg mit den Untergruppen der Kompositionsreihe zusammenfallen, folgt unser Satz unmittelbar aus diesem Satz 152.

Aufgabe 150. Man stelle 2 Kompositionsreihen der Diedergruppe $\mathfrak{D}_6$ auf und bestätige Satz 154.

Statt des Begriffes der Kompositionsreihe werden auch noch zwei andere damit eng verwandte betrachtet:

In § 74 sind von einer beliebigen Gruppe $\mathfrak{G}$ ausgehend Folgen von Untergruppen $\mathfrak{G}_i$ als Normalreihen erklärt, wenn jedes $\mathfrak{G}_i$ Normalteiler von $\mathfrak{G}_{i-1}$, **nicht notwendig von $\mathfrak{G}$** ist. Die Normalreihen werden zu Kompositionsreihen, wenn jedes $\mathfrak{G}_i$ **größter** Normalteiler von $\mathfrak{G}_{i-1}$ ist.

Ist $\mathfrak{G}$ eine Gruppe mit Operatoren und nimmt man als Operatorenbereich die inneren Automorphismen oder auch alle Automorphismen, so daß nur noch Normalteiler bzw. charakteristische Untergruppen zulässig sind, so wird jedes $\mathfrak{G}_i$ Normalteiler bzw. charakteristische Untergruppe von $\mathfrak{G}$, **nicht nur von $\mathfrak{G}_{i-1}$**. Die Kompositionsreihe wird dann zur „Hauptreihe" (jedes $\mathfrak{G}_i$ größter Normalteiler von $\mathfrak{G}$) bzw. zur „charakteristischen Reihe" (jedes $\mathfrak{G}_i$ größte charakteristische Untergruppe von $\mathfrak{G}$). Satz 154 gilt in unveränderter Form auch für Hauptreihen und charakteristische Reihen.

## § 78. Auflösbare Gruppen

Eine Gruppe heißt „auflösbar", wenn sie eine Normalreihe mit lauter abelschen Faktoren, eine „auflösbare Reihe" besitzt.

Beispiele: Die symmetrischen Gruppen $\mathfrak{S}_3$ und $\mathfrak{S}_4$ sind auflösbar, $\mathfrak{S}_5$ dagegen nicht; auflösbare Reihen:

$$\mathfrak{S}_3 > \mathfrak{Z}_3 > \mathfrak{E}, \quad \mathfrak{S}_4 > \mathfrak{A}_4 > \mathfrak{V} > \mathfrak{Z}_2 > \mathfrak{E}.$$

Jede abelsche Gruppe ist auflösbar.

**Satz 155.** Jede beliebige Normalreihe einer auflösbaren Gruppe kann man so verfeinern, daß sie eine auflösbare Reihe wird.

Unter den Normalreihen der auflösbaren Gruppe gibt es eine auflösbare Reihe. Nach dem Satz 152 von Schreier kann man diese auflösbare Reihe und die beliebige Normalreihe so verfeinern, daß ihre Faktoren paarweise isomorph werden. Damit wird die Normalreihe ebenfalls eine auflösbare Reihe.

**Satz 156.** Jeder Normalteiler einer auflösbaren Gruppe kommt in einer auflösbaren Reihe dieser Gruppe vor.

Man kann nämlich mit dem Normalteiler eine Normalreihe bilden und diese nach dem letzten Satz zu einer auflösbaren Reihe verfeinern.

Die Auflösbarkeit einer Gruppe hängt mit der Art ihrer Kommutatorgruppen (§ 44) zusammen.

Die absteigende Kommutatorreihe (§ 74) kann unendlich sein oder nach endlich vielen Schritten abbrechen, und zwar entweder mit $\mathfrak{E}$ oder mit einer anderen Gruppe, die ihre eigene Kommutatorgruppe ist (z. B. $\mathfrak{A}_5$). Den Zusammenhang mit der Auflösbarkeit zeigt

**Satz 157.** Eine Gruppe ist dann und nur dann auflösbar, wenn sie eine endliche Kommutatorreihe besitzt, die mit $\mathfrak{E}$ endigt.

Ist nämlich eine mit $\mathfrak{E}$ endende Kommutatorreihe vorhanden, etwa

$$\mathfrak{G} > \mathfrak{K}_1 > \mathfrak{K}_2 > \ldots > \mathfrak{K}_n = \mathfrak{E},$$

so ist diese nach Satz 89 eine auflösbare Reihe.

Ist umgekehrt $\mathfrak{G}$ auflösbar, etwa

$$\mathfrak{G} > \mathfrak{G}_1 > \mathfrak{G}_2 > \ldots > \mathfrak{G}_n = \mathfrak{E}$$

eine auflösbare Reihe, so ist $\mathfrak{G}/\mathfrak{G}_1$ eine abelsche Faktorgruppe. Nach Satz 90 ist dann

$$\mathfrak{K}_1 \subseteq \mathfrak{G}_1. \tag{1}$$

Der weitere Beweis erfolgt durch Induktion. Wir zeigen, daß aus der Annahme

(2) $\mathfrak{K}_i \subseteq \mathfrak{G}_i$ folgt $\mathfrak{K}_{i+1} \subseteq \mathfrak{G}_{i+1}$.

Da nämlich die Faktorgruppe $\mathfrak{G}_i/\mathfrak{G}_{i+1}$ wieder abelsch ist, ist nach Satz 90 die Kommutatorgruppe von $\mathfrak{G}_i$ in $\mathfrak{G}_{i+1}$ enthalten, also wegen (2) um so mehr die Kommutatorgruppe von $\mathfrak{K}_i$, d. h.

$$\mathfrak{K}_{i+1} \subseteq \mathfrak{G}_{i+1}.$$

Von (1) ausgehend ergibt sich also zu jedem $\mathfrak{G}_k$ ein darin enthaltenes $\mathfrak{K}_k$, schließlich zu $\mathfrak{G}_n = \mathfrak{E}$ auch $\mathfrak{K}_n = \mathfrak{E}$.

Aufgabe 151: Man prüfe den letzten Satz an den Kommutatorreihen der symmetrischen Gruppen $\mathfrak{S}_4$ und $\mathfrak{S}_5$.

**Satz 158.** Jede Untergruppe einer auflösbaren Gruppe ist ebenfalls eine auflösbare Gruppe.

Es sei nämlich $\mathfrak{G}_0$ eine auflösbare Gruppe, $\mathfrak{U}_0$ eine Untergruppe von $\mathfrak{G}_0$, die auflösbare Reihe von $\mathfrak{G}_0$:

(1) $$\mathfrak{G}_0 > \mathfrak{G}_1 > \ldots > \mathfrak{G}_{i-1} > \mathfrak{G}_i > \ldots > \mathfrak{G}_n = \mathfrak{E}.$$

Wir zeigen, daß es dann eine Normalreihe von $\mathfrak{U}_0$ mit abelschen Faktorgruppen gibt:

(2) $$\mathfrak{U}_0 > \mathfrak{U}_1 > \ldots > \mathfrak{U}_{i-1} > \mathfrak{U}_i > \ldots > \mathfrak{U}_n = \mathfrak{E},$$

daß nämlich jede Faktorgruppe $\mathfrak{U}_{i-1}/\mathfrak{U}_i$ mit einer Untergruppe der Faktorgruppe $\mathfrak{G}_{i-1}/\mathfrak{G}_i$ isomorph ist. Dabei können allerdings in der Reihe (2) Wiederholungen vorkommen. Beseitigt man diese, so wird (2) zur auflösbaren Reihe von $\mathfrak{U}_0$.

Um die angegebene Isomorphie zu erhalten, wendet man den Satz 151 von Zassenhaus an, indem man setzt

$$\mathfrak{A}_1 = \mathfrak{U}_0,\ \mathfrak{A}_2 = \mathfrak{E},\ \mathfrak{B}_1 = \mathfrak{G}_{i-1},\ \mathfrak{B}_2 = \mathfrak{G}_i;$$

der Satz ergibt dann: $\mathfrak{U}_0 \frown \mathfrak{G}_i$ ist Normalteiler von $\mathfrak{U}_0 \frown \mathfrak{G}_{i-1}$. Nimmt man $\mathfrak{U}_0 \frown \mathfrak{G}_i$ als $\mathfrak{U}_i$ der Reihe (2),

$$\mathfrak{U}_0 \frown \mathfrak{G}_{i-1} \text{ als } \mathfrak{U}_{i-1} \qquad (i = 1, 2, \ldots n),$$

so ist zunächst $\mathfrak{U}_i$ Normalteiler von $\mathfrak{U}_{i-1}$, also (2) eine Normalreihe. Weiter sagt Satz 151:

$$\mathfrak{U}_{i-1}/\mathfrak{U}_i \cong \mathfrak{G}_i\mathfrak{U}_{i-1}/\mathfrak{G}_i.$$

Die rechte Seite aber ist eine Untergruppe der Faktorgruppe $\mathfrak{G}_{i-1}/\mathfrak{G}_i$, weil $\mathfrak{G}_i\mathfrak{U}_{i-1} = \mathfrak{G}_i(\mathfrak{G}_{i-1} \frown \mathfrak{U}_0)$ eine Untergruppe von $\mathfrak{G}_{i-1}$ ist.

Beispiel: $\mathfrak{G}_0 = \mathfrak{S}_4$, $\mathfrak{G}_1 = \mathfrak{A}_4$, $\mathfrak{G}_2 = \mathfrak{V}$,
$\mathfrak{U}_0 = \mathfrak{D}_4$, $\mathfrak{U}_1 = \mathfrak{D}_4 \frown \mathfrak{A}_4 = \mathfrak{V}$, $\mathfrak{U}_2 = \mathfrak{D}_4 \frown \mathfrak{V} = \mathfrak{V}$,
$\mathfrak{G}_3 = \mathfrak{E}$,
$\mathfrak{U}_3 = \mathfrak{D}_4 \frown \mathfrak{E} = \mathfrak{E}$.

$\mathfrak{G}_1\mathfrak{U}_0 = \mathfrak{A}_4\mathfrak{D}_4 = \mathfrak{S}_4$ ist hier $= \mathfrak{G}_0$, $\mathfrak{G}_2\mathfrak{U}_1 = \mathfrak{V}$ ist Untergruppe von $\mathfrak{G}_1 = \mathfrak{A}_4$.

## § 79. Endliche auflösbare Gruppen

Bei einer endlichen auflösbaren Gruppe kann man die auflösbare Reihe so verfeinern, daß sie eine Kompositionsreihe wird. Die Kompositionsfaktoren sind dann einfache abelsche Gruppen und von dieser Art sind nur die zyklischen Gruppen von Primzahlordnung.

Beispiel: Die am Ende des vorigen Paragraphen angegebene auflösbare Reihe von $\mathfrak{S}_4$ wird zur Kompositionsreihe, wenn zwischen $\mathfrak{V}$ und $\mathfrak{E}$ noch $\mathfrak{Z}_2$ eingeschaltet wird. Die Kompositionsfaktoren sind dann bzw. den zyklischen Gruppen von Primzahlordnung $\mathfrak{Z}_2, \mathfrak{Z}_3, \mathfrak{Z}_2, \mathfrak{Z}_2$ isomorph.

Die endlichen auflösbaren Gruppen hängen eng mit der Auflösbarkeit der algebraischen Gleichungen zusammen („Galoissche Gleichungstheorie").

**Satz 159.** Jede auflösbare Gruppe, die eine Kompositionsreihe hat, ist endlich.

Die Kompositionsfaktoren sind nämlich einfache Gruppen (Satz 153) und zudem abelsch, also zyklisch von Primzahlordnung und damit endlich. Eine Gruppe mit endlicher Reihe, deren Faktorgruppen endlich sind, kann nur endlich sein.

**Satz 160.** Jede endliche $p$-Gruppe ist auflösbar.

Ist nämlich $\mathfrak{G}$ eine endliche $p$-Gruppe, so ist das Zentrum $\mathfrak{Z}_1$ von $\mathfrak{G}$ nach Satz 131 von $\mathfrak{E}$ verschieden. Die Faktorgruppe $\mathfrak{G}/\mathfrak{Z}_1$ ist nach Satz 127 ebenfalls eine endliche $p$-Gruppe und hat daher wieder ein von $\mathfrak{E}$ verschiedenes Zentrum. $\mathfrak{Z}_2/\mathfrak{Z}_1$ besteht also nicht nur aus der Restklasse $\mathfrak{Z}_1$, $\mathfrak{Z}_2$ ist von $\mathfrak{Z}_1$ verschieden. Durch denselben Schluß erhält man: $\mathfrak{Z}_3$ ist verschieden von $\mathfrak{Z}_2, \ldots, \mathfrak{Z}_{i+1}$ verschieden von $\mathfrak{Z}_i$ usw. Da $\mathfrak{G}$ endlich ist, muß nach endlich vielen Schritten ein gewisses $\mathfrak{Z}_n$ die Gruppe $\mathfrak{G}$ selbst sein. Die aufsteigende Zentralreihe

$$\mathfrak{E} < \mathfrak{Z}_1 < \mathfrak{Z}_2 < \ldots < \mathfrak{Z}_n = \mathfrak{G}$$

ist aber umgekehrt gelesen die auflösbare Reihe für $\mathfrak{G}$.

Als Beispiele dienen die Gruppen $\mathfrak{D}_4$ und $\mathfrak{D}_8$, deren aufsteigende Zentralreihen in § 73 angegeben sind.

Eine unendliche $p$-Gruppe kann auflösbar sein oder nicht.

## XIV. Genaueres über die Gruppenpostulate

### § 80. Gleichwertigkeit der eindeutigen Umkehrbarkeit mit der Existenz der Einheit und der Inversen

In § 5 wurde eine Gruppe definiert als eine Menge mit algebraischer Operation, die noch die Forderungen

I. der Assoziativität,

II. der Existenz einer Einheit,

III. der Existenz eines Inversen zu jedem Element

erfüllt. Es wurde aber bereits erwähnt, daß etwas schwächere Forderungen genügen, denselben Gruppenbegriff festzulegen. Auf Forderung I kann nicht verzichtet werden. Die Forderungen II und III aber können ersetzt werden durch die Forderung

II'. („eindeutige Umkehrbarkeit der Operation"): Zu irgend 2 Elementen $A$, $B$ der Menge (die auch gleich sein können) gibt es in der Menge ein und nur ein Element $X$ und ein und nur ein Element $Y$, so daß

$$AX = B, \ YA = B.$$

Daß aus den Forderungen II und III die Forderung II′ folgt, wurde bereits im Beweis des Satzes 3 gezeigt. Es ist noch zu beweisen, daß umgekehrt aus II′ wieder II und III folgen:

Nachweis der Forderung II: Wählen wir in II′ das Elementepaar $A$, $B$ zuerst gleich $A$, $A$, dann gleich $A'$, $A'$, so gibt es ein Element $X$ und ein Element $X'$, so daß

$$(1) \qquad AX = A, \qquad\qquad (2) \qquad A'X' = A'.$$

Es ergibt sich aber $X = X'$, wenn man (1) links mit $Y$ multipliziert und $Y$ nach II′ so bestimmt, daß $YA = A'$ ist; denn

$$YAX = YA \text{ wird dann } A'X = A',$$

was durch Vergleich mit (2) zu $X = X'$ führt. Damit ist die Existenz einer Rechtseinheit $E_r$ gezeigt:

$$AE_r = A \text{ für alle Elemente } A \text{ der Menge.}$$

Ebenso kann man die Existenz einer Linkseinheit $E_l$ beweisen, und dann folgt, wie bereits in Satz 1 ausgeführt,

$$E_r = E_l = E.$$

Nachweis der Forderung III: Wählen wir in II′ das Element $B = E$, so gibt es zu jedem Element $A$ ein Element $X$, so daß $AX = E$ ist, also ein Rechtsinverses, das wir mit $A_r^{-1}$ bezeichnen. Ebenso gibt es ein Linksinverses $A_l^{-1}$. Es muß aber wieder sein

$$A_r^{-1} = A_l^{-1} = A^{-1},$$

wie aus der Assoziativität folgt:

$$A_r^{-1} = EA_r^{-1} = (A_l^{-1}A)A_r^{-1} = A_l^{-1}(AA_r^{-1}) = A_l^{-1}E = A_l^{-1}.$$

## § 81. Schwächere Gruppenpostulate

Bei dem eben geführten Beweis zeigte sich, daß aus II zunächst nur folgt

II″. die Existenz einer Rechtseinheit $E_r$ und

III″. die Existenz eines Rechtsinversen zu jedem Element bezüglich $E_r$.

Wenn wir umgekehrt aus II″ und III″ wieder II′ folgern können, ist bewiesen, daß I und II′ gleichwertig sind mit
I, II″, III″, daß also mit
I, II″, III″ die gesuchten schwächeren Gruppenpostulate
gefunden sind. In der Tat ergibt sich aus II″ und III″ zunächst II und III und daraus II′:

Nachweis der Forderung II: Es existiert ein Rechtsinverses bezüglich $E_r$ zu jedem Element, also zu $A$ ein $A_r^{-1}$, zu diesem $A_r^{-1}$ ein $Z$, so daß

$$(1)\quad AA_r^{-1} = E_r, \qquad (2)\quad A_r^{-1}Z = E_r.$$

Aus (1) folgt durch Multiplikation mit sich selbst

$$E_r AA_r^{-1} = AA_r^{-1}E_r = AA_r^{-1}$$

und daraus durch Rechtsmultiplikation mit $Z$ nach (2)

$$E_r A = A.$$

Es existiert also auch eine Linkseinheit $E_l = E_r$.

Sind nun $E_r$, $E'_r$ zwei Rechtseinheiten, $E_l$ eine beliebige Linkseinheit, so ist — in $AE_r = A$ wird $A = E_l$ gesetzt —

$$E_l E_r = E_l$$

und — in $E_l A = A$ wird $A = E_r$ gesetzt —

$$E_l E_r = E_r; \text{ also } E_r = E_l.$$

Ebenso findet man $E'_r = E_l$,
daher $E_r = E'_r = E_l = E$: es gibt nur eine Einheit.

Nachweis der Forderung III: Aus den Gleichungen (1) und (2), die wir jetzt schreiben können

$$AA_r^{-1} = E, \; A_r^{-1}Z = E,$$

folgt, wenn wir links mit $A_r^{-1}$, rechts mit $Z$ multiplizieren,

$$A_r^{-1}AA_r^{-1}Z = A_r^{-1}EZ \text{ oder } A_r^{-1}AE = A_r^{-1}Z$$
$$\text{oder } A_r^{-1}A = E,$$

d. h. $A_r^{-1}$ ist auch linksinvers zu $A$,

$$A_r^{-1} = A_l^{-1} = A^{-1}.$$

Der Nachweis der Forderung II′ erfolgt nun wie beim Satz 3.

## Lösung der Aufgaben

1. Die ganzen oder rationalen Zahlen mit Operation $AB = A + B^2$.
2. Die ganzen Zahlen mit Subtraktion als Operation.
3. (15) (24) (3), (15) 236) (4), (147) (258) (369).
4. (23), (13), (13) (24), (14235).
5. Das inverse $P$ hat vertauschte Zeilen, der inverse Zyklus umgekehrte Ziffernfolge.
6. $P_1$ führe $a$ in $b$ über, $P_2 b$ in $c$, $P_3 c$ in $d$. $a$ geht immer in $d$ über, ob zuerst $a$ über $b$ in $c$ und dann dieses in $d$ verwandelt wird oder $a$ in $b$ und dieses über $c$ in $d$.
7. Gruppen: 1c, e, g, h, i, k, l; 2; 5a, b; 6a, b, c; 7; 8; 9; 10; 11; 12a, b; nur Halbgruppen: 1a, b, d, f; 3 ist eine „Quasigruppe" (nicht assoziativ, aber Umkehrbarkeit und Kürzungsregeln gelten).
8. Siehe Tafel I!
9. $\mathfrak{S}_2$: $E$, (12); $\mathfrak{S}_4$: Elemente von $\mathfrak{A}_4$ (Taf. III) und (12), (13), (14), (23), (24), (34), (1234), (1432), (1324), (1423), (1243), (1342).
10. S. Taf. I!
11. Ja, s. Beisp. 8!
12. Z. B. Beisp. 7 f. $n = 10$ isomorph Beisp. 8 f. $n = 4$; Beisp. 7 f. $n = 8$ isomorph Beisp. 2.
13. S. § 38!
14. Beisp. 2: Ordn. 1, 2, 2, 2; Beisp. 5a: Ordn. 1, 6, 3, 2, 3, 6.
15. 1 g das Element —1.
16. Produkt zweier Matrizen ist wieder von dieser Art (Determ. wieder 1); Einselement $\begin{pmatrix}1 & 0\\0 & 1\end{pmatrix}$; invers zu $\begin{pmatrix}a & b\\c & d\end{pmatrix}$ ist $\begin{pmatrix}d & -b\\-c & a\end{pmatrix}$; Ordnung d. angeg. El. 6 bzw. $\infty$.
17. Bzw. $\mathfrak{Z}_3$, $\mathfrak{Z}_2$, $\mathfrak{Z}_6$.
18. Gruppe der geraden bzw. durch 3 teilbaren Zahlen $\cong \mathfrak{Z}_\infty$.
19. Z. B. siehe Tafel I, II, III!

20. $[E, (1234), (13)(24), (1432)] \frown [E, (13), (24), (13)(24)] = [E, (13)(24)]$.
21. $C^{-1}B^{-1}A^{-1}; \ldots C^{-l}B^{-k}A^{-i}$.
22. $(AB)^{ab} = A^{ab}B^{ab} = E \cdot E = E$, also $c$ Teiler von $ab$ nach Satz 6.
23. $E = (ABC)^n = A(BCA)^{n-1}BC$ wird vorn mit $A^{-1}$, hinten mit $A$ multipliziert, weiter wie bei Satz 16. Bei $ACB$ usw. gelingt dieser Beweis nicht.
24. a) Vierergruppe (§ 15), b) $\mathfrak{S}_4$.
25. Unendliche Gruppe der Zahlen $2u + 3iv$ für ganzz. $u$, $v$.
26. a) $(\mathfrak{K} \frown \mathfrak{L})\mathfrak{M} \subseteq \mathfrak{K}\mathfrak{M} \frown \mathfrak{L}\mathfrak{M}$, es kann $KM_1 = LM_2$ sein, ohne daß $K$ und $L$ den Komplexen $\mathfrak{K}$ und $\mathfrak{L}$ gemeinsam sind; b) $(\mathfrak{K} \smile \mathfrak{L}) \frown \mathfrak{M} = (\mathfrak{K} \frown \mathfrak{M}) \smile (\mathfrak{L} \frown \mathfrak{M})$;
$(\mathfrak{K} \frown \mathfrak{L}) \smile \mathfrak{M} = (\mathfrak{K} \smile \mathfrak{M}) \frown (\mathfrak{L} \smile \mathfrak{M})$.
27. $(\mathfrak{K}\mathfrak{L})^{-1} = (A_1\mathfrak{L} + A_2\mathfrak{L} + \ldots)^{-1} = (A_1\mathfrak{L})^{-1} + (A_2\mathfrak{L})^{-1} + \ldots = \mathfrak{L}^{-1}A_1^{-1} + \mathfrak{L}^{-1}A_2^{-1} + \ldots = \mathfrak{L}^{-1}(A_1^{-1} + A_2^{-1} + \ldots) = \mathfrak{L}^{-1}\mathfrak{K}^{-1}$.
28. Z. B. $[E, (12)] + [E, (12)] \cdot (13) + [E, (12)] \cdot (23)$; $[E, (123), (132)] + (12) \cdot [E, (123), (132)]$.
29. Z. B. $\mathfrak{A} + (124)\mathfrak{A} + (142)\mathfrak{A} + (234)\mathfrak{A}$.
30. $[\ldots -2, 0, 2, 4, \ldots] + [\ldots -2, 0, 2, 4, \ldots) \cdot 1$; $\mathfrak{A} + \mathfrak{A} \cdot 1 + \mathfrak{A} \cdot 2 + \mathfrak{A} \cdot 3 + \mathfrak{A} \cdot 4$ mit $\mathfrak{A} = [\ldots -5, 0, 5, 10, \ldots]$.
31. Jedes Produkt von Primzahlpotenzen $p_1^{\alpha_1} p_2^{\alpha_2} \ldots p_r^{\alpha_r}$ $(p_i \neq 2)$ liefert mit der Untergruppe eine von ihr verschiedene Restklasse.
32. Tetraedergruppe hat weder Element noch Untergruppe der Ordnung 6.
33. Die Tafelarten stimmen überein bei Gruppen mit lauter Elementen der Ordnung 2 außer $E$; daher im Beispiel $a$.
34. Z. B. wie nebenstehend (nur Indizes geschrieben); $(24)5 \neq 2(45)$. § 4, Beisp. 3 hat kein Einselement, daher keine solche Gruppentafel.

| | | | | |
|---|---|---|---|---|
| 1 | 2 | 3 | 4 | 5 |
| 2 | 4 | 1 | 5 | 3 |
| 3 | 5 | 4 | 1 | 2 |
| 4 | 3 | 5 | 2 | 1 |
| 5 | 1 | 2 | 3 | 4 |

35. $n = 4$, $r = 2$, $\sigma = 1$, $s = 4$.

36. $A = (145)\,(26)\,(3)\,(7) = (14)\,(15)\,(26)$, ungerade; $B = (1849310)\,(2576)$, gerade.
37. $A^2 = (154)$, $A^3 = (26)$, $A^4 = (145)$, $A^5 = (154)\,(26)$, Ordnung bzw. 3, 2, 3, 6. Die $r^{\text{te}}$ Potenz eines Zyklus bildet man, indem man etwa von der ersten Ziffer ausgehend jede $r^{\text{te}}$ Ziffer nimmt ($r-1$ Ziffern überspringt).
38. $(1n\,(n-1)\ldots 2) = (n(n-1)\ldots 21)$; (12) ist selbstinvers; die inverse einer geraden Permutation ist gerade.
39. a) $Z_1Z_2 = Z_2Z_1$; b) im allgemeinen $Z_1Z_2 \neq Z_2Z_1$.
40. $\mathfrak{A}_4 \cong$ Tetraedergruppe.
41. Die Elemente, die $r$ Ziffern ungeändert lassen, bilden eine Gruppe $\cong \mathfrak{S}_{5-r}$; die Elemente, die $r$ Ziffern unter sich vertauschen, bilden eine Gruppe usw.
42. $E$, (12) (34), (13) (24), (14) (23).
43. Siehe Tafel I und III!
44. Nur die erste Darstellung von $\mathfrak{D}_6$ ist intransitiv.
45. $P_1, P_2, \ldots P_r$ sollen 1 in $i$ überführen und nur diese; $P$ führe $i$ in $k$ über. Dann geht 1 in $k$ über durch $P_1P$, $P_2P, \ldots P_rP$ und nur durch diese; denn wenn irgendein $P'$ Ziffer 1 in $k$ überführt, geht 1 in $i$ über durch $P'P^{-1}$, es muß also $P'P^{-1} = P_1$ oder $P_2$ oder $\ldots P_r$ sein, d. h. $P' = P_1P$ oder $P_2P$ oder $\ldots P_rP$.
46. Tafel I, 1, 2; Tafel II, 1; Tafel III, 1, 2, 5, 6 bzw. 2-, 1-; 2-; 3-, 1-, 2-, 1-mal.
47. $\mathfrak{S}_3$, erste Darstellung, 3-fach transitiv; $\mathfrak{A}_4$, erste Darstellung, 2-fach transitiv.
48. a) 1, 3, 5; 2, 4, 6 oder 1, 4; 2, 5; 3, 6.
b) 1, 2, 3; 4, 5, 6; 7, 8, 9; 10, 11, 12 oder 1, 4; 2, 5; 3, 6; 7, 10; 8, 11; 9, 12.
49. $\mathfrak{P}_i = E + (13)\,(46)$; etwa $\mathfrak{P} = \mathfrak{Q} + \mathfrak{Q}\,(123456)$; Imprimitivitätssysteme: 1, 3, 5 und 2, 4, 6.
50. Sind 1, 2, … $n$ alle in den Permutationen vorkommenden Ziffern, so ist $\mathfrak{K} \subseteq \mathfrak{S}_n$, weiter nach Satz 38.
51. $\mathfrak{D} = \mathfrak{A} \frown \mathfrak{B} = [E, A^3]$, $d = 2$, $ab/d = 4 \cdot 4/2 = 8$.
52. Aus $AB = BA$ folgt $A = BAB^{-1}$, $B^{-1}A = AB^{-1}$; aus $(AB)^{-1} = (BA)^{-1}$ folgt $B^{-1}A^{-1} = A^{-1}B^{-1}$.
53. 1 c, e, g, h, i, k, l; 2; 5 a, b; 6 a; 7; 8; 11.

54. $G^{-1}XG = G_0$ ist lösbar für jedes $G_0$; wäre $G^{-1}AG = G^{-1}BG$, so wäre $A = B$.
55. Bzw. [$E$, (1234), (13) (24), (1432)], [$E$, (13), (24), (13) (24)], $\mathfrak{G}$.
56. $E^{-1}AE = A$; aus $X^{-1}AX = B$ folgt $(X^{-1})^{-1}BX^{-1} = A$; aus $X^{-1}AX = B$, $Y^{-1}BY = C$ folgt $(XY)^{-1}A(XY) = Y^{-1}X^{-1}AXY = Y^{-1}BY = C$.
57. Siehe Tafel II!
58. Die Ordnungen von $A$ und $X^{-1}AX$ seien bzw. $a$, $b$. Aus $A^a = E$ folgt $(X^{-1}AX)^a = X^{-1}A^aX = X^{-1}EX = E$, also $a \geqq b$; aus $(X^{-1}AX)^b = E$ folgt $X^{-1}A^bX = E$ oder $A^b = E$, also $b \geqq a$. Nicht konjugierte Elemente gleicher Ordnung z. B. in $\mathfrak{D}_4$ oder in der Quaternionengruppe.
59. Beweis vollständig analog, $\mathfrak{A}$ spielt die Rolle von $A$, $\mathfrak{N}_{\mathfrak{A}}$ von $\mathfrak{N}_A$.
60. Kl. kj. El.: $E$; $A, A^4$; $A^2, A^3$; $B, AB, A^2B, A^3B, A^4B$,
Kl. kj. Gr.: $\mathfrak{G}$; Normalt. [$E, A, A^2, A^3, A^4$]; [$E, B$], [$E, AB$], [$E, A^2B$], [$E, A^3B$], [$E, A^4B$].
61. $\mathfrak{D}_1$, $\mathfrak{D}_2$ sind konjugiert zu einander, wie Transformation von $\mathfrak{D}_2$ mit $G$ zeigt. Allgemeiner: Bildet man $G\mathfrak{D}_1G^{-1}$ und $G'^{-1}\mathfrak{D}_2G'$, so erhält man Ausdrücke, die für $GG' = G'G$ gleich sind; daraus folgt dann $(G'G)\mathfrak{D}_1(G'G)^{-1} = \mathfrak{D}_2$, also $\mathfrak{D}_1$, $\mathfrak{D}_2$ wieder konjugiert und damit von gleicher Ordnung.
62. Normalisator von $\mathfrak{N}_{(12)}$ ist $\mathfrak{N}_{(12)}$, Index ist 3, es gibt 3 konjugierte Untergruppen $\mathfrak{N}_{(12)}$, $\mathfrak{N}_{(23)}$, $\mathfrak{N}_{(13)}$.
63. $E$, (45).
64. Zu den auf Tafel III angegebenen kommt noch außer $\mathfrak{E}$ die Klasse: [$E$, (12) (34)], [$E$, (13) (24], [$E$, (14) (23)].
65. Gruppe der Ordnung 24 mit 15 Elementen der Ordnung 2, 2 der Ordnung 3, 6 der Ordnung 6, $\cong \mathfrak{S}_3 \times \mathfrak{V} = \mathfrak{D}_6 \times \mathfrak{Z}_2$.
66. Echte Normalteiler sind alle Tafel II, 3 angegebenen Normalisatoren und das Zentrum [$E$, (13) (24)].

67. Wenn Gruppe $\mathfrak{H} <$ Gruppe $\mathfrak{G}$ und Index 2, ist $\mathfrak{G} = \mathfrak{H} + \mathfrak{H}G = \mathfrak{H} + G'\mathfrak{H}$, also $\mathfrak{H}G = G'\mathfrak{H}$; $G$ oder $G'$ kann jedes Element sein, das nicht $\mathfrak{H}$ angehört; weiter nach Satz 46.
68. Ist $[E, N]$ Normalteiler von $\mathfrak{G}$, so ist für alle $G \in \mathfrak{G}$ $[E, N]\,G = G\,[E, N]$ oder $NG = GN$.
69. Durchläuft in der Gleichung $H_iG = GH_k$ El. $H_i$ die Gruppe $\mathfrak{H}$, so durchläuft $H_k$ ebenfalls die ganze Gruppe $\mathfrak{H}$, so daß $\mathfrak{H}G = G\mathfrak{H}$ ist. Gehörte zu 2 Elem. $H_i$, $H_j$ dasselbe $H_k$, so wäre $H_iG = H_jG$, $H_i = H_j$. Ist umgekehrt $\mathfrak{H}G = G\mathfrak{H}$, so ist $H_iG = GH_k$.
70. Wenn $\mathfrak{H}$ Normalteiler in $\mathfrak{G}$, also $\mathfrak{H}G = G\mathfrak{H}$ für alle $G \in \mathfrak{G}$, ist $\mathfrak{G}$ Normalisator von $\mathfrak{H}$. Wenn umgekehrt $\mathfrak{G}$ der Normalisator von $\mathfrak{H}$ ist, ist $\mathfrak{H}G = G\mathfrak{H}$ für alle $G \in \mathfrak{G}$, also ist $\mathfrak{H}$ Normalteiler.
71. $\mathfrak{H}$ ist mit allen Elementen von $\mathfrak{G}$ vertauschbar, weil $\mathfrak{G} < \mathfrak{G}'$.
72. $\mathfrak{E}$; $[E, (45)]$; $[E, (123), (132)]$; $[E, (123), (132), (12), (23), (13)]$; $[E, (123), (132), (45), (123)\,(45), (132)\,(45)]$; $\mathfrak{D}_6$.
73. Z.B. $\{(123), (132)\}$ oder $\{(45), (123), (132)\}$ sind Normalteiler.
74. Wäre der Normalteiler $\mathfrak{N}$ mit Elementen $N$ nicht transitiv, so gäbe es (s. Fußn. S. 48) in der **primitiven** Permutationsgruppe $\mathfrak{P}$ Elemente $P$, so daß $P^{-1}NP$ zwei Ziffern eines und desselben Transitivitätssystems von $\mathfrak{N}$ in zwei Ziffern verschiedener Transitivitätssysteme überführen würde; dann könnte $P^{-1}NP$ nicht der Gruppe $\mathfrak{N}$ angehören gegen die Eigenschaft des Normalteilers.
75. Reguläre Perm.-Gr.: $E$, (1234) (5678), (13) (24) (57) (68), (1432) (5876), (1537) (2846), (1638) (2547), (1735) (2648), (1836) (2745).
76. $[E, (123), (132), (45), (123)\,(45), (132)\,(45)]$ ist Normalteiler.
77. a) $\mathfrak{A}$, b) Tetraedergruppe, c) $\mathfrak{Z}_6 = \mathfrak{A} \times \mathfrak{B}$.
78. $[E, A^3, A^6, A^9] \times [E, A^4, A^8]$.

79. Aus $B^3 = E$ und $BA = AB^2$ folgt $BA^{2n} = A^{2n}B$, $BA^{2n+1} = A^{2n+1}B^2$, $B^2A^{2n} = A^{2n}B^2$, $B^2A^{n+1} = A^{2n+1}B$; daraus die Gruppeneigenschaft von $\mathfrak{N}$ = Menge der Elemente mit gerader $A$-Potenz. Normalteiler weil Index 2 (Aufg. 67). $\mathfrak{G}/\mathfrak{N} = \mathfrak{N} + \mathfrak{N}A$.

80. a) $E$, (12)(34), (13)(24), (14)(23) $\to E$
(123), (134), (243), (142) $\to A$
(132), (234), (124), (143) $\to A^2$

b) $\ldots A^{-4}, E, A^4, \ldots \to E$
$\ldots A^{-3}, A, A^5, \ldots \to B$
$\ldots A^{-2}, A^2, A^6, \ldots \to B^2$
$\ldots A^{-1}, A^3, A^7, \ldots \to B^3$.

81. Z. B.: Der Untergruppe $[E, B^2]$ von $\mathfrak{Z}_4$ entspricht die Untergruppe der geraden $A$-Potenzen; der Einheit von $\mathfrak{Z}_3$ und $\mathfrak{Z}_4$ entsprechen Normalteiler, jedem Element eine Restklasse.

82. a) $\mathfrak{D} = [E, (13)(24)]$; $\mathfrak{A}\mathfrak{B}/\mathfrak{A} = \mathfrak{A} + \mathfrak{A}(1234)$; $\mathfrak{B}/\mathfrak{D} = \mathfrak{D} + \mathfrak{D}(1234)$; b) $\mathfrak{D}$ = Gruppe der Zahlen $2^i$; $\mathfrak{A}\mathfrak{B}/\mathfrak{A} = \mathfrak{A} + \mathfrak{A}\cdot 5 + \mathfrak{A}\cdot {}^1/_5 + \mathfrak{A}\cdot 5^2 + \ldots$; $\mathfrak{B}/\mathfrak{D} = \mathfrak{D} + \mathfrak{D}\cdot 5 + \mathfrak{D}\cdot {}^1/_5 + \mathfrak{D}\cdot 5^2 + \ldots$.

83. (1) $\{\mathfrak{A}, \mathfrak{B}\} = \mathfrak{A} + \mathfrak{A}B_2 + \mathfrak{A}B_3 + \ldots =$
$\mathfrak{A} + B_2\mathfrak{A} + B_3\mathfrak{A} + \ldots$ (weil $\mathfrak{A}$ Normalteiler),
(2) $\mathfrak{B} = \mathfrak{D} + \mathfrak{D}B_2' + \mathfrak{D}B_3' + \ldots =$
$= \mathfrak{D} + B_2''\mathfrak{D} + B_3''\mathfrak{D} + \ldots$.

In der ersten Zerlegung von (1) könnte statt $\mathfrak{A}$ auch $\mathfrak{A}\mathfrak{D}$, statt $\mathfrak{A}B_2$ auch $\mathfrak{A}\mathfrak{D}B_2'$, … geschrieben werden, also ist (weil $\mathfrak{A}\mathfrak{D} = \mathfrak{A}$)

$$B_2 = B_2', \; B_3 = B_3', \; \ldots .$$

Benützt man die zweiten Zerlegungen von (1) und (2), so ergibt sich entsprechend

$$B_2 = B_2'', \; B_3 = B_3'', \; \ldots .$$

Also muß

$$B_2'' = B_2', \; B_3'' = B_3', \; \ldots \text{ sein;}$$

nach Satz 46 ist daher $\mathfrak{D}$ Normalteiler von $\mathfrak{B}$.

84. Ordnung von $A$, $A_\alpha$ sei $a$ bzw. $b$. Aus $A^a = E$ folgt wegen der Isomorphie $A_a^\alpha = E$, also $a \geqq b$; aus $A_\alpha^b = E$

folgt $A^b = E$, also $a \leq b$; folglich $a = b$, demnach unendliche Ordnung nur zugleich möglich.

85. Aus $U_i U_k = U_l$ folgt $(U_i U_k)_\alpha = (U_l)_\alpha$ oder (Gl. (1)) $(U_i)_\alpha (U_k)_\alpha = (U_l)_\alpha$; aus $U_i U_i^{-1} = E$ folgt (Gl. (2)) $(U_i)_\alpha (U_i)_\alpha^{-1} = E$.

86. Nur für abelsche Gruppen, weil nur hier aus $AB = C$ folgt $A^{-1}B^{-1} = C^{-1}$.

87. a) $\cong \mathfrak{S}_3$; b) $\cong \mathfrak{Z}_2$; c) isom. z. multipl. Gruppe d. pos. u. neg. reellen Zahlen; denn Abbildung $r \to r^k$ für reelle $k \neq 0$ ist ein Automorphismus, da aus $r_1 \to r_1^k$, $r_2 \to r_2^k$ folgt $r_1 r_2 \to (r_1 r_2)^k = r_1^k r_2^k$; zwei Abbildungen $r \to r^{k_1}$, $r \to r^{k_2}$ ergeben nacheinander ausgeführt $r \to (r^{k_1})^{k_2} = r^{k_1 k_2}$.

88. Wenn die in § 22 angegeb. 12 Elemente mit 1, 2, ... 12 bezeichnet werden, ist $\mathfrak{A}_i(\mathfrak{G}) = [E$, (79 11) (8 10 12), (7 11 9) (8 12 10), (26) (35) (8 12) (9 11), (26) (35) (7 11) (8 10), (26) (35) (79) (10 12)]; wird noch ein äußerer Autom. gefunden, etwa $\alpha =$ (7 10) (8 11) (9 12), so findet man die weiteren, da $\mathfrak{A}(\mathfrak{G}) = \mathfrak{A}_i(\mathfrak{G}) + \alpha\mathfrak{A}_i(\mathfrak{G})$. $\mathfrak{A}(\mathfrak{G}) \cong \mathfrak{D}_6$.

89. Nach Tafel II bewirkt $\mathfrak{A}_i(\mathfrak{G})$ in $\mathfrak{N} = [E, A_2, A_3, A_4]$ d. Autom. $E$, (24), in $\mathfrak{N}' = [E, A_3, A_5, A_7]$ d. Autom. $E$, (57).

90. $\overline{\mathfrak{N}} = (E, \binom{123}{231}, \binom{123}{312})]$, $\mathfrak{S}(\mathfrak{N}) = \mathfrak{H} \cong \mathfrak{S}_3$, $\mathfrak{A}(\mathfrak{N}) = [E, \binom{123}{132}]$ (§ 38, Beisp. 1). Ist $\overline{\mathfrak{N}} = [E, \overline{N}_2, \overline{N}_3]$, $\mathfrak{A}(\mathfrak{N}) = [E, \alpha]$, so findet man $\alpha^{-1}E\alpha = E$, $\alpha^{-1}\overline{N}_2\alpha = \overline{N}_3$, $\alpha^{-1}\overline{N}_3\alpha = \overline{N}_2$, die Transformation verwandelt also $E, \overline{N}_2, \overline{N}_3$ in $E, \overline{N}_3, \overline{N}_2$, permutiert also gerade so wie es $\alpha$ angibt.

91. Für $\mathfrak{S}_3$: $E$, (123), (132) $\to E$
(12), (23), (13) $\to$ (12) oder (23) oder (13)
für $\mathfrak{Z}_6$ siehe Aufg. 93!

92. Einige Endomorph. der Gruppe $\mathfrak{D}_4$:

| | |
|---|---|
| $E$, (13) (24) | $\to E$ |
| (1234), (1432) | $\to$ (13) |
| (13), (24) | $\to$ (24) |
| (12) (34), (14) (23) | $\to$ (13) (24). |
| $E$, (1234), (13) (24), (1432) | $\to E$ |
| (13), (12) (34), (24), (14) (23) | $\to$ (13). |

93. Nur in Hochzahlen von $A$ geschrieben

| für $\mathfrak{Z}_5$: | 0 1 2 3 4 | für $\mathfrak{Z}_6$: | 0 1 2 3 4 5 |
|---|---|---|---|
| abgebildet auf | 0 0 0 0 0 | abgebildet auf | 0 0 0 0 0 0 |
| | 0 1 2 3 4 | | 0 1 2 3 4 5 |
| | 0 2 4 1 3 | | 0 2 4 0 2 4 |
| | 0 3 1 4 2 | | 0 3 0 3 0 3 |
| | 0 4 3 2 1 | | 0 4 2 0 4 2 |
| | | | 0 5 4 3 2 1 |

Anzahl der echten Endomorphismen: 0 bzw. 3.

94. $E$, (123), (132) geht bei allen Autom. u. Endom. in sich oder $E$ über, also vollinvariant.

95. $\mathfrak{A}_i(\mathfrak{G}) \cong$ Vierergruppe, $\mathfrak{A}(\mathfrak{G}) \cong \mathfrak{S}_4$; alle Untergruppen sind Normalteiler, nur [1, —1] ist auch charakteristisch u. vollinv. (Zentrum u. Kommut.-Gr).

96. $E$, (13) (24).

97. a) $\mathfrak{D}_4/\mathfrak{K} = \mathfrak{K} + \mathfrak{K}\,(1234) + \mathfrak{K}\,(13) + \mathfrak{K}\,(12)\,(34) \cong$ Vierergruppe (abelsch);
    b) für $A$, $B$ gelten die Gleichungen $A^3 = E$, $B^6 = E$, $AB^2 = B^2A$, $A^2B = BA$; sie werden erfüllt bei der Abbildung $B \to A$, $A \to E$, daher Endomorph.; er führt Zentrum $[E, B^2, B^4]$ über in die Gruppe $[E, A^2, A]$, also Zentrum nicht vollinvariant.

98. a) $Z = Z^9 Z^{-8} = (1\,10\,7\,4)\,(2\,11\,8\,5)\,(3\,12\,9\,6) \cdot (1\,5\,9)\,(2\,6\,10)\,(3\,7\,11)\,(4\,8\,12)$;
    b) $kx + ly = 1$ nicht in ganzen Zahlen lösbar.

99. $(Z^3)^x \cdot (Z^4)^y$ ergibt für $x = 0, 1, 2, 3$ und $y = 0, 1, 2$ sämtliche Elemente.

100. Sind $Z_1$ und $Z_2$ von der Ordnung $k$ bzw. $l$, so ist $Z_1 Z_2$ von der Ordnung $kl$; denn $(Z_1 Z_2)^x = E$, wenn $Z_1^x = Z_2^{-x}$ oder weil Faktoren eines direkten Produkts nur die Einheit gemeinsam haben, $Z_1^x = E$, $Z_2^x = E$, d. h. $x$ Vielfaches von $k$ und $l$. Wegen $(k, l) = 1$ ist das kleinste solche $kl$.

101. $(4, 2) \neq 1$.

102. $k$ und $l$ seien in Primfaktoren zerlegt; $p_1, p_2, \ldots, p_r$ seien die untereinander verschiedenen in $k$ und $l$

zugleich enthaltenen Primzahlen, ferner

$$\left.\begin{array}{l} k = p_1^{\alpha_1} p_2^{\alpha_2} \ldots p_r^{\alpha_r} \cdot u, \quad (u, p_i) = 1 \\ l = p_1^{\beta_1} p_2^{\beta_2} \ldots p_r^{\beta_r} \cdot v, \quad (v, p_i) = 1 \end{array}\right\} i = 1, 2, \ldots, r;$$

dann ist auch $(u, v) = 1$.

Die $p_i$ seien so numeriert, daß

$$\alpha_i \leqq \beta_i \text{ für } i = 1, 2, \ldots, m$$
$$\alpha_i > \beta_i \text{ für } i = m + 1, \ldots, r.$$

$$\mathfrak{Z}_k \times \mathfrak{Z}_l = (\text{Satz } 93)\, \mathfrak{Z}_{p_1^{\alpha_1} \ldots p_m^{\alpha_m}} \times \mathfrak{Z}_{p_{m+1}^{\alpha_{m+1}} \ldots p_r^{\alpha_r} \cdot u}$$
$$\times \mathfrak{Z}_{p_1^{\beta_1} \ldots p_m^{\beta_m} \cdot v} \times \mathfrak{Z}_{p_{m+1}^{\beta_{m+1}} \ldots p_r^{\beta_r}}.$$

Faßt man nach Aufg. 100 sowohl den ersten und vierten als auch den zweiten und dritten Faktor zusammen, so erhält man $\mathfrak{Z}_{(k,l)} \times \mathfrak{Z}_{kl/(k,l)}$.

103. Zwei beliebige Untergruppen der Gruppe $0, \pm 1, \pm 2, \ldots$ etwa $0, \pm a, \pm 2a, \ldots$ und $0, \pm b, \pm 2b, \ldots$ ($a$, $b$ ganze Zahlen) haben stets Elemente gemeinsam, nämlich $ab$, $2ab, \ldots$, daher Bedingung, daß Elemente beider Gruppen verschieden, nicht erfüllbar.

104. Z. B. für $n = 3 \cdot 4 \cdot 5$. Es liefert $20x_1 + 15x_2 + 12x_3$ für $x_1 = 1, 2, 3$, $x_2 = 1, 2, 3, 4$, $x_3 = 1, 2, 3, 4, 5$ genau 60 Werte; es ist nur zu zeigen, daß alle inkongruent mod 60 sind. Ist

$20x_1 + 15x_2 + 12x_3 \equiv 20x_1' + 15x_2' + 12x_3' \bmod 60$, so ist

$20(x_1 - x_1') + 15(x_2 - x_2') + 12(x_3 - x_3')$ teilbar durch 60, also

$20(x_1 - x_1') + 15(x_2 - x_2')$ teilbar durch 12 oder, weil $(5, 12) = 1$,

$4(x_1 - x_1') + 3(x_2 - x_2')$ teilbar durch 12, also

$(x_1 - x_1')$ teilbar durch 3 oder, weil $x_1, x_1' \leqq 3$, $x_1 - x_1' = 0$, $x_1 = x_1'$;

ebenso $x_2 = x_2'$, $x_3 = x_3'$.

105. $\{Z^6\} \times \{Z^{10}\} \times \{Z^{15}\}$, wenn $Z$ Element der Ordnung 30.

106. $Z^2, Z^{15}$ oder $Z^3, Z^{10}$ oder $Z^5, Z^6$.

107. $\mathfrak{Z}_2 \times \mathfrak{Z}_6 \cong \mathfrak{Z}_2 \times \mathfrak{Z}_2 \times \mathfrak{Z}_3 \cong \mathfrak{V} \times \mathfrak{Z}_3$.

108. $U^{\alpha_1} A^{\alpha_2} = E$ für $\alpha_1 = 0$, $\alpha_2 = \mu a$ ($\mu$ ganze Zahl). $\mathfrak{B}$ besteht aus den Elementen $U_1^0 U_2^{\mu a}$.

$$\begin{array}{llllll} \mathfrak{A} \cong \mathfrak{U}_2/\mathfrak{B} = & & & & & \\ & \mathfrak{B} + & U_1\mathfrak{B} + & U_1^2\mathfrak{B} + \ldots + & U_1^{-1}\mathfrak{B} + & U_1^{-2}\mathfrak{B} + \ldots \\ + U_2\mathfrak{B} & + U_1U_2\mathfrak{B} + & U_1^2U_2\mathfrak{B} + \ldots + & U_1^{-1}U_2\mathfrak{B} + & U_1^{-2}U_2\mathfrak{B} + \ldots & \\ + \ldots\ldots\ldots & & & & & \\ + U_2^{a-1}\mathfrak{B} + \ldots\ldots\ldots & & & & + U_1^{-2}U_2^{a-1}\mathfrak{B} + \ldots & \end{array}$$

109. $\varepsilon_1 = 1$, Gleichung (2) z. B. $V_1 = a^1 b^1 c^8$, Gleichung (6) $V_1 = (abc^8)^1$.

110. $\{V_1\}$ besteht aus den Elementen $1, (abc^8)^{\pm 1}, (abc^8)^{\pm 2}, \ldots$. $\mathfrak{B}_2$ besteht aus den Elementen $c^{2\gamma}$ ($\gamma$ ganze Zahl), $b$ kommt nicht vor. Tatsächlich enthält $\{V_1\} \times \mathfrak{B}_2$ jedes Element von $\mathfrak{B}$, z. B. $a^{-5} b^{-5} c^{12} = (abc^8)^{-5} c^{2\cdot 26}$.

111. $\varepsilon_1 = 2$. Man wählt etwa $V_1 = a^2 b^{2\cdot 6} c^{2\cdot 4}$; durch Transformation:
$a' = ab^6c^4$ wird $V_1 = a'^2$, $\mathfrak{B} = \{V_1\} \times \mathfrak{B}_2$.
$V = a^{2\alpha} b^{12\beta} c^{8\gamma} = V_1^{\alpha} V' = (a'^2)^{\alpha} V' = (a\, b^6\, c^4)^{2\alpha} V'$
$= a^{2\alpha} b^{12\alpha} c^{8\alpha} \cdot b^{12(\beta-\alpha)} c^{8(\gamma-\alpha)}$.
Mit $\alpha, \beta, \gamma$ sind auch $\beta - \alpha$, $\gamma - \alpha$ beliebige ganze Zahlen, also $V' = b^{12\beta} c^{8\gamma}$. Es wird $V_2$ abgespalten, etwa $V_2 = b^{12} c^8$, $\varepsilon_2 = 4$. Durch Transformation $c' = cb$ ergibt sich $V_2 = b^4 c'^8$; $V_2 = b'^4$, wenn $b' = bc'^2$.
$\mathfrak{B}_2 = \{V_2\} \times \mathfrak{B}_1$. $V' (\in \mathfrak{B}_2) = b^{12\beta} c^{8\gamma} = V_2^{\beta} V'' = b'^{4\beta} V''$
$= (b^4 c'^8)^{\beta} c^{8(\gamma-\beta)}$.
$\mathfrak{B} = \{V_1\} \times \{V_2\} \times \{V_3\} = \{a'^2\} \times \{b'^4\} \times \{c^8\}$.

112. $U_1^{\alpha_1} U_2^{\alpha_2} \in \mathfrak{B}$, wenn $\alpha_1 \equiv 0 \bmod 2$, $\alpha_2 \equiv 0 \bmod 6$.
$$\begin{aligned} \mathfrak{U}_2/\mathfrak{B} &= \mathfrak{B} + U_2\mathfrak{B} + U_2^2\mathfrak{B} + \ldots + U_2^5\mathfrak{B} \\ &\quad + U_1\mathfrak{B} + U_1U_2\mathfrak{B} + U_1U_2^2\mathfrak{B} + \ldots + U_1U_2^5\mathfrak{B} \\ &= (\mathfrak{B} + U_1\mathfrak{B}) \times (\mathfrak{B} + U_2\mathfrak{B} + \ldots + U_2^5\mathfrak{B}) \\ &= \{U_1\mathfrak{B}\} \times \{U_2\mathfrak{B}\} \text{ (Ordnung 2 bzw. 6).} \end{aligned}$$

113. $U_1^{\alpha_1} U_2^{\alpha_2} \in \mathfrak{B}$, wenn $\alpha_1 \equiv 0 \bmod 3$, $\alpha_2 = 0$.
$V = U_1^{3\alpha} U_2^0$ ($\alpha$ ganze Zahl); $\mathfrak{U}_2/\mathfrak{B} = \{U_1\mathfrak{B}\} \times \{U_2\mathfrak{B}\}$ (Ordnung 3 bzw. $\infty$).

114. Etwa $X = A^2B^5$, $Y = AB^2$ (Ordnung 2 bzw. 20). Auch nach Satz 93 u. Aufg. 100.

115. Mit $\mathfrak{B}$ ist isomorph $\mathfrak{B}' = [E, (12), (34), (12)(34)] = [E, (12)] \times [E, (34)] = \{(12)\} \times \{(34)\}$; also $\mathfrak{A} = \{(12)\} \times \{(34)\} \times \{(567)\} \cong$ (Aufg. 100) $\{(12)\} \times \{(345678)\}$.

116. $\{26\} \times \{8\} \times \{16\}$.

117. $\mathfrak{A}_2 \times \mathfrak{A}_3$, wobei $\mathfrak{A}_2 = [1, 8, 17, 19, 26, 28, 37, 44]$, $\mathfrak{A}_3 = [1, 16, 31]$.

118. a) 7, b) 4.

119. Jede Untergruppe einer zyklischen Gruppe $\mathfrak{Z}_n = \{Z\}$ ist nach Satz 14 von der Form $\{Z^k\}$, jeder Endomorphismus nach Satz 82 (Beweis) eine Abbildung $Z \to Z^i$. Daher geht durch den Endomorphismus jedes $Z^k$ über in $Z^{ik} = (Z^k)^i$, also ein Element der Untergruppe $\{Z^k\}$.

120. Außer $\mathfrak{E}$ und $\mathfrak{D}_4$: $[E, (13)(24), (1234), (1432)]$, $[E, (13)(24), (13), (24)]$, $[E, (13)(24)]$.

121. $\mathfrak{G}$ ist zulässige Untergruppe von sich selbst für jeden Bereich $\Omega$; aber nicht jede Untergruppe von $\mathfrak{G}$.

122. s. Lösung der Aufg. 120!

123. Alle Untergruppen, weil jede Untergruppe $E, A_\alpha, A_\beta, \ldots$ auf $E, A_\alpha^a, A_\beta^a, \ldots$, also in sich abgebildet wird.

124. $\mathfrak{Z}_4 = \{A\}$; der identische Endomorphismus wird $\omega_1$, der Endomorphismus $E, A, A^2, A^3$ bzw. $\to E, A^2, E, A^2$ wird $\omega_2$, der Nullendomorphismus $\omega_3$ zugeordnet.

125. Wird $\mathfrak{S}_3$ nach Taf. I durch $A$ und $B$ erzeugt, so sind neben dem identischen Automorphismus $\varepsilon_1$ die folgenden Abbildungen Endomorphismen: $E, A, A^2 \to E$; $B, AB, A^2B \to B$ oder $AB$ oder $A^2B$, bezeichnet bzw. mit $\varepsilon_1', \varepsilon_1'', \varepsilon_1'''$. Für $\mathfrak{Z}_6$, erzeugt durch $A$, sei $\varepsilon_2$ der identische Automorphismus, $\varepsilon'_2$ der durch die Abbildung $E, A^2, A^4 \to E$; $A, A^3, A^5 \to A^3$ gegebene Endomorphismus. Dann ist $\Omega = [\omega, \omega', \omega'', \omega''']$ gemeinsamer Operatorenbereich bei der Zuordnung

$$\omega \to \begin{cases} \varepsilon_1 \\ \varepsilon_2 \end{cases}, \quad \omega' \to \begin{cases} \varepsilon_1' \\ \varepsilon_2' \end{cases}, \quad \omega'' \to \begin{cases} \varepsilon_1'' \\ \varepsilon_2' \end{cases}, \quad \omega''' \to \begin{cases} \varepsilon_1''' \\ \varepsilon_2' \end{cases}.$$

126. Nein; Bedingung 2 läßt sich nicht erfüllen.

127. Ja; $((\mathfrak{Z}_6)_\varphi)_\omega = ((\mathfrak{Z}_6)_\omega)_\varphi$, z. B. $(A_{\omega_2})_\varphi = (A^5)_\varphi = B^2$; $(A_\varphi)_{\omega 2} = B_{\omega 2} = B^2$.

128. $\mathfrak{N} = E + A^3 = \mathfrak{N}_{\omega 2}$.

129. $\mathfrak{N} = E + A^3$; z. B. $((\mathfrak{N}A)_{\omega 2})_\varphi = (\mathfrak{N}A^5)_\varphi = B^2$; $((\mathfrak{N}A)_\varphi)_{\omega 2} = B_{\omega 2} = B^2$.

130. Z. B. $\mathfrak{S}_4 = \mathfrak{A}\mathfrak{A} + \mathfrak{A}\,(13)\,\mathfrak{A} + \mathfrak{A}\,(1324)\,\mathfrak{A}$.

131. $\mathfrak{A}\,(13)\,\mathfrak{B} = \mathfrak{A}\,[(13) + (132) + (123) + E + (23) + (12)]$; $\mathfrak{A}\,(13) = \mathfrak{A}\,(123)$, $\mathfrak{A}\,(132) = \mathfrak{A}\,(23)$, $\mathfrak{A}E = \mathfrak{A}\,(12)$. Es sind 3 verschiedene Restklassen nach $\mathfrak{A}$ enthalten.

132. Soviele als der Index von $\mathfrak{D}$ in $\mathfrak{A}$ angibt (vgl. Aufg. 61).

133. $6 = 1 + 1 + 2 + 2$.

134. Restklassen $\mathfrak{A}\mathfrak{A}$ und etwa $\mathfrak{A}\,(1324)\,\mathfrak{A}$. Elemente des Normalisators: $E$, (12), (34), (12) (34), (1324), (1423), (13) (24), (14) (23).

135. a) Eine unendliche nicht-abelsche $p$-Gruppe (2-Gruppe) wird erzeugt von den Permutationen $(4n + 1, 4n + 2, 4n + 3, 4n + 4)$ und $(4n + 1, 4n + 3)$ für $n = 0, 1, 2, \ldots$; b) die Diedergruppen $\mathfrak{D}_{2^\nu}$ $(\nu = 1, 2, 3, \ldots)$ bilden eine aufsteigende Folge von 2-Gruppen (§ 72, letzter Absatz), ihre Vereinigungsmenge (Grenzgruppe) ist eine unendliche nicht-abelsche 2-Gruppe;
c) die Grenzgruppe der aufsteigenden Folge zyklischer Gruppen $\mathfrak{Z}_{p^\nu}$ ($p$ beliebige Primzahl, $\nu = 1, 2, 3, \ldots$) ist eine unendliche abelsche $p$-Gruppe.

136. Obiges Beispiel 3; Untergruppe ist die aus Elementen $M_1$ bestehende Gruppe, ihr Index ist $p = 2$, ihr Normalisator die ganze aus den Elementen $M_1$ und $M_2$ bestehende Gruppe.

137. Durch die Gleichungen $A^4 = E$, $B^2 = E$, $C^2 = E$, $BA = AC$, $CA = AB$, $CB = A^2BC$ ist eine nicht-abelsche Gruppe 16ter Ordnung bestimmt. Ihr Zentrum ist $E, A^2$.

138. Z. B. $E$, (12) und $E$, (45) und $E$, (12) (45) enthalten in der Sylow-Gruppe $E$, (12), (45), (12) (45).

139. Es gibt zyklische Untergruppen mit Ordnung 2, 4, 8.

141. $\mathfrak{A}_4$ hat 1 2-Sylow-Gruppe und 4 konjugierte 3-Sylow-Gruppen, $\mathfrak{D}_6$ hat 1 2-Sylow-Gruppe und 1 3-Sylow-Gruppe.

142. Erzeugende $A = (123)$, $B = (12)$; Gleichungen $A^3 = E$, $B^2 = E$, $BA = A^2B$. Damit kann jedes Produkt auf die Form $A^i B^k$ gebracht werden und dieses, je nachdem $i = 3n$, $3n+1$, $3n+2$, $k = 2m$, $2m+1$ ist, auf $E$, $A$, $A^2$, $B$, $AB$, $A^2B$. Die Elemente von $\mathfrak{N}$ entsprechen denjenigen, die sich auf $A^{3n}B^{2m} = E$ reduzieren.

143. § 26, Beispiel 1, vgl. Aufg. 97 b.

144. 1: $\mathfrak{Z}_8$; 2a = 3a: Abelsche Gr. $\cong \mathfrak{Z}_4 \times \mathfrak{Z}_2$; 2c = 4b = 4c: $\cong \mathfrak{D}_4$; 3c: Quaternionengruppe; 4a: $\cong \mathfrak{Z}_2 \times \mathfrak{Z}_2' \times \mathfrak{Z}_2''$; 2b, 3b, 4d erg. keine Gr. 8ter Ordn., sondern bzw. $\mathfrak{Z}_2$, $\mathfrak{Z}_2$. $\mathfrak{S}_3$.

145. 1. $A^{12} = E$, abelsche Gruppe $\mathfrak{Z}_{12}$.
   2. $A^6 = E$, $B^2 = E$, $BA = AB$, ab. Gr. $\cong \mathfrak{Z}_6 \times \mathfrak{Z}_2 \cong \mathfrak{V} \times \mathfrak{Z}_3$.
   3. $A^6 = E$, $B^4 = E$, $A^3 = B^2$, $BA = A^5B$, nicht-abelsche Gr. = Beispiel § 22. Ordnung der Elemente in der dortigen Reihenfolge: 1, 6, 3, 2, 3, 6, 4, 4, 4, 4, 4, 4.
   4. $A^3 = E$, $B^3 = E$, $BA = A^2B^2$; El. etwa: $E$, $A$, $A^2$, $B$, $AB$, $A^2B$, $B^2$, $AB^2$. $A^2B^2$, $BA^2$, $B^2A$, $BA^2B$. Andere Bestimmung: $A^3 = E$, $B'^2 = E$, $B'A = A^2B'\ A^2B'$. Elem. etwa: $E$, $A$, $A^2$, $B'$, $AB'$, $A^2B'$, $B'A$, $B'A^2$, $AB'A$, $B'AB'$, $AB'A^2$, $A^2B'A$. Beide Bestimmungen führen zur Tetraedergruppe¹).
   5. $A^3 = E$, $B^2 = E$, $C^2 = E$, $BA = A^2B$, $CA = AC$, $CB = BC$, Diedergruppe $\mathfrak{D}_6$; Elemente etwa: $E$, $A$, $A^2$, $B$, $AB$, $A^2B$, $C$, $AC$, $A^2C$, $BC$, $ABC$, $A^2BC$. Ordnung: 1, 3, 3, 2, 2, 2, 2, 6, 6, 2, 2, 2.
   § 71, Beispiel 4 ist $\cong \mathfrak{D}_6$.

146. $\mathfrak{Z}_1 = [E, (45)]$; aufsteigende Zentralreihe $\mathfrak{E} < \mathfrak{Z}_1$; $\mathfrak{D}_6$ wird nicht erreicht.

¹) Das Beispiel zeigt, daß dieselbe Gruppe in verschiedener Weise durch Gleichungen zwischen Erzeugenden bestimmt werden kann. Es ist bisher nicht möglich, von vornherein zu entscheiden, ob Bestimmungen zu isomorphen Gruppen führen („Isomorphieproblem").

147. $\mathfrak{A}_1\mathfrak{A}_2 = [E, (12), (45), (12)(45)]$ ist Untergruppe, aber kein Normalteiler, $\mathfrak{A}_2\mathfrak{A}_3 \cong \mathfrak{Z}_6$ ist Normalteiler.

148. $\mathfrak{A}_2(\mathfrak{A}_1 \cap \mathfrak{B}_1) = \{A^4\}\ \{A^6\} = \{A^2\}$; $\mathfrak{A}_2(\mathfrak{A}_1 \cap \mathfrak{B}_2) = \{A^4\}\ \{A^{12}\} = \{A^4\}$; $\mathfrak{B}_2(\mathfrak{B}_1 \cap \mathfrak{A}_1) = \{A^{12}\}\{A^6\} = \{A^6\}$; $\mathfrak{B}_2(\mathfrak{B}_1 \cap \mathfrak{A}_2) = \{A^{12}\}\ \{A^{12}\} = \{A^{12}\}$; $\{A^2\}/\{A^4\} \cong \{A^6\}/\{A^{12}\}$.

149. Zwischen das zweite und dritte Glied jeder Reihe schiebt sich die Gruppe $\{A^{10}\}$ ein. Wenn die Reihen mit $\mathfrak{A}_0 > \mathfrak{A}_1 > \mathfrak{A}_2 > \mathfrak{A}_3$ bzw. $\mathfrak{B}_0 > \mathfrak{B}_1 > \mathfrak{B}_2 > \mathfrak{B}_3$ bezeichnet werden, ist $\mathfrak{A}_{21} = \mathfrak{A}_2(\mathfrak{A}_1 \cap \mathfrak{B}_1) = \{A^{70}\}\ (\{A^5\} \cap \{A^2\}) = \{A^{70}\}\ \{A^{10}\} = \{A^{10}\}$; ebenso $\mathfrak{A}_{11} = \mathfrak{B}_{22} = \mathfrak{B}_{12} = \{A^{10}\}$, alle übrigen $\mathfrak{A}_{ik}$ und $\mathfrak{B}_{ik}$ fallen mit bereits vorhandenen Gruppen zusammen. Die Indizes der verfeinerten Reihen werden 5, 2, 7, 3 bzw. 2, 5, 3, 7, woraus sich bei diesen zyklischen Gruppen die paarweise Isomorphie ergibt.

150. $\mathfrak{D}_6 > \mathfrak{Z}_6 > \mathfrak{Z}_2 > \mathfrak{E}$ und $\mathfrak{D}_6 > \mathfrak{S}_3 > \mathfrak{Z}_3 > \mathfrak{E}$, Kompositionsfakt. isomorph

$$\mathfrak{Z}_2 \quad \mathfrak{Z}_3 \quad \mathfrak{Z}_2 \qquad\qquad \mathfrak{Z}_2 \quad \mathfrak{Z}_2 \quad \mathfrak{Z}_3.$$

151. $\mathfrak{S}_4 > \mathfrak{A}_4 > \mathfrak{V} > \mathfrak{E}$, dagegen $\mathfrak{S}_5 > \mathfrak{A}_5$.

# Sach- und Namenverzeichnis

# Sammlung Göschen

**Mathematische Formelsammlung** von F. O. Ringleb. 8., verb. Aufl. 322 S., 40 Fig. 1968. DM 4,80 (51/51a)

**Höhere Algebra** von H. Hasse. 2 Bde.
I: Lineare Gleichungen. 6., neubearb. Aufl. 150 S. 1969. DM 4,80 (931)
II: Gleichungen höheren Grades. 5., neubearb. Aufl. 158 S., 5 Fig. 1967. DM 4,80 (932)

**Aufgabensammlung zur höheren Algebra** von H. Hasse und W. Klobe. 3., verb. Aufl. 183 S. 1961. DM 4,80 (1082)

**Elementare und klassische Algebra vom modernen Standpunkt** von W. Krull. 2 Bde.
I: 3., erw. Aufl. 148 S. 1963. II: 132 S. 1959. Je DM 4,80 (930, 933)

**Algebraische Kurven und Flächen** von W. Burau. 2 Bde.
I: Algebraische Kurven der Ebene. 153 S., 28 Abb. 1962. DM 4,80 (435)
II: Algebraische Flächen 3. Grades und Raumkurven 3. und 4. Grades. 162 S., 17 Abb. 1962. DM 7,80 (436/436a)

**Einführung in die Zahlentheorie** von A. Scholz. Überarb. u. hrsg. von B. Schoeneberg. 4. Aufl. 128 S. 1966. DM 4,80 (1131)

**Formale Logik** von P. Lorenzen. 4. Aufl. 184 S. 1970. DM 7,80 (1176/1176a)

**Topologie** von W. Franz. 2 Bde.
I: Allgemeine Topologie. 3. Aufl. 144 S., 9 Fig. 1968. DM 4,80 (1181)
II: Algebraische Topologie. 153 S. 1965. DM 7,80 (1182/1182a)

**Elemente der Funktionentheorie** von K. Knopp. 8. Aufl. 144 S., 23 Fig. 1971. DM 4,80 (1109)

**Funktionentheorie** von K. Knopp. 2 Bde.
I: Grundlagen der allgemeinen Theorie der analytischen Funktionen. 12. Aufl. 144 S., 8 Fig. 1970. DM 4,80 (668)
II: Anwendungen und Weiterführung der allgemeinen Theorie. 12. Aufl. 130 S. 7 Fig. 1971. DM 4,80 (703)

**Aufgabensammlung zur Funktionentheorie** von K. Knopp. 2 Bde.
I: Aufgaben zur elementaren Funktionentheorie. 7. Aufl. 135 S. 1965. DM 4,80 (877)
II: Aufgaben zur höheren Funktionentheorie. 7. Aufl. 151 S. 1971. DM 4,80 (878)

**Walter de Gruyter · Berlin · New York**

## Sammlung Göschen

**Partielle Differentialgleichungen** von G. Hoheisel. 5. Aufl. 130 S. 1968. DM 4,80 (1003)

**Aufgabensammlung zu den gewöhnlichen und partiellen Differentialgleichungen** von G. Hoheisel. 4., neubearb. Aufl. 153 S. 1964. DM 7,80 (1059/1059a)

**Integralgleichungen** von G. Hoheisel. 2., neubearb. u. erw. Aufl. 112 S. 1963. DM 4,80 (1099)

**Mengenlehre** von E. Kamke. 7. Aufl. 194 S., 6 Fig. 1971. DM 7,80 (999/999a)

**Darstellende Geometrie** von W. Haack. 3 Bde.

I: Die wichtigsten Darstellungsmethoden. Grund- und Aufriß ebenflächiger Körper. 7., verb. Aufl. 112 S., 120 Abb. 1971. DM 5,80 (3142)

II: Körper mit krummen Begrenzungsflächen. Kotierte Projektionen. 6., verb. Aufl. 125 S., 86 Abb. 1971. DM 7,80 (4143)

III: Axonometrie und Perspektive. 4. Aufl. 129 S., 100 Abb. 1969. DM 4,80 (144)

**Analytische Geometrie** von K. P. Grotemeyer. 4. Aufl. 218 S., 73 Abb. 1969. DM 7,80 (65/65a)

**Nichteuklidische Geometrie.** Hyperbolische Geometrie der Ebene von R. Baldus. 4. Aufl., bearb. u. erg. von F. Löbell. 158 S., 75 Fig. 1964. DM 7,80 (970/970a)

**Differentialgeometrie** von K. Strubecker. 3 Bde.

I: Kurventheorie der Ebene und des Raumes. 2., erw. Aufl. 253 S., 45 Fig. 1964. DM 7,80 (1113/1113a)

II: Theorie der Flächenmetrik. 2., erg. Aufl. 261 S., 23 Fig. 1969. DM 7,80 (1179/1179a)

III: Theorie der Flächenkrümmung. 2., verb. Aufl. 264 S., 38 Fig. 1969. DM 7,80 (1180/1180a)

**Einführung in die konforme Abbildung** von L. Bieberbach. 6., neubearb. Aufl. 184 S., 41 Zeichng. 1967. DM 7,80 (768/768a)

**Vektoren und Matrizen** von S. Valentiner. 4. Aufl. (11., erw. Aufl. der „Vektoranalysis"). Mit Anh.: Aufgaben zur Vektorrechnung von H. König. 206 S., 35 Fig. 1967. DM 7,80 (354/354a)

**Walter de Gruyter · Berlin · New York**

# Tafel I

## Symmetrische Gruppe 3ten Grades $\mathfrak{S}_3$; Ordnung $3! = 6$

1. Gruppentafel:

| E | (123) | (132) | (12) | (23) | (13) |
|---|---|---|---|---|---|
| (123) | (132) | E | (23) | (13) | (12) |
| (132) | E | (123) | (13) | (12) | (23) |
| (12) | (13) | (23) | E | (132) | (123) |
| (23) | (12) | (13) | (123) | E | (132) |
| (13) | (23) | (12) | (132) | (123) | E |

2. Reguläre Permut.-Gruppe

E

(123) (465)

(132) (456)

(14) (25) (36)

(15) (26) (34)

(16) (24) (35)

4. Klassen konj. El.: E; (123), (132); (12), (23), (13)
Normalisatoren: $\mathfrak{S}_3$; [E, (123), (132)]; [E, (12)], [E, (23)], [E, (13)]
Normalteiler; konj. Untergruppen

| Elem. $A_i$ | Normalisator $\mathfrak{N}_{A_i}$ | Rechtszerlegung von $\mathfrak{S}_3$ nach $\mathfrak{N}_{A_i}$ | Durch Transf. m. je 1 El. jed. Restkl.: aus $A_i$ hervorg. Kl. konj. El. | Durch Transf. m. je 1 El. jed. Restkl.: aus $\mathfrak{N}_{A_i}$ hervorg. Kl. konj. Gr. |
|---|---|---|---|---|
| $A_1 = E$ | $\mathfrak{S}_3$ | $\mathfrak{S}_3$ | E | $\mathfrak{S}_3$ |
| $A_2 = (123)$ | $[A_1, A_2, A_3]$ | $[A_1, A_2, A_3] + [A_4, A_5, A_6]$ | $A_2, A_3$ | $[A_1, A_2, A_3]$ } Normalteiler |
| $A_3 = (132)$ | $[A_1, A_2, A_3]$ | $[A_1, A_2, A_3] + [A_4, A_5, A_6]$ | $A_3, A_2$ | $[A_1, A_2, A_3]$ } Normalteiler |
| $A_4 = (12)$ | $[A_1, A_4]$ | $[A_1, A_4] + [A_2, A_6] + [A_3, A_5]$ | $A_4, A_5, A_6$ | $[A_1, A_4], [A_1, A_5], [A_1, A_6]$ |
| $A_5 = (23)$ | $[A_1, A_5]$ | $[A_1, A_5] + [A_2, A_4] + [A_3, A_6]$ | $A_5, A_6, A_4$ | $[A_1, A_5], [A_1, A_6], [A_1, A_4]$ |
| $A_6 = (13)$ | $[A_1, A_6]$ | $[A_1, A_6] + [A_2, A_5] + [A_3, A_4]$ | $A_6, A_4, A_5$ | $[A_1, A_6], [A_1, A_4], [A_1, A_5]$ |

5. Erzeugende z. B.: $A = (123)$, $B = (12)$; Gleichungen: $A^3 = E$, $B^2 = E$, $BA = A^2B$;

## Tafel II

Diedergruppe $\mathfrak{D}_4$ (Kongruenzgr. eines Quadrates im Raum, § 4, 9); Ordnung 8

1. Gruppentafel:

| 1 | 2 | 3 | 4 | 5 | 6 | 7 | 8 |
|---|---|---|---|---|---|---|---|
| E | (1234) | (13) (24) | (1432) | (13) | (12) (34) | (24) | (14) (23) |
| (1234) | (13) (24) | (1432) | E | (12) (34) | (24) | (14) (23) | (13) |
| (13) (24) | (1432) | E | (1234) | (24) | (14) (23) | (13) | (12) (34) |
| (1432) | E | (1234) | (13) (24) | (14) (23) | (13) | (12) (34) | (24) |
| (13) | (14) (23) | (24) | (12) (34) | E | (1432) | (13) (24) | (1234) |
| (12) (34) | (13) | (14) (23) | (24) | (1234) | E | (1432) | (13) (24) |
| (24) | (12) (34) | (13) | (14) (23) | (13) (24) | (1234) | E | (1432) |
| (14) (23) | (24) | (12) (34) | (13) | (1432) | (13) (24) | (1234) | E |

2. Transf. m. je einem El. ($A_i^{-1}\mathfrak{D}_4 A_i$); (El. nur durch Indizes bezeichnet)

| | $A_1$ | $A_2$ | $A_3$ | $A_4$ | $A_5$ | $A_6$ | $A_7$ | $A_8$ |
|---|---|---|---|---|---|---|---|---|
| transf. m. $A_1$ | 1 | 2 | 3 | 4 | 5 | 6 | 7 | 8 |
| $A_2$ | 1 | 2 | 3 | 4 | 7 | 8 | 5 | 6 |
| $A_3$ | 1 | 2 | 3 | 4 | 5 | 6 | 7 | 8 |
| $A_4$ | 1 | 2 | 3 | 4 | 7 | 8 | 5 | 6 |
| $A_5$ | 1 | 4 | 3 | 2 | 5 | 8 | 7 | 6 |
| $A_6$ | 1 | 4 | 3 | 2 | 7 | 6 | 5 | 8 |
| $A_7$ | 1 | 4 | 3 | 2 | 5 | 8 | 7 | 6 |
| $A_8$ | 1 | 4 | 3 | 2 | 7 | 6 | 5 | 8 |

3. Konjugierte Elemente und Gruppen:

| Elemente $A_i$ | Normalisator $\mathfrak{N}_{A_i}$ | Rechtszerlegung von $\mathfrak{D}_4$ nach $\mathfrak{N}_{A_i}$ | Durch Transf. m. je 1 El. jed. Restkl. aus $A_i$ entst. Kl. konj. El. |
|---|---|---|---|
| $A_1 = E$ | $\mathfrak{D}_4$ | $\mathfrak{D}_4$ | E |
| $A_2 = (1234)$ | $[E, A_2, A_3, A_4]$ | $[E, A_2, A_3, A_4] + [A_5, A_6, A_7, A_8]$ | $A_2, A_4$ |
| $A_3 = (13)(24)$ | $\mathfrak{D}_4$ | $\mathfrak{D}_4$ | $A_3$ |
| $A_4 = (1432)$ | $[E, A_2, A_3, A_4]$ | $[E, A_2, A_3, A_4] + [A_5, A_6, A_7, A_8]$ | $A_4, A_2$ |
| $A_5 = (13)$ | $[E, A_3, A_5, A_7]$ | $[E, A_3, A_5, A_7] + [A_2, A_4, A_8, A_6]$ | $A_5, A_7$ |
| $A_6 = (12)(34)$ | $[E, A_3, A_6, A_8]$ | $[E, A_3, A_6, A_8] + [A_2, A_4, A_5, A_7]$ | $A_6, A_8$ |
| $A_7 = (24)$ | $[E, A_3, A_5, A_7]$ | $[E, A_3, A_5, A_7] + [A_2, A_4, A_8, A_6]$ | $A_7, A_5$ |

…e konj. Untergruppen sind Normalteiler $= \mathfrak{N}_{A_i}$

4. Automorphismen (in Indizes geschrieben, aus 2. zu entnehmen):
$\mathfrak{A}_i(\mathfrak{D}_4) = [E, (57)(68), (24)(68), (24)(57)]$; ein äuß. Aut. (5678);
$\mathfrak{A}(\mathfrak{D}_4) = \mathfrak{A}_i + \mathfrak{A}_i(5678) \cong \mathfrak{D}_4$.

5. Echte Endomorphismen u. a.:

a) $E, A_2, A_3, A_4 \to E$; $A_5, A_6, A_7, A_8 \to A_3$ (od. $A_5, A_6, A_7, A_8$)

b) $E, A_3, A_5, A_7 \to E$; $A_2, A_4, A_6, A_8 \to A_3$ (od. $A_5, A_6, A_7, A_8$)

c) $E, A_3, A_6, A_8 \to E$; $A_2, A_4, A_5, A_7 \to A_3$ (od. $A_5, A_6, A_7, A_8$)

d) $E, A_3 \to E$; $A_2, A_4 \to A_5$; $A_5, A_7 \to A_7$; $A_6, A_8 \to A_3$.

6. Erzeugende z. B.: A = (1234), B = (13);

## Tafel III

a) Alternierende Gruppe $\mathfrak{A}_4 \cong$ Tetraedergruppe (§ 4, 10); Ordnung 12

| 1. Elem. als Perm. v. 4 Ziff. (Tetr.-Ecken) | 2. Reguläre Perm.-Gr. (isomorph geordnet) | 3. Kl. konj. El., | konj. Gr. |
|---|---|---|---|
| E | E | E | $\mathfrak{A}_4$ |
| (123) | (123) (4 11 9) (5 7 12) (6 8 10) | (123) | $\mathfrak{N}_{(123)} = [E, (123), (132)]$ |
| (132) | (132) (4 9 11) (5 12 7) (6 10 8) | (134) | $\mathfrak{N}_{(134)} = [E, (134), (143)]$ |
| (124) | (145) (2 12 8) (3 6 11) (7 9 10) | (142) | $\mathfrak{N}_{(142)} = [E, (142), (124)]$ |
| (142) | (154) (2 8 12) (3 11 6) (7 10 9) | (243) | $\mathfrak{N}_{(243)} = [E, (243), (234)]$ |
| (134) | (167) (2 4 10) (3 12 9) (5 8 11) | (132) | $\mathfrak{N}_{(132)} = \mathfrak{N}_{(123)}$ |
| (143) | (176) (2 10 4) (3 9 12) (5 11 8) | (143) | $\mathfrak{N}_{(143)} = \mathfrak{N}_{(134)}$ |
| (234) | (189) (2 11 7) (3 5 10) (4 6 12) | (124) | $\mathfrak{N}_{(124)} = \mathfrak{N}_{(142)}$ |
| (243) | (198) (2 7 11) (3 10 5) (4 12 6) | (234) | $\mathfrak{N}_{(234)} = \mathfrak{N}_{(243)}$ |
| (12) (34) | (1 10) (29) (37) (48) (56) (11 12) | (12) (34) | Normalteiler |
| (13) (24) | (1 11) (25) (38) (47) (69) (10 12) | (13) (24) | $\mathfrak{N}_{(12)(34)} = \mathfrak{N}_{(13)(24)} = \mathfrak{N}_{(14)(23)}$ |
| (14) (23) | (1 12) (26) (34) (59) (78) (10 11) | (14) (23) | $= [E, (12)(34), (13)(24), (14)(23)]$ |

4. Erzeugende z. B. $A = (123)$, $B = (12)(34)$; Gleich. $A^3 = E$, $B^2 = E$, $BA = A^2BA^2B$.

b) Diedergruppe $\mathfrak{D}_6$ (§ 4, 9); Ordnung 12

| 5. Elemente als Permutationen v. 5 Ziffern | v. 6 Ziff. (Diederecken) | 6. Reguläre Perm.-Gruppe (isomorph geordnet) |
|---|---|---|
| E | E | E |
| (123) | (153) (264) | (123) (456) (789) (10 11 12) |
| (132) | (135) (246) | (132) (465) (798) (10 12 11) |
| (12) | (15) (24) | (14) (26) (35) (7 10) (8 12) (9 11) |
| (23) | (26) (35) | (16) (25) (34) (7 12) (8 11) (9 10) |
| (13) | (13) (46) | (15) (24) (36) (7 11) (8 10) (9 12) |
| (45) | (14) (25) (36) | (17) (28) (39) (4 10) (5 11) (6 12) |
| (123) (45) | (123456) | (183729) (4 11 6 10 5 12) |
| (132) (45) | (165432) | (192738) (4 12 5 10 6 11) |
| (12) (45) | (12) (36) (45) | (1 10) (2 12) (3 11) (47) (59) (68) |
| (23) (45) | (14) (23) (56) | (1 12) (2 11) (3 10) (49) (58) (67) |
| (13) (45) | (16) (25) (34) | (1 11) (2 10) (3 12) (48) (57) (69) |

7. Kl. konj. El.: E; (45); (123), (132); (123) (45), (132) (45); (12), (23), (13); (12) (45), (23) (45), (13) (45)

Kl. konj. Gr.: $\mathfrak{D}_6$; $\mathfrak{D}_6$; $\mathfrak{N}_{(123)} = \mathfrak{N}_{(132)} = \mathfrak{N}_{(123)(45)} = \mathfrak{N}_{(132)(45)}$
$= [E, (123), (132), (45), (123)(45), (132)(45)]$

$\mathfrak{N}_{(12)} = [E, (12), (45), (12)(45)] = \mathfrak{N}_{(12)(45)}$

$\mathfrak{N}_{(23)} = [E, (23), (45), (23)(45)] = \mathfrak{N}_{(23)(45)}$

[illegible]

MIX
Papier | Fördert gute Waldnutzung
FSC® C083411

Zeitfracht Medien GmbH
Ferdinand-Jühlke-Straße 7
99095 Erfurt, Deutschland
produktsicherheit@kolibri360.de